大数据系列丛书

大数据导论

（第2版）（微课版）

周 苏 编著

U0422027

清华大学出版社
北京

内 容 简 介

这是一个大数据爆发的时代。面对信息的激流、多元化数据的涌现，大数据已经为个人生活、企业经营，甚至国家与社会的发展都带来了机遇和挑战，大数据已经成为IT信息产业中最具潜力的蓝海。

"大数据导论"是一门理论性和实践性都很强的课程。本书针对数据科学与大数据技术、人工智能、信息管理、经济管理和其他相关专业学生的发展需求，系统、全面地介绍关于大数据技术与应用的基本知识和技能，详细介绍了大数据与大数据时代、大数据思维变革、大数据可视化、大数据的商业规则、大数据促进医疗与健康、大数据激发创造力、大数据预测分析、大数据与人工智能、大数据存储技术、大数据处理技术、大数据与云计算、大数据安全与法律、数据科学与数据科学家以及大数据的未来等内容，具有较强的系统性、可读性和实用性。

本书为高等院校"大数据导论""大数据基础""大数据概论"等课程全新设计编写，具有丰富的实践特色，可供有一定实践经验的软件开发人员、管理人员参考，也可作为继续教育的教材。

本书封面贴有清华大学出版社防伪标签，无标签者不得销售。
版权所有，侵权必究。举报：010-62782989，beiqinquan@tup.tsinghua.edu.cn。

图书在版编目(CIP)数据

大数据导论：微课版/周苏编著．—2版．—北京：清华大学出版社，2022.6(2023.8重印)
（大数据系列丛书）
ISBN 978-7-302-60798-4

Ⅰ. ①大… Ⅱ. ①周… Ⅲ. ①数据处理—教材 Ⅳ. ①TP274

中国版本图书馆CIP数据核字(2022)第075812号

责任编辑：张　玥
封面设计：常雪影
责任校对：胡伟民
责任印制：宋　林

出版发行：清华大学出版社
网　　址：http://www.tup.com.cn，http://www.wqbook.com
地　　址：北京清华大学学研大厦A座　　邮　编：100084
社 总 机：010-83470000　　邮　购：010-62786544
投稿与读者服务：010-62776969，c-service@tup.tsinghua.edu.cn
质量反馈：010-62772015，zhiliang@tup.tsinghua.edu.cn
课件下载：http://www.tup.com.cn，010-83470236

印 装 者：北京嘉实印刷有限公司
经　　销：全国新华书店
开　　本：185mm×260mm　　印　张：21　　字　数：525千字
版　　次：2016年9月第1版　　2022年7月第2版　　印　次：2023年8月第2次印刷
定　　价：68.00元

产品编号：095167-01

第2版前言

PREFACE

2016年11月,"全国高校数据科学与大数据技术专业教学研讨会"在东北大学举办。当时,《大数据导论》第1版刚上市,就在研讨会书展上亮相了。那时,大数据技术的学术书籍不少,但大学相关专业的基础教育的教材还很少。

一晃五年多了。如今,大数据(Big Data)已经是高校的热门专业,大数据相关课程成为在校大学生的"必修"内容。《大数据导论》也受到许多高校师生的欢迎,荣获"清华大学出版社2019年度畅销图书"称号。

近年来,大数据技术与应用已经成为全球学术界、企业界、政府机关以及社会高度关注的热点。大数据的力量正在积极地影响着社会的方方面面,彻底改变人们的学习和日常生活方式,包括教育方式、生活方式、工作方式,甚至寻找爱情的方式。同时,大数据相关技术与教育有了长足的发展。几年来,我们编写的大数据系列丛书已经出版了《大数据导论》《大数据可视化》《大数据可视化技术》《大数据分析》《大数据存储——从SQL到NoSQL》《大数据基础与Python机器学习》《大数据挖掘及应用》《大数据伦理与职业素养》等多部,都获得了很好的市场反响。

在大数据时代,成功的关键在于找出大数据隐含的真知灼见。以前,人们总说信息就是力量,但如今,对数据进行分析、利用和挖掘才是力量之所在。《大数据导论》的这次改版,删减了一些过时的内容,丰富了新知识、新思想,并适当调整了教学内容的顺序。例如,充实了大数据预测分析、大数据与人工智能、大数据存储技术、大数据处理技术、大数据与云计算、大数据安全与法律的知识。继续强调学生自主学习能力的培养,加强课程思政教育建设,强调重视大数据的伦理与职业素养教育。

对于在校大学生来说,大数据的理念、技术与应用是一门理论性和实践性都很强的必修课程。在长期的教学实践中,我们体会到,坚持"因材施教"的重要原则,把实践环节与理论教学相融合,抓实践教学促进理论知识的学习,是有效地改善教学效果和提高教学水平的重要方法之一。本书的主要特色是:理论联系实际,结合一系列了解和熟悉大数据理念、技术与应用的学习和实践活动,把大数据的相关概念、基础知识和技术技巧融入实践当中,使学生保持浓厚的学习热情,加深对大数据技术的兴趣、认识、理解和掌握。

本书系统、全面地介绍了大数据的基本知识和应用技能,详细介绍了大数据与大数据时代、大数据思维变革、大数据可视化、大数据的商业规则、大数据促进医疗与健康、大数据激发创造力、大数据预测分析、大数据与人工智能、大数据存储技术、大数据处理技术、大数据与云计算、大数据安全与法律、数据科学与数据科学家以及大数据的未来等内容,具有较强的系统性、可读性和实用性。

全书精心设计了课程教学过程,每章都有针对性地安排了课前导读案例、课程教学内容、课后作业和实验与思考等环节,要求和指导学生在课前导读、课后阅读、网络浏览的基础上自主拓展学习,深入理解大数据的知识内涵。

本课程的教学进度设计见"课程教学进度表",该表可作为教师授课参考和学生课程学习的概要。具体执行时,应按照教学大纲编排教学进度,按照校历考虑本学期节假日安排,实际确定本课程的教学进度。

本课程的教学评测可以从以下几个方面入手。

(1) 每章的课前导读案例(14项);
(2) 每章的课后作业(14项);
(3) 每章的课后实验与思考(13项);
(4) 课程学习与实验总结(大作业,第14章);
(5) 结合平时考勤;
(6) 任课老师认为必要的其他考核方法。

本书配备了300分钟精致的微课视频,供读者理解掌握核心知识点。扫描封底的刮刮卡注册,再扫描书中的二维码即可观看视频。与本书配套的教学PPT课件等文档,读者可从清华大学出版社网站下载。

本书的编写得到了浙大城市学院、浙江大学等多所院校师生的支持,在此一并表示感谢!

周 苏

2022年春节于西子湖畔

课程教学进度表

(20　—20　学年第　学期)

课程号：___×××___　课程名称：___大数据导论___　学分：___2___　周学时：___2___

总学时：___32___　(课外实践学时：___28___　主讲教师：___×××___)

序号	校历周次	章节(或实验、习题课等)名称与内容	学时	教学方法	课后作业布置
1	1	引言与第1章 大数据与大数据时代	2	课前导读案例 课堂教学	
2	2	第1章 大数据与大数据时代	2		作业、实验与思考
3	3	第2章 大数据思维变革	2		作业、实验与思考
4	4	第3章 大数据可视化	2		作业、实验与思考
5	5	第4章 大数据的商业规则	2		作业、实验与思考
6	6	第5章 大数据促进医疗与健康	2		作业、实验与思考
7	7	第6章 大数据激发创造力	2		作业、实验与思考
8	8	第7章 大数据预测分析	2		作业、实验与思考
9	9	第8章 大数据与人工智能	2		作业、实验与思考
10	10	第9章 大数据存储技术	2		
11	11	第9章 大数据存储技术	2		作业、实验与思考
12	12	第10章 大数据处理技术	2		作业、实验与思考
13	13	第11章 大数据与云计算	2		作业、实验与思考
14	14	第12章 大数据安全与法律	2		作业、实验与思考
15	15	第13章 数据科学与数据科学家	2		作业、实验与思考
16	16	第14章 大数据的未来	2		课程学习与实验总结

填表人(签字)：　　　　　　　　　　　　　　　日期：

系(教研室)主任(签字)：　　　　　　　　　　日期：

第1版前言

PREFACE

大数据(Big Data)的力量,正在积极地影响着社会的方方面面,它冲击着许多主要的行业,包括零售业、电子商务和金融服务业等,同时,也正在彻底地改变人们的学习和日常生活:改变教育方式、生活方式、工作方式,甚至是人们寻找爱情的方式。如今,通过简单、易用的移动应用和基于云端的数据服务,能够追踪自己的行为以及饮食习惯,还能提升个人的健康状况。因此,有必要真正理解大数据这个极其重要的议题。

中国是大数据最大的潜在市场之一。据估计,中国有近六亿网民,这就意味着中国的企业拥有绝佳的机会来更好地了解其客户并提供更个性化的体验,同时为企业增加收入并提高利润。阿里巴巴就是一个很好的例子。阿里巴巴不但在其商业模式上具有颠覆性,而且还掌握了与购买行为、产品需求和库存供应相关的海量数据。除了阿里巴巴高层的领导能力之外,大数据必然是其成功的一个关键因素。

然而,仅有数据是不够的。对于身处大数据时代的企业而言,成功的关键还在于找出大数据所隐含的真知灼见。"以前,人们总说信息就是力量,但如今,对数据进行分析、利用和挖掘才是力量之所在。"

很多年前,人们就开始对数据进行利用。例如,航空公司利用数据为机票定价,银行利用数据搞清楚贷款对象,信用卡公司则利用数据侦破信用卡诈骗等。但是直到最近,数据,或者用现今的说法就是大数据,才真正成为人们日常生活的一部分。随着脸书(Facebook)、谷歌(Google)、推特(Twitter)以及 QQ、微信、淘宝等的出现,大数据游戏被永远改变了。你和我,或者任何一个享受这些服务的用户都生成了一条数据足迹,它能够反映出我们的行为。每次我们进行搜索,例如查找某个人或者访问某个网站,都加深了这条足迹。互联网企业开始创建新技术来存储、分析激增的数据——结果就迎来了被称为"大数据"的创新爆炸。

进入2012年以来,由于互联网和信息行业的快速发展,大数据越来越引起人们的关注,已经引发自云计算、互联网之后IT行业的又一大颠覆性的技术革命。人们用大数据来描述和定义信息爆炸时代产生的海量数据,并命名与之相关的技术发展与创新。云计算主要为数据资产提供了保管、访问的场所和渠道,而数据才是真正有价值的资产。企业内部的经营信息、互联网世界中的商品物流信息,互联网世界中的人与人交互信息、位置信息等,其数量将远远超越现有企业IT架构和基础设施的承载能力,实时性要求也将大大超越现有的计算能力。如何盘活这些数据资产,使其为国家治理、企业决策乃至个人生活服务,是大数据的核心议题,也是云计算内在的灵魂和必然的升级方向。

对于在校大学生来说,大数据的理念、技术与应用是一门理论性和实践性都很强的

"必修"课程。在长期的教学实践中,我们体会到,坚持"因材施教"的重要原则,把实践环节与理论教学相融合,抓实践教学促进理论知识的学习,是有效地改善教学效果和提高教学水平的重要方法之一。本书的主要特色是:理论联系实际,结合一系列了解和熟悉大数据理念、技术与应用的学习和实践活动,把大数据的相关概念、基础知识和技术技巧融入实践当中,使学生保持浓厚的学习热情,加深对大数据技术的兴趣、认识、理解和掌握。

本书是为高等院校相关专业,尤其是信息管理、经济管理类专业开设"大数据"相关课程而全新设计编写,具有丰富实践特色的主教材,也可供有一定实践经验的IT应用人员、管理人员参考和作为继续教育的教材。

本书系统、全面地介绍了大数据的基本知识和应用技能,详细介绍了大数据与大数据时代、大数据的可视化、大数据的商业规则、大数据时代的思维变革、大数据促进医疗与健康、大数据激发创造力、大数据预测分析、大数据促进学习、大数据在云端、支撑大数据的技术、数据科学与数据科学家以及大数据的未来等内容,具有较强的系统性、可读性和实用性。

结合课堂教学方法改革的要求,全书设计了课程教学过程,为每章教学内容都有针对性地安排了课前阅读、课程教学内容和课后实验练习等环节,要求和指导学生在课前、课后阅读课文、网络搜索浏览的基础上,延伸阅读,深入理解课程知识内涵。

本课程的教学进度设计见《课程教学进度表》,该表可作为教师授课参考和学生课程学习的概要。实际执行时,应按照教学大纲编排教学进度,按照校历考虑本学期节假日安排,实际确定本课程的教学进度。

本课程的教学评测可以从以下几个方面入手。

(1) 每周的课前阅读(12次);

(2) 每周的课后实验与思考(11次);

(3) 课程实验总结(第12章);

(4) 结合平时考勤;

(5) 任课老师认为必要的其他考核方法。

与本书配套的教学PPT课件等文档可从清华大学出版社网站下载,欢迎教师与作者交流并索取为本书教学配套的相关资料。

周 苏

2016年春节于西子湖畔

目 录
CONTENTS

第1章 大数据与大数据时代 ·· 1
1.1 什么是大数据 ·· 2
1.1.1 天文学——信息爆炸的起源 ·· 3
1.1.2 大数据的定义 ·· 6
1.1.3 用3V描述大数据特征 ··· 7
1.1.4 广义的大数据 ·· 9
1.2 大数据思维 ·· 10
1.3 大数据的结构类型 ··· 10
1.4 大数据的发展 ·· 11
1.4.1 硬件性价比提高与软件技术进步 ··· 11
1.4.2 云计算的普及 ·· 12
1.4.3 大数据作为BI的进化形式 ·· 13
1.4.4 从交易数据分析到交互数据分析 ··· 13
【作业】 ··· 14
【实验与思考】 了解大数据及其在线支持 ··· 17

第2章 大数据思维变革ꞏꞏꞏ 20
2.1 转变之一：样本＝总体 ·· 22
2.1.1 小数据时代的随机采样 ··· 22
2.1.2 大数据与乔布斯的癌症治疗 ·· 25
2.1.3 全数据模式：样本＝总体 ··· 26
2.2 转变之二：接受数据的混杂性 ·· 27
2.2.1 允许不精确 ·· 27
2.2.2 大数据简单算法与小数据复杂算法 ··· 29
2.2.3 纷繁的数据越多越好 ··· 30
2.2.4 混杂性是标准途径 ··· 31
2.2.5 5％的数字数据与95％的非结构化数据 ··· 32

2.3 转变之三：数据的相关关系 33
    2.3.1 关联物，预测的关键 33
    2.3.2 "是什么"，而不是"为什么" 35
    2.3.3 通过因果关系了解世界 36
    2.3.4 通过相关关系了解世界 38
【作业】 39
【实验与思考】深入理解大数据的三个思维变革 41

第3章 大数据可视化 44
3.1 数据与可视化 46
    3.1.1 数据的可变性 47
    3.1.2 数据的不确定性 48
    3.1.3 数据所依存的背景信息 49
    3.1.4 打造最好的可视化效果 50
3.2 数据与图形 50
    3.2.1 数据与走势 52
    3.2.2 视觉信息的科学解释 53
    3.2.3 图片和分享的力量 54
3.3 实时可视化 54
3.4 数据可视化的运用 56
【作业】 57
【实验与思考】绘制南丁格尔极区图 59

第4章 大数据的商业规则 62
4.1 大数据的跨界年度 63
4.2 谷歌的大数据行动 65
4.3 亚马逊的大数据行动 66
4.4 将信息变成竞争优势 68
    4.4.1 数据价格下降而需求上升 69
    4.4.2 大数据应用程序兴起 69
    4.4.3 实时响应大数据用户的要求 70
    4.4.4 企业构建大数据战略 71
4.5 大数据营销 71
    4.5.1 像媒体公司一样思考 72
    4.5.2 面对新的机遇与挑战 72
    4.5.3 自动化营销 73
    4.5.4 创建高容量和高价值内容 74
    4.5.5 内容营销 75

4.5.6 内容创作与众包 …………………………………………………… 75
4.5.7 用投资回报率评价营销效果 …………………………………… 76
【作业】 ……………………………………………………………………………… 77
【实验与思考】 大数据营销的优势与核心内涵 …………………………………… 79

第5章 大数据促进医疗与健康 ……………………………………………… 81
5.1 大数据与循证医学 ……………………………………………………………… 83
5.2 大数据带来的医疗新突破 ……………………………………………………… 85
    5.2.1 量化自我,关注个人健康 ………………………………………… 85
    5.2.2 可穿戴的个人健康设备 …………………………………………… 86
    5.2.3 大数据时代的医疗信息 …………………………………………… 88
    5.2.4 CellMiner,对抗癌症的新工具 …………………………………… 89
5.3 医疗信息数字化 ………………………………………………………………… 90
5.4 搜索:超级大数据的最佳伙伴 ………………………………………………… 92
5.5 数据决策的崛起 ………………………………………………………………… 94
    5.5.1 数据辅助诊断 ……………………………………………………… 94
    5.5.2 你考虑过……了吗 ………………………………………………… 94
    5.5.3 大数据分析使数据决策崛起 ……………………………………… 96
【作业】 ……………………………………………………………………………… 96
【实验与思考】 熟悉大数据在医疗健康领域的应用 ……………………………… 98

第6章 大数据激发创造力 …………………………………………………… 100
6.1 大数据帮助改善设计 …………………………………………………………… 102
    6.1.1 少而精是设计的核心 ……………………………………………… 102
    6.1.2 与玩家共同设计游戏 ……………………………………………… 103
    6.1.3 以人为本的汽车设计理念 ………………………………………… 104
    6.1.4 寻找最佳音响效果 ………………………………………………… 106
    6.1.5 建筑,数据取代直觉 ……………………………………………… 107
6.2 大数据操作回路 ………………………………………………………………… 107
    6.2.1 信号与噪声 ………………………………………………………… 108
    6.2.2 大数据反馈回路 …………………………………………………… 108
    6.2.3 最小数据规模 ……………………………………………………… 109
    6.2.4 大数据应用程序优势与作用 ……………………………………… 109
6.3 情感分析 ………………………………………………………………………… 110
    6.3.1 数据情感和情感数据 ……………………………………………… 110
    6.3.2 焦虑指数与标普500指数 ………………………………………… 114
    6.3.3 验证情感和被验证的情感 ………………………………………… 115
    6.3.4 情绪指标影响金融市场 …………………………………………… 116

【作业】 118
　　【实验与思考】 大数据如何激发创造力 120

第7章 大数据预测分析 122
7.1 什么是预测分析 126
7.1.1 预测分析的作用 126
7.1.2 数据具有内在预测性 128
7.1.3 定量分析与定性分析 129
7.2 统计分析 129
7.2.1 A/B测试 129
7.2.2 相关性分析 131
7.2.3 回归性分析 132
7.3 数据挖掘 132
7.4 大数据分析生命周期 133
7.4.1 商业案例评估 134
7.4.2 数据标识 135
7.4.3 数据获取与过滤 135
7.4.4 数据提取 135
7.4.5 数据验证与清理 137
7.4.6 数据聚合与表示 137
7.4.7 数据分析 138
7.4.8 数据可视化 139
7.4.9 分析结果的使用 139
　　【作业】 140
　　【实验与思考】 大数据准备度自我评分表 142

第8章 大数据与人工智能 146
8.1 人工智能概述 148
8.2 机器学习基础 150
8.2.1 什么是机器学习 150
8.2.2 基本结构 152
8.2.3 研究领域 153
8.3 机器学习分类 153
8.3.1 基于学习策略分类 154
8.3.2 基于知识表示形式分类 155
8.3.3 按应用领域分类 155
8.3.4 按学习形式分类 156
8.4 神经网络 158

8.5 语义分析 ··· 160
　8.5.1 自然语言处理 ··· 160
　8.5.2 文本分析 ·· 161
　8.5.3 语义检索 ·· 162
8.6 视觉分析 ··· 163
　8.6.1 热点图 ·· 163
　8.6.2 时间序列图 ··· 164
　8.6.3 网络图 ·· 164
　8.6.4 空间数据制图 ··· 166
【作业】 ··· 166
【实验与思考】 了解大数据与人工智能分析 ·· 168

第9章 大数据存储技术 ·· 172
9.1 分布式处理 ·· 173
　9.1.1 分布式系统 ··· 174
　9.1.2 分布式文件系统 ·· 175
　9.1.3 并行与分布式数据处理 ··· 175
　9.1.4 分布式存储 ··· 176
9.2 大数据存储的概念 ··· 177
　9.2.1 存储虚拟化 ··· 177
　9.2.2 集群 ·· 177
　9.2.3 分片与复制 ··· 178
　9.2.4 CAP 定理 ·· 181
　9.2.5 BASE 设计原理 ·· 183
9.3 NoSQL 数据库 ·· 185
　9.3.1 主要特征 ·· 186
　9.3.2 键-值存储 ··· 188
　9.3.3 文档存储 ·· 189
　9.3.4 列簇存储 ·· 190
　9.3.5 图存储 ·· 191
　9.3.6 NoSQL 与 RDBMS 的主要区别 ·· 192
9.4 NewSQL 数据库 ··· 194
9.5 内存存储技术 ··· 195
【作业】 ··· 196
【实验与思考】 熟悉大数据存储技术 ··· 200

第10章 大数据处理技术 ··· 203
10.1 开源技术商业支持 ··· 205

10.2 大数据技术架构 ··· 206
10.3 Hadoop 数据处理基础 ··· 207
    10.3.1 Hadoop 的由来 ·· 208
    10.3.2 Hadoop 的优势 ·· 209
    10.3.3 Hadoop 的发行版本 ··· 209
    10.3.4 Hadoop 与 NoSQL ··· 211
10.4 大数据处理模式 ··· 213
    10.4.1 处理的特点与工作量 ··· 213
    10.4.2 SCV 原则 ·· 214
    10.4.3 批处理模式 ·· 215
    10.4.4 实时处理模式 ·· 221
【作业】 ·· 224
【实验与思考】 熟悉大数据技术架构与处理 ··· 226

第 11 章 大数据与云计算 ·· 229

11.1 什么是云计算 ·· 230
    11.1.1 云计算定义 ·· 230
    11.1.2 云基础设施 ·· 231
11.2 计算虚拟化 ··· 232
11.3 网络虚拟化 ··· 233
    11.3.1 网卡虚拟化 ·· 233
    11.3.2 虚拟交换机 ·· 234
    11.3.3 接入层虚拟化 ·· 235
    11.3.4 覆盖网络虚拟化 ··· 235
    11.3.5 软件定义网络 ·· 235
11.4 云计算服务形式 ·· 236
11.5 大数据与云计算 ·· 237
    11.5.1 云计算与大数据相辅相成 ·· 237
    11.5.2 对大数据处理的意义 ··· 238
    11.5.3 数据即服务 ·· 238
11.6 云的挑战 ·· 239
【作业】 ·· 240
【实验与思考】 深入理解云计算与大数据的相辅相成 ··························· 242

第 12 章 大数据安全与法律 ··· 245

12.1 消费者的隐私权 ·· 249
12.2 大数据的安全问题 ··· 251
    12.2.1 采集汇聚安全 ·· 252

        12.2.2　存储处理安全 …………………………………………………………… 252
        12.2.3　共享使用安全 …………………………………………………………… 253
　12.3　大数据的管理维度 ……………………………………………………………………… 254
　12.4　大数据的安全体系 ……………………………………………………………………… 255
        12.4.1　大数据安全技术体系 …………………………………………………… 255
        12.4.2　大数据安全治理 ………………………………………………………… 256
        12.4.3　大数据安全测评 ………………………………………………………… 256
        12.4.4　大数据安全运维 ………………………………………………………… 257
        12.4.5　以数据为中心的安全要素 ……………………………………………… 257
        12.4.6　主动防御协同体系 ……………………………………………………… 258
        12.4.7　协同安全防护流程 ……………………………………………………… 259
　12.5　大数据伦理与法规 ……………………………………………………………………… 259
        12.5.1　大数据的伦理问题 ……………………………………………………… 259
        12.5.2　大数据的伦理规则 ……………………………………………………… 261
        12.5.3　大数据安全法规进展 …………………………………………………… 262
　【作业】……………………………………………………………………………………………… 264
　【实验与思考】　熟悉大数据安全定义与法规 …………………………………………………… 266

第 13 章　数据科学与数据科学家 ………………………………………………………………… 268
　13.1　计算思维 ………………………………………………………………………………… 270
        13.1.1　计算思维的概念 ………………………………………………………… 271
        13.1.2　计算思维的作用 ………………………………………………………… 271
        13.1.3　计算思维的特点 ………………………………………………………… 273
　13.2　数据工程师的社会责任 ………………………………………………………………… 274
        13.2.1　职业化和道德责任 ……………………………………………………… 274
        13.2.2　ACM 职业道德责任 ……………………………………………………… 275
        13.2.3　软件工程师道德基础 …………………………………………………… 276
　13.3　IEEE/ACM《计算学科教学计划》的相关要求 ……………………………………… 276
　13.4　数据科学与职业技能 …………………………………………………………………… 277
        13.4.1　数据科学的重要技能 …………………………………………………… 278
        13.4.2　重要的数据科学技能 …………………………………………………… 279
        13.4.3　技能因职业角色而异 …………………………………………………… 279
　13.5　数据科学家 ……………………………………………………………………………… 281
        13.5.1　大数据生态系统关键角色 ……………………………………………… 282
        13.5.2　数据科学家所需的技能 ………………………………………………… 283
        13.5.3　数据科学家所需的素质 ………………………………………………… 285
        13.5.4　数据科学家的学习内容 ………………………………………………… 287
　【作业】……………………………………………………………………………………………… 289

【实验与思考】 了解数据科学,熟悉数据科学家 …………………………………… 291

第 14 章 大数据的未来 …………………………………………………… 294

14.1 连接开放数据 ………………………………………………… 296
14.1.1 LOD 运动 ……………………………………………… 296
14.1.2 对政府公开的影响 ……………………………………… 297
14.1.3 利用开放数据的创业型公司 …………………………… 299

14.2 大数据资产的崛起 …………………………………………… 299
14.2.1 数据市场的兴起 ………………………………………… 299
14.2.2 不同的商业模式 ………………………………………… 300
14.2.3 将原创数据变为增值数据 ……………………………… 300
14.2.4 大数据催生新的应用程序 ……………………………… 301
14.2.5 在大数据"空白"中提取最大价值 ……………………… 302

14.3 大数据的发展趋势 …………………………………………… 302

14.4 大数据技术展望 ……………………………………………… 304
14.4.1 数据管理仍然很难 ……………………………………… 304
14.4.2 数据孤岛继续激增 ……………………………………… 305
14.4.3 媒体分析的突破 ………………………………………… 305
14.4.4 技术发展带来技能转变 ………………………………… 305
14.4.5 "快速数据"和"可操作数据" …………………………… 306
14.4.6 预测分析将数据转化为预测 …………………………… 306

【作业】 ……………………………………………………………………… 307

【课程学习与实验总结】 …………………………………………………… 309

附录 作业参考答案 ……………………………………………………… 314

参考文献 …………………………………………………………………… 317

大数据与大数据时代

【导读案例】

准确预测地震

我们已经知道,地震是由构造板块(即偶尔会漂移的陆地板块)相互挤压造成的,这种板块挤压发生在地球深处,并且各个板块的相互运动极其复杂。因此,有用的地震数据来之不易,而要弄明白是什么地质运动导致了地震,基本上是不现实的。每年,世界各地约有7000次里氏4.0或更高级别的地震发生,每年有成千上万的人因此丧命,而一次地震带来的物质损失就有千亿美元之多。

虽然地震有预兆,"但是我们仍然无法通过它们可靠、有效地预测地震"。相反,我们能做的就是尽可能地为地震做好准备,包括在设计、修建桥梁和其他建筑的时候就把地震考虑在内,并且准备好地震应急包等,一旦发生大地震,这些基础设施和群众都能有更充足的准备(图 1-1)。

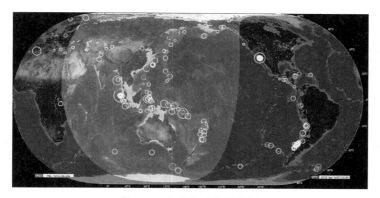

图 1-1　全球实时地震监测

如今,科学家们只能预报某个地方、某个具体的时间段内发生某级地震的可能性。例如,他们只能说未来30年,某个地区有80%的可能性会发生里氏8.4级地震,但他们无法完全确定地说出何时何地会发生地震,或者发生几级地震。

科学家能预报地震,但是他们无法预测地震。归根结底,准确地预测地震,就要回答何时、何地、何种震级这三个关键问题,需要掌握促使地震发生的不同自然因素,以及揭示它们之间复杂的相互运动的更多、更好的数据。

预测不同于预报。不过,虽然准确预测地震还有很长的路要走,但科学家已经越来越多地为地震受害者争取到那么几秒钟的时间了。

例如,斯坦福大学的"地震捕捉者网络"就是一个会生成大量数据的廉价监测网络的典型例子,它由参与分布式地震监测网络的大约200个志愿者的计算机组成。有时候,这个监测网络能提前10秒钟提醒可能会受灾的人群。这10秒钟就意味着你可以选择是搭乘运行的电梯还是走楼梯,是走到开阔处去还是躲到桌子下面。

技术的进步使得捕捉和存储如此多数据的成本大大降低。能得到更多、更好的数据不只为计算机实现更精明的决策提供了更多的可能性,也使人类变得更聪明了。

从本质上来说,准确预测地震既是大数据的机遇又是挑战。单纯拥有数据还远远不够。我们既要掌握足够多的相关数据,又要具备快速分析并处理这些数据的能力,只有这样,我们才能争取到足够多的行动时间。越是即将逼近的事情,越需要我们快速地实现准确预测。

阅读上文,请思考、分析并简单记录:

(1) 你亲历或者听说过的地震事件。

答:_____

(2) 针对地球上频发的地震灾害,请尽可能多地列举你所认为的地震大数据内容。

答:_____

(3) 认识大数据,对地震活动的方方面面(预报、预测与灾害减轻等)有什么意义?

答:_____

(4) 请简单记述你所知道的上一周内发生的国际、国内或者身边的大事。

答:_____

1.1 什么是大数据

信息社会所带来的好处是显而易见的:每个人口袋里都揣有一部手机,每台办公桌上都放着一台计算机,每间办公室内都连接到局域网甚至互联网。半个世纪以来,随着计

什么是大数据

算机技术全面和深度地融入社会生活,信息爆炸已经积累到了一个开始引发变革的程度。它不仅使世界充斥着比以往更多的信息,而且其增长速度也在加快。信息总量的变化还导致了信息形态的变化——量变引起了质变。

最先经历信息爆炸的学科,如天文学和基因学,创造出了"大数据"这个概念。如今,这个概念几乎应用到了所有人类致力于发展的领域中。

1.1.1 天文学——信息爆炸的起源

综合观察社会各个方面的变化趋势,真正能意识到信息爆炸或者大数据的时代已经到来。以天文学为例,2000年斯隆数字巡天①项目(图1-2)启动的时候,位于新墨西哥州的望远镜在短短几周内收集到的数据,就比世界天文学历史上总共收集的数据还要多。到了2010年,信息档案已经高达1.4×2^{42}B。2016年,在智利投入使用的大型视场全景巡天望远镜能在五天之内就获得同样多的信息。

图1-2 美国斯隆数字巡天望远镜

天文学领域发生的变化在社会各个领域都在发生。2003年,人类第一次破译人体基因密码的时候,辛苦工作了10年才完成30亿对碱基对的排序。大约10年之后,世界范围内的基因仪每15min就可以完成同样的工作。在金融领域,美国股市每天的成交量高达70亿股,而其中三分之二的交易都是由建立在数学模型和算法之上的计算机程序自动完成的,这些程序运用海量数据来预测利益和降低风险。

互联网公司更是要被数据淹没了。谷歌公司每天要处理超过24PB(PB,2^{50}B,拍字节)的数据,这意味着其每天的数据处理量是美国国家图书馆所有纸质出版物所含数据量的上千倍。脸书(Facebook)这个创立不过十来年的公司,每天更新的照片量超过3.5亿张,每天人们在网站上单击"喜欢"(Like)按钮或者写评论大约有30亿次,这就为脸书公

---

① 斯隆数字巡天(Sloan Digital Sky Survey, SDSS):是使用位于新墨西哥州阿帕奇山顶天文台的2.5m口径望远镜进行的红移巡天项目。以阿尔弗雷德·斯隆的名字命名,计划观测25%的天空,获取超过一百万个天体的多色测光资料和光谱数据。2006年,斯隆数字巡天进入了名为SDSS-Ⅱ的新阶段,进一步探索银河系的结构和组成,而斯隆超新星巡天计划搜寻Ⅰa型超新星爆发,以测量宇宙学尺度上的距离。

司挖掘用户喜好提供了大量的数据线索。世界上最大的视频网站YouTube每月接待多达8亿的访客,平均每一秒钟就会有一段长度在一小时以上的视频上传。互联网上访问量最大的十个网站之一的推特(Twitter),其信息量几乎每年翻一番,每天都会发布超过4亿条微博。

从科学研究到医疗保险,从银行业到互联网,各个不同的领域都在讲述着一个类似的故事,那就是爆发式增长的数据量。这种增长超过了人们创造机器的速度,甚至超过了人类的想象。

我们周围到底有多少数据?增长的速度有多快?许多人试图测量出一个确切的数字。尽管测量的对象和方法有所不同,但他们都获得了不同程度的成功。南加利福尼亚大学安嫩伯格通信学院的马丁·希尔伯特进行了一个比较全面的研究,他试图得出人类所创造、存储和传播的一切信息的确切数目。他的研究范围不仅包括书籍、图画、电子邮件、照片、音乐、视频(模拟和数字),还包括电子游戏、电话、汽车导航和信件。马丁·希尔伯特还以收视率和收听率为基础,对电视、电台这些广播媒体进行了研究。他指出,仅在2007年,人类存储的数据就超过了 $300EB(2^{60}B$,艾字节)。下面这个比喻可以帮助人们更容易地理解这意味着什么:一部完整的数字电影可以压缩成一吉字节的文件,而一艾字节相当于10亿吉字节,一泽字节(ZB, 2^{70} 字节)则相当于1024艾字节。总之,这是一个非常庞大的数量。

有趣的是,在2007年的数据中,只有7%是存储在报纸、书籍、图片等媒介上的模拟数据,其余全部是数字数据。

模拟数据也称为模拟量,相对于数字量而言,指的是取值范围是连续的变量或者数值,如声音、图像、温度、压力等。模拟数据一般采用模拟信号,例如用一系列连续变化的电磁波或电压信号来表示。数字数据也称为数字量,相对于模拟量而言,指的是取值范围是离散的变量或者数值。数字数据则采用数字信,例如用一系列断续变化的电压脉冲(如用恒定的正电压表示二进制数1,用恒定的负电压表示二进制数0)或光脉冲来表示。

但在不久之前,情况却完全不是这样的。虽然1960年就有了"信息时代"和"数字村镇"的概念,但在2000年的时候,数字存储信息仍只占全球数据量的四分之一。当时,另外四分之三的信息都存储在报纸、胶片、黑胶唱片和盒式磁带这类媒介上。

早期数字信息的数量并不多。对于长期在网上冲浪和购书的人来说,那只是一个微小的部分。事实上,1986年,世界上约40%的计算能力都在袖珍计算器上运行,那时候,所有个人计算机的处理能力之和还没有所有袖珍计算器处理能力之和高。但是,因为数字数据快速增长,整个局势很快就颠倒过来了。按照希尔伯特的说法,数字数据的数量每三年多就会翻一倍。相反,模拟数据的数量则基本上没有增加。

到2013年,世界上存储的数据达到约1.2ZB,其中非数字数据只占不到2%。这样大的数据量意味着什么?如果把这些数据全部记在书中,这些书可以覆盖整个美国52次。如果将其存储在只读光盘上,把这些光盘堆成五堆,每一堆都可以伸到月球。

公元前3世纪,埃及的托勒密二世竭力收集了当时所有的书写作品,所以伟大的亚历山大图书馆(图1-3)可以代表世界上所有的知识量。亚历山大图书馆藏书丰富,有据可考的超过50 000卷(纸草卷),包括《荷马史诗》《几何原本》等。但是,当数字数据洪流席卷世界之后,每个地球人都可以获得大量的数据信息,相当于当时亚历山大图书馆存储的数据总量的320倍之多。

图1-3 古代文化中心——亚历山大图书馆,毁于3世纪末的战火

事情真地在快速发展。人类存储信息量的增长速度比世界经济的增长速度快4倍,而计算机数据处理能力的增长速度则比世界经济的增长速度快9倍。难怪人们会抱怨信息过量,因为每个人都受到了这种极速发展的冲击。

历史学家伊丽莎白·爱森斯坦发现,1453—1503年,这50年间大约印刷了800万本书籍,比1200年前君士坦丁堡建立以来整个欧洲所有的手抄书还要多。换言之,欧洲的信息存储量花了50年才增长了一倍(当时的欧洲还占据了世界上相当部分的信息存储份额),而如今大约每三年就能增长一倍。

这种增长意味着什么呢?彼特·诺维格是谷歌的人工智能专家,也曾任职于美国宇航局喷气推进实验室,他喜欢把这种增长与图画进行类比。首先,他要我们想想来自法国拉斯科洞穴壁画①上的标志性的马(图1-4)。这些画可以追溯到一万七千年之前的旧石器时代。然后,再想想毕加索画的马,看起来和那些洞穴壁画没有多大的差别。事实上,毕加索看到那些洞穴壁画的时候就曾开玩笑说:"自那以后,我们就再也没有创造出什么东西了。"

回想一下壁画上的那匹马。当时要画一幅马需要花费很久的时间,而现在不需要那么久了。这就是一种改变,虽然改变的可能不是最核心的部分——毕竟这仍然是一幅马的图像。但是,诺维格说,想象一下,现在我们能每秒钟播放24幅不同形态的马的图片,这就是一种由量变导致的质变:一部电影与一幅静态的画有本质上的区别!大数据也一样,量变导致质变。物理学和生物学都告诉我们,当改变规模时,事物的状态有时也会发生改变。

---

① 法国拉斯科洞穴壁画:1940年,法国西南部道尔多尼州乡村的4个儿童带着电筒和绳索进入洞里,结果发现了一个原始人庞大的画廊。它由一条长长的、宽狭不等的通道组成,其中一个外形不规则的圆厅最为壮观。洞顶画有65头大型动物形象,有2~3m长的野马、野牛、鹿,有4头巨大公牛,最长的约5m以上,真是惊世的杰作。这就是同阿尔塔米拉洞齐名的拉斯科洞窟壁画。它被誉为"史前的卢浮宫"。

图 1-4 拉斯科洞穴壁画

以纳米技术为例。纳米技术专注于把东西变小而不是变大。其原理就是当事物到达分子级别时,它的物理性质就会发生改变。一旦你知道这些新的性质,就可以用同样的原料来做以前无法做的事情。铜本来是用来导电的物质,但它一旦到达纳米级别,就不能在磁场中导电了。银离子具有抗菌性,但当它以分子形式存在时,这种性质会消失。一旦到达纳米级别,金属可以变得柔软,陶土可以具有弹性。同样,当增加所利用的数据量时,也就可以做很多在小数据量的基础上无法完成的事情。

有时候,我们认为约束自己生活的那些限制,对于世间万物都有着同样的约束力。事实上,尽管规律相同,但是我们能够感受到的约束,很可能只对我们这样尺度的事物起作用。对于人类来说,唯一一个最重要的物理定律便是万有引力定律。这个定律无时无刻不在控制着我们。但对于细小的昆虫来说,重力是无关紧要的。对它们而言,物理宇宙中有效的约束是表面张力,这个张力可以让它们在水上自由行走而不会掉下去。但人类对于表面张力毫不在意。

大数据的科学价值和社会价值正是体现在这里。一方面,对大数据的掌握程度可以转化为经济价值的来源。另一方面,大数据已经撼动了世界的方方面面,从商业科技到医疗、政府、教育、经济、人文以及社会的其他各个领域。尽管我们还处在大数据时代的初期,但我们的日常生活已经离不开它了。

1.1.2 大数据的定义

所谓大数据,狭义上可以定义为:用现有的一般技术难以管理的大量数据的集合。对大量数据进行分析,并从中获得有用观点,这种做法在一部分研究机构和大企业中早就已经存在了。与过去相比,现在的大数据主要有三点区别:第一,随着社交媒体和传感器网络的发展,我们身边正产生出大量且多样的数据;第二,随着硬件和软件技术的发展,数据的存储、处理成本大幅下降;第三,随着云计算的兴起,大数据的存储、处理环境已经没有必要自行搭建。

所谓"用现有的一般技术难以管理",是指用目前在企业数据库占据主流地位的关系数据库无法管理的、具有复杂结构的数据。也可以说,是指由于数据量的增大,导致对数据的查询响应时间超出允许范围的庞大数据。

研究机构高德纳(Gartner)给出了这样的定义:"大数据"是需要新处理模式才能具有更强的决策力、洞察发现力和流程优化能力的海量、高增长率和多样化的信息资产。

麦肯锡公司指出:"大数据指的是所涉及的数据集规模已经超过了传统数据库软件获取、存储、管理和分析的能力。这是一个被故意设计成主观性的定义,并且是一个关于多大的数据集才能被认为是大数据的可变定义,即并不定义大于一个特定数字的"TB"才叫大数据。因为随着技术的不断发展,符合大数据标准的数据集容量也会增长;并且定义随不同的行业也有变化,这依赖于在一个特定行业通常使用何种软件和数据集有多大。因此,大数据在今天不同行业中的范围可以从几十太字节到几拍字节。"

随着"大数据"的出现,数据仓库、数据安全、数据分析、数据挖掘等围绕大数据商业价值的利用正逐渐成为行业人士争相追捧的利润焦点,在全球引领了又一轮数据技术革新的浪潮。

1.1.3 用 3V 描述大数据特征

用 3V 描述大数据特征

从字面来看,"大数据"这个词可能会让人觉得只是容量非常大的数据集合而已。但容量只不过是大数据特征的一个方面,如果只拘泥于数据量,就无法深入理解当前围绕大数据所进行的讨论。因为"用现有的一般技术难以管理"这样的状况,并不仅仅是由于数据量增大这一个因素所造成的。

IBM 公司说:"可以用 3 个特征相结合来定义大数据:数量(Volume),或称容量、种类,或称多样性(Variety)和速度(Velocity),或者就是简单的 3V,即庞大容量、种类丰富和极快速度的数据",如图 1-5 所示。

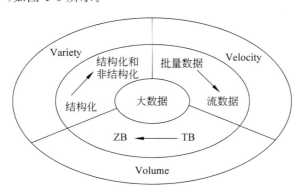

图 1-5 按数量、种类和速度来定义大数据

1. 数量

用现有技术无法管理的数据量,从现状来看,基本上是指从几十太字节到几拍字节这样的数量级。当然,随着技术的进步,这个数值也会不断变化。

如今,存储的数据数量正在急剧增长中,我们存储所有事物,包括环境数据、财务数据、医疗数据、监控数据等。有关数据量的对话已从 TB 级别转向 PB 级别,并且不可避免地会转向 ZB 级别。可是,随着可供企业使用的数据量不断增长,可处理、理解和分析的数据的比例却不断下降。

2. 种类、多样性

随着传感器、智能设备以及社交协作技术的激增,企业中的数据也变得更加复杂,因为它不仅包含传统的关系型数据,还包含来自网页、互联网日志文件(包括单击流数据)、搜索索引、社交媒体论坛、电子邮件、文档、主动和被动系统的传感器数据等原始、结构化、半结构化和非结构化数据。

种类表示所有的数据类型。其中,爆发式增长的一些数据,如互联网上的文本数据、位置信息、传感器数据、视频等,用企业中主流的关系型数据库是很难存储的,它们都属于非结构化数据。

当然,在这些数据中,有一些是过去就一直存在并保存下来的。和过去不同的是,除了存储,还需要对这些大数据进行分析,并从中获得有用的信息。如监控摄像机中的视频数据。近年来,超市、便利店等零售企业几乎都配备了监控摄像机,最初的目的是为了防范盗窃,但现在也出现了使用监控摄像机的视频数据来分析顾客购买行为的案例。

例如,美国高级文具制造商万宝龙(Montblanc)过去是凭经验和直觉来决定商品陈列布局的,现在尝试利用监控摄像头对顾客在店内的行为进行分析。通过分析监控摄像机的数据,将最想卖出去的商品移动到最容易吸引顾客目光的位置,使得销售额提高了 20%。

美国移动运营商 T-Mobile 也在全美 1000 家店中安装了带视频分析功能的监控摄像机,可以统计来店人数,还可以追踪顾客在店内的行动路线、在展台前停留的时间,甚至是试用了哪一款手机、试用了多长时间等,对顾客在店内的购买行为进行分析。

3. 速度

数据产生和更新的频率,也是衡量大数据的一个重要特征。就像我们收集和存储的数据量和种类发生了变化一样,生成和处理数据的速度也在变化。不要将速度的概念限定为与数据存储相关的增长速率,应动态地将此定义应用到数据,即数据流动的速度。有效处理大数据需要在数据变化的过程中对它的数量和种类执行分析,而不只是在它静止后执行分析。

例如,遍布全国的便利店在 24 小时内产生的 POS 机数据,电商网站中由用户访问所产生的网站单击流数据,高峰时达到每秒近万条的微信短文,全国公路上安装的交通堵塞探测传感器和路面状况传感器(可检测结冰、积雪等路面状态)等,每天都在产生庞大的数据。

IBM 在 3V 的基础上又归纳总结了第 4 个 V——Veracity(真实和准确)。"只有真实而准确的数据才能让对数据的管控和治理真正有意义。随着社交数据、企业内容、交易与应用数据等新数据源的兴起,传统数据源的局限性被打破,企业愈发需要有效的信息治理,以确保其真实性及安全性。"

IDC(互联网数据中心)说:"大数据是一个貌似不知道从哪里冒出来的大的动力。但是实际上,大数据并不是新生事物。然而,它确实正在进入主流,并得到重大关注,这是有原因的。廉价的存储、传感器和数据采集技术的快速发展、通过云和虚拟化存储设施增加的信息链路,以及创新软件和分析工具,正在驱动着大数据。大数据不是一个'事物',而是一个跨多个信息技术领域的动力/活动。大数据技术描述了新一代的技术和架构,其被设计用于:通过使用高速(Velocity)的采集、发现和/或分析,从超大容量(Volume)的多样(Variety)数据中经济地提取价值(Value)。"

这个定义除了揭示大数据传统的 3V 基本特征,即 Volume、Variety 和 Velocity,还增添了一个新特征:Value(价值)。

大数据实现的主要价值可以基于下面 3 个评价准则中的 1 个或多个进行评判:

(1) 它提供了更有用的信息吗?
(2) 它改进了信息的精确性吗?
(3) 它改进了响应的及时性吗?

总之,大数据是个动态的定义,不同行业根据其应用的不同有着不同的理解,其衡量标准也在随着技术的进步而改变。

1.1.4 广义的大数据

狭义上,大数据的定义着眼于数据的性质上,我们在广义层面上再为大数据下一个定义(图 1-6):所谓大数据,是一个综合性概念,它包括因具备 3V(Volume/Variety/Velocity)特征而难以进行管理的数据,对这些数据进行存储、处理、分析的技术,以及能够通过分析这些数据获得实用意义和观点的人才和组织。

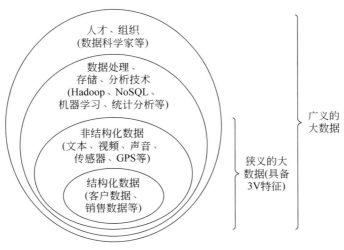

图 1-6 广义的大数据

"存储、处理、分析的技术",指的是用于大规模数据分布式处理的框架 Hadoop、具备良好扩展性的 NoSQL 数据库,以及机器学习和统计分析等;"能够通过分析这些数据获得实用意义和观点的人才和组织",指的是目前十分紧俏的"数据科学家"这类人才,以及能够对大数据进行有效运用的组织。

1.2 大数据思维

如今,人们不再认为数据是静止和陈旧的。但在以前,一旦完成了收集数据的目的之后,数据就会被认为已经没有用处了。比如,在飞机降落之后,票价数据就没有用了(对谷歌而言,则是一个检索命令完成之后)。譬如,某城市的公交车因为价格不依赖于起点和终点,所以能够反映重要通勤信息的数据被工作人员"自作主张"地丢弃了——设计人员如果没有大数据的理念,就会丢失掉很多有价值的数据。

数据已经成为了一种商业资本、一项重要的经济投入,可以创造新的经济利益。事实上,一旦思维转变过来,数据就能被巧妙地用来激发新产品和新型服务。数据的奥妙只为谦逊、愿意聆听且掌握了聆听手段的人所知。

最初,大数据这个概念是指需要处理的信息量过大,已经超出了一般计算机处理数据时所能使用的内存量,因此工程师们必须改进处理数据的工具。这导致了新的处理技术的诞生,例如谷歌的 MapReduce 和开源 Hadoop 平台。这些技术使得人们可以处理的数据量大大增加。更重要的是,这些数据不再需要用传统的数据库表格来整齐地排列,这些都是传统数据库结构化查询语言(SQL)的要求,而非关系数据库(NoSQL)就不再有这些要求。一些可以消除僵化的层次结构和一致性的技术也出现了。同时,因为互联网公司可以收集大量有价值的数据,而且有利用这些数据的强烈的利益驱动力,所以互联网公司顺理成章地成为了最新处理技术的领衔实践者。

今天,大数据是人们获得新的认知、创造新的价值的源泉,大数据还是改变市场、组织机构,以及政府与公民关系的方法。大数据时代对人们的生活,以及与世界交流的方式都提出了挑战。

1.3 大数据的结构类型

大数据的
结构类型

大数据具有多种形式,从高度结构化的财务数据,到文本文件、多媒体文件和基因定位图的任何数据,都可以称为大数据。数据量大是大数据的一致特征。由于数据自身的复杂性,作为一个必然的结果,处理大数据的首选方法就是在并行计算的环境中进行大规模并行处理(Massively Parallel Processing,MPP),这使得同时发生的并行摄取、并行数据装载和分析成为可能。实际上,大多数的大数据都是非结构化或半结构化的,这需要不同的技术和工具来处理和分析。

大数据最突出的特征是它的结构。图 1-7 显示了几种不同数据结构类型数据的增长趋势,由图可知,未来数据增长的 80%~90%将来自于不是结构化的数据类型(半、准和非结构化)。

虽然图 1-7 显示了 4 种不同的、相分离的数据类型,实际上,有时这些数据类型是可以被混合在一起的。例如,有一个传统的关系数据库管理系统保存着一个软件支持呼叫中心的通话日志,这里有典型的结构化数据,比如日期/时间戳、机器类型、问题类型、操作

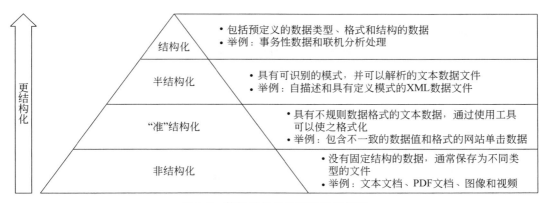

图 1-7　数据增长日益趋向非结构化

系统,这些都是在线支持人员通过图形用户界面上的下拉式菜单输入的。另外,还有非结构化数据或半结构化数据,比如自由形式的通话日志信息,这些可能来自包含问题的电子邮件,或者技术问题和解决方案的实际通话描述。另外一种可能是与结构化数据有关的实际通话的语音日志或音频文字实录。即使是现在,大多数分析人员还无法分析这种通话日志历史数据库中的最普通和高度结构化的数据,因为挖掘文本信息是一项强度很大的工作,并且无法简单地实现自动化。

人们通常最熟悉结构化数据的分析,然而,半结构化数据(XML)、"准"结构化数据(网站地址字符串)和非结构化数据代表了不同的挑战,需要使用不同的技术来分析。

1.4　大数据的发展

如果仅仅从数据量的角度来看,大数据在过去就已经存在了。例如,波音的喷气发动机每 30 分钟就会产生 10TB 的运行信息数据,安装 4 台发动机的大型客机每次飞越大西洋就会产生 640TB 的数据。世界各地每天有超过 2.5 万架的飞机在工作,产生的数据量极其庞大。生物技术领域中的基因组分析,以及以 NASA(美国国家航空航天局)为中心的太空开发领域,很早就开始使用十分昂贵的高端超级计算机对庞大的数据进行分析和处理。

现在和过去的区别之一,就是大数据不仅产生于特定领域中,而且还产生于人们每天的日常生活中,脸书、推特、领英、微信、QQ 等社交媒体上的文本数据就是最好的例子。而且,尽管无法得到全部数据,但大部分数据可以通过公开的 API(应用程序编程接口)进行采集。在 B2C(商家对顾客)的企业中,使用文本挖掘和情感分析等技术,就可以分析消费者对于自家产品的评价信息。

1.4.1　硬件性价比提高与软件技术进步

计算机性价比的提高、磁盘价格的下降、利用通用服务器对大量数据进行高速处理的软件技术 Hadoop 的诞生,以及云计算的兴起使得无须自行搭建这样的大规模环境——上述这些因素,大幅降低了大数据存储和处理的门槛。因此,过去只有像 NASA 这样的研究机构以及屈指可数的几家特大企业才能做到的对大量数据的深入分析,现在只要极小的成本和时间就可以完成。无论是刚刚创业的公司还是存在多年的公司,也无论是中小企业还是大企业,都可以对大数据进行充分的利用。

1. 计算机性价比的提高

承担数据处理任务的计算机,其处理能力遵循摩尔定律,一直在不断进化。所谓摩尔定律,是美国英特尔公司共同创始人之一的戈登·摩尔(1929—2023)于 1965 年提出的一个观点,即"半导体芯片的集成度,大约每 18 个月会翻一番"。从家电卖场中所陈列的电脑规格指标就可以一目了然地看出,现在以同样的价格能够买到的计算机,其处理能力和过去已经不可同日而语了。

2. 磁盘价格的下降

除了 CPU 性能的提高,硬盘等存储器(数据的存储装置)的价格也明显下降。2000 年的硬盘驱动器平均每 GB 容量的单价约为 16~19 美元,而 10 年后却只有 7 美分(换算成人民币的话,相当于 4~5 角钱),相当于下降到了 10 年前的 1/230~1/270。

变化的不仅仅是价格,存储器在重量方面也产生了巨大的进步。1982 年,日立最早开发的超 1GB 级硬盘驱动器(容量为 1.2GB),重量约为 250 磅(约合 113kg)。而现在,32GB 的微型 SD 卡重量却只有 0.5g 左右,技术进步的速度相当惊人。

3. 大规模数据分布式处理技术 Hadoop 的诞生

Hadoop 是一种可以在通用服务器上运行的开源分布式处理技术,它的诞生成为目前大数据浪潮的第一推动力。如果只是结构化数据不断增长,用传统的关系型数据库和数据仓库,或者是其衍生技术,就可以进行存储和处理了,但这样的技术无法对非结构化数据进行处理。Hadoop 的最大特征,就是能够对大量非结构化数据进行高速处理。

1.4.2 云计算的普及

现在,大数据的处理环境在很多情况下并不一定要自行搭建了。例如,使用亚马逊的云计算服务 EC2(Elastic Compute Cloud)和 S3(Simple Storage Service),就可以在无须自行搭建大规模数据处理环境的前提下,以按用量付费的方式,来使用由计算机集群组成的计算处理环境和大规模数据存储环境。此外,在 EC2 和 S3 上还利用预先配置的 Hadoop 工作环境提供了 EMR(Elastic Map Reduce)服务。利用这样的云计算环境,即使是资金不太充裕的创业型公司,也可以进行大数据的分析了。

实际上,在美国,新的 IT 创业公司如雨后春笋般不断出现,它们通过利用亚马逊的云计算环境对大数据进行处理,从而催生出新型的服务。这些公司如网络广告公司 Razorfish、提供预测航班起飞晚点等"航班预报"服务的 FlightCaster、对消费电子产品价格走势进行预测的 Decide.com 等。

1.4.3　大数据作为 BI 的进化形式

认识大数据,还需要理解商业智能(Business Intelligence,BI)的潮流和大数据之间的关系。对企业内外存储的数据进行组织性、系统性的集中、整理和分析,从而获得对各种商务决策有价值的知识和观点,这样的概念、技术及行为称为 BI。大数据作为 BI 的进化形式,充分利用后不仅能够高效地预测未来,也能够提高预测的准确率。

BI 的概念,是 1989 年由时任美国高德纳咨询公司的分析师霍华德·德雷斯纳提出的。德雷斯纳当时提出的观点是,应该将过去 100% 依赖信息系统部门完成的销售分析、客户分析等业务,通过让作为数据使用者的管理人员以及一般商务人员等最终用户来亲自参与,从而实现决策的迅速化以及生产效率的提高。

BI 的主要目的是分析从过去到现在发生了什么、为什么会发生,并做出报告。也就是说,是将过去和现在进行可视化的一种方式。例如,过去一年中商品 A 的销售额如何,它在各个门店中的销售额又分别如何。

然而,现在的商业环境变化十分剧烈。对于企业今后的活动说,在将过去和现在进行可视化的基础上,预测出接下来会发生什么显得更为重要。也就是说,从看到现在到预测未来,BI 也正在经历着不断的进化。

要对未来进行预测,从庞大的数据中发现有价值的规则和模式的数据挖掘(Data Mining)是一种非常有用的手段。为了让数据挖掘的执行更加高效,就要使用能够从大量数据中自动学习知识和有用规则的机器学习技术。从特性上说,机器学习对数据的要求是越多越好。也就是说,它和大数据可谓是天生一对。一直以来,机器学习的瓶颈在于如何存储并高效处理学习所需的大量数据。然而,随着硬盘单价的大幅下降、Hadoop 的诞生,以及云计算的普及,这些问题正逐步解决。现实中,对大数据应用机器学习的实例正在不断涌现。

1.4.4　从交易数据分析到交互数据分析

对从类似于"卖出了一件商品""一位客户解除了合同"这样的交易数据中得到的"点"信息进行统计还不够,我们想要得到的是"为什么卖出了这件商品""为什么这个客户离开了"这样的背景信息。而这样的信息需要从与客户之间产生的交互数据这种"线"信息中来探索。以非结构化数据为中心的大数据分析需求的不断高涨,也正是这种趋势的一个反映。

例如,像亚马逊这样运营电商网站的企业,可以通过网站的单击流数据追踪用户在网站内的行为,从而对用户从访问网站到最终购买商品的行为路线进行分析。这种单击流数据正是表现客户与公司网站之间相互作用的一种交互数据。

举个例子,如果知道通过单击站内广告最终购买产品的客户比例较高,那么针对其他客户,就可以根据其过去的单击记录来展示他可能感兴趣的商品广告,从而提高其最终购买商品的概率。或者,如果知道很多用户都会从某一个特定的页面离开网站,就可以下功夫来改善这个页面的可用性。通过交互数据分析得到的价值是非常之大的。

对于消费品公司来说,可以通过客户的会员数据、购物记录、呼叫中心通话记录等数据来寻找客户解约的原因。最近,随着"社交化CRM"呼声的高涨,越来越多的企业都开始利用微信、推特等社交媒体来提供客户支持服务。上述这些都是表现与客户之间交流的交互数据,只要推进对这些交互数据的分析,就可以越来越清晰地掌握客户离开的原因。

一般来说,网络上的数据比真实世界中的数据更加容易收集,因此来自网络的交互数据也获得了越来越多的利用。不过,今后随着传感器等物态探测技术的发展和普及,在真实世界中对交互数据的利用也将不断推进。

例如,在超市中,可以将由植入购物车中的IC标签收集到的顾客行动路线数据和POS等销售数据相结合,分析出顾客买或不买某种商品的理由,这样的应用现在已经开始出现。或者,也可以通过分析监控摄像机的视频资料来分析店内顾客的行为。以前并不是没有对店内的购买行为进行分析,但那种分析大多是由调查员肉眼观察并记录的,是非数字化的,成本很高,而且收集到的数据也比较有限。

进一步讲,今后更为重要的是对连接网络世界和真实世界的交互数据进行分析。在市场营销的世界中,线上与线下的结合(Online to Offline,O2O)已经逐步成为一个热门的关键词。所谓O2O,就是指网络上的信息(在线)对真实世界(线下)的购买行为产生的影响。举例来说,很多人在准备购买一种商品时会先到评论网站查询商品的价格和评价,然后再到实体店去购买该商品。

在O2O中,网络上的哪些信息会对实际来店顾客的消费行为产生关联?对这种线索的分析,即对交互数据的分析,显得尤为重要。

【作　　业】

1. 随着计算机技术全面和深度地融入社会生活,信息爆炸不仅使世界充斥着比以往更多的信息,而且其增长速度也在加快。信息总量的变化导致了(　　)——量变引起了质变。

　　A. 数据库的出现　　　　　　　　B. 信息形态的变化
　　C. 网络技术的发展　　　　　　　D. 软件开发技术的进步

2. 综合观察社会各个方面的变化趋势,真正能意识到信息爆炸或者说大数据的时代已经到来。不过,下面(　　)不是课文中提到的典型领域或行业。

　　A. 天文学　　　　　　　　　　　B. 互联网公司
　　C. 医疗保险　　　　　　　　　　D. 医疗器械

3. 南加利福尼亚大学安嫩伯格通信学院的马丁·希尔伯特进行了一个比较全面的研究,他试图得出人类所创造、存储和传播的一切信息的确切数目。有趣的是,根据马丁·希尔伯特的研究,在2007年的数据中,(　　)。

　　A. 只有7%是模拟数据,其余全部是数字数据
　　B. 只有7%是数字数据,其余全部是模拟数据
　　C. 几乎全部都是模拟数据

D. 几乎全部都是数字数据

4. 公元前3世纪,伟大的亚历山大图书馆可以代表世界上所有的知识量。但是,当数字数据洪流席卷世界之后,每个地球人都可以获得大量的数据信息,相当于当时亚历山大图书馆存储的数据总量的( )倍之多。

  A. 3   B. 320   C. 30   D. 3200

5. 对于人类来说,唯一一个最重要的物理定律便是( )。但对于细小的昆虫来说,物理宇宙中有效的约束是( )。

  A. 表面张力,万有引力   B. 万有引力,表面张力

  C. 万有引力,万有引力   D. 能量守恒,表面张力

6. 现在和过去的区别之一,就是大数据已经不仅产生于特定领域中,而且还产生于人们每天的日常生活中。但是,下面( )不是促进大数据时代到来的主要动力。

  A. 硬件性价比提高   B. 云计算的普及

  C. 大数据作为BI的进化形式   D. 贸易保护促进了地区经济的发展

7. 所谓大数据,狭义上可以定义为( )。

  A. 用现有的一般技术难以管理的大量数据的集合

  B. 随着互联网的发展,在我们身边产生的大量数据

  C. 随着硬件和软件技术的发展,数据的存储、处理成本大幅下降,从而促进数据大量产生

  D. 随着云计算的兴起而产生的大量数据

8. 所谓"用现有的一般技术难以管理",例如是指( )。

  A. 用目前在企业数据库占据主流地位的关系型数据库无法进行管理的、具有复杂结构的数据

  B. 由于数据量的增大,导致对非结构化数据的查询产生了数据丢失

  C. 分布式处理系统无法承担如此巨大的数据量

  D. 数据太少,无法适应现有的数据库处理条件

9. 大数据的定义是一个被故意设计成主观性的定义,即并不定义大于一个特定数字的TB才叫大数据。随着技术的不断发展,符合大数据标准的数据集容量( )。

  A. 稳定不变   B. 略有精简   C. 也会增长   D. 大幅压缩

10. 可以用3个特征相结合来定义大数据:即( )。

  A. 数量、数值和速度

  B. 庞大容量、极快速度和丰富的数据

  C. 数量、速度和价值

  D. 丰富的数据、极快的速度、极大的能量

11. IBM在3V的基础上又归纳总结了第4个要素( ),只有这样,才能让对数据的管控和治理真正有意义。

  A. 真实而准确   B. 具体而细致

  C. 标准且规范   D. 少而精

12. 数据多样性指的是大数据解决方案需要支持多种（　　）、不同类型的数据。数据多样性给企业带来的挑战包括数据聚合、数据交换、数据处理和数据存储等。
　　A. 不同大小　　　　B. 不同方向　　　　C. 不同格式　　　　D. 不同语言

13. 数据产生和更新的频率，也是衡量大数据的一个重要特征。在下列选项中，（　　）更能说明大数据速度（速率）这一特征。
　　A. 在大数据环境中，数据产生得很快，在极短的时间内就能聚集起大量的数据集
　　B. 从企业的角度来说，数据的速率代表数据从进入企业边缘到能够马上进行处理的时间
　　C. 处理快速的数据输入流，需要企业设计出弹性的数据处理方案，同时也需要强大的数据存储能力
　　D. A、B、C选项，以及有效处理大数据需要在数据变化的过程中对它的数量和种类执行分析，而不只是在它静止后执行分析

14. （　　）、传感器和数据采集技术的快速发展、通过云和虚拟化存储设施增加的信息链路，以及创新软件和分析工具，正在驱动着大数据。
　　A. 廉价的存储　　　　　　　　　　B. 昂贵的存储
　　C. 小而精的存储　　　　　　　　　D. 昂贵且精准的存储

15. 除大数据的3V特征之外，大数据5V特征中的另外两个特征是指（　　）。
　　A. Veracity（数据真实性）和Velocity（高速）
　　B. Variety（多样性）和Veracity（数据真实性）
　　C. Volume（大数据量）和Value（价值）
　　D. Value（价值）和数据真实性（Veracity）

16. 在广义层面上为大数据下的定义是：所谓大数据，是一个综合性概念，它包括因具备3V特征而难以进行管理的数据，（　　）。
　　A. 对这些数据进行存储、处理、分析的技术，以及能够通过分析这些数据获得实用意义和观点的人才和组织
　　B. 对这些数据进行存储、处理、分析的技术
　　C. 能够通过分析这些数据获得实用意义和观点的人才和组织
　　D. 数据科学家、数据工程师和数据工作者

17. 实际上，大多数的大数据都是（　　）。
　　A. 结构化的　　　　　　　　　　　B. 非结构化的
　　C. 非结构化或半结构化的　　　　　D. 半结构化的

18. （　　）已经成为了一种商业资本、一项重要的经济投入，可以创造新的经济利益。
　　A. 能源　　　　B. 数据　　　　C. 财物　　　　D. 环境

19. 今天，（　　）是人们获得新的认知、创造新的价值的源泉，它还是改变市场、组织机构以及政府与公民关系的方法。
　　A. 算法　　　　B. 程序　　　　C. 传感器　　　　D. 大数据

20. 一般来说,网络上的数据比真实世界中的数据更加容易收集。不过,今后随着( )等物态探测技术的发展和普及,在真实世界中对交互数据的利用也将不断推进。

  A. 算法　　　　B. 程序　　　　C. 传感器　　　　D. 大数据

【实验与思考】 了解大数据及其在线支持

1. 实验目的

(1) 熟悉大数据技术的基本概念和主要内容。

(2) 通过因特网搜索与浏览,了解网络环境中主流的数据科学专业网站,掌握通过专业网站不断丰富大数据最新知识的学习方法,尝试通过专业网站的辅助与支持来开展大数据技术应用实践。

2. 工具/准备工作

在开始本实验之前,请认真阅读课程的相关内容。

需要准备一台带有浏览器,能够访问因特网的计算机。

3. 实验内容与步骤

(1) 请结合查阅相关文献资料,为"大数据"给出一个权威性的定义。

答:＿＿＿＿＿＿＿＿＿＿＿＿＿＿＿＿＿＿＿＿＿＿＿＿＿＿＿＿＿＿＿＿＿＿

＿＿＿＿＿＿＿＿＿＿＿＿＿＿＿＿＿＿＿＿＿＿＿＿＿＿＿＿＿＿＿＿＿＿＿＿＿

＿＿＿＿＿＿＿＿＿＿＿＿＿＿＿＿＿＿＿＿＿＿＿＿＿＿＿＿＿＿＿＿＿＿＿＿＿

这个定义的来源是:＿＿＿＿＿＿＿＿＿＿＿＿＿＿＿＿＿＿＿＿＿＿＿＿＿＿

(2) 请具体描述大数据的3V。

答:

① Volume(数量):＿＿＿＿＿＿＿＿＿＿＿＿＿＿＿＿＿＿＿＿＿＿＿＿＿＿

② Variety(多样性):＿＿＿＿＿＿＿＿＿＿＿＿＿＿＿＿＿＿＿＿＿＿＿＿＿

③ Velocity(速度):＿＿＿＿＿＿＿＿＿＿＿＿＿＿＿＿＿＿＿＿＿＿＿＿＿＿

(3) 请结合查阅相关文献资料,简单阐述"促进大数据发展"的主要因素:

答:

①＿＿＿＿＿＿＿＿＿＿＿＿＿＿＿＿＿＿＿＿＿＿＿＿＿＿＿＿＿＿＿＿＿＿

② _____

③ _____

(4) 网络搜索和浏览。

看看哪些网站在支持大数据技术或数据科学的技术工作?请在表 1-1 中记录你的搜索结果。

表 1-1 数据科学专业网站实验记录

网站名称	网　址	主要内容描述

你习惯使用的网络搜索引擎是:_____

你在本次搜索中使用的关键词主要是:_____

请记录:在本实验中你认为比较重要的两个大数据或者数据科学专业网站是。

① 网站名称:_____

② 网站名称:_____

请分析:你认为各大数据专业网站当前的技术热点(如从培训项目中得知)。

① 名称:_____

技术热点:_____

② 名称:_____

技术热点:_____

③ 名称:_____

技术热点:_____

4. 实验总结

_____
_____
_____
_____

5. 实验评价(教师)

_____
_____

大数据思维变革

【导读案例】

亚马逊推荐系统

虽然亚马逊的故事大多数人都耳熟能详,但只有少数人知道它早期的书评内容是由人工完成的。当时,它聘请了一个由20多名书评家和编辑组成的团队,他们写书评、推荐新书,挑选非常有特色的新书标题放在亚马逊的网页上。这个团队创立了"亚马逊的声音"这个版块,成为当时公司皇冠上的一颗宝石,是其竞争优势的重要来源。《华尔街日报》的一篇文章中热情地称他们为全美最有影响力的书评家,因为他们使得书籍销量猛增。

亚马逊公司的创始人及总裁杰夫·贝索斯决定尝试一个极富创造力的想法:根据客户个人以前的购物喜好,为其推荐相关的书籍。

从一开始,亚马逊就从每一个客户那里收集了大量的数据。比如,他们购买了什么书籍?哪些书他们只浏览却没有购买?他们浏览了多久?哪些书是他们一起购买的?客户的信息数据量非常大,所以亚马逊必须先用传统的方法处理,通过样本分析找到客户之间的相似性。但这些推荐信息是非常原始的,就如同你在买一件婴儿用品时,会被淹没在一堆差不多的婴儿用品中一样。詹姆斯·马库斯回忆说:"推荐信息往往为你提供与你以前购买物品有微小差异的产品,并且循环往复。"

亚马逊的格雷格·林登很快就找到了一个解决方案。他意识到,推荐系统实际上并没有必要把顾客与其他顾客进行对比,这样做其实在技术上也比较烦琐。它需要做的是找到产品之间的关联性。1998年,林登和他的同事申请了著名的"item-to-item(逐项)"协同过滤技术的专利。方法的转变使技术发生了翻天覆地的变化。

因为估算可以提前进行,所以推荐系统不仅快,而且适用于各种各样的产品。因此,当亚马逊跨界销售除书以外的其他商品时,也可以对电影或烤面包机这些产品进行推荐。由于系统中使用了所有的数据,推荐会更理想。林登回忆道:"在组里有句玩笑话,说的是如果系统运作良好,亚马逊应该只推荐你一本书,而这本书就是你将要买的下一本书。"

现在,公司必须决定什么应该出现在网站上。是亚马逊内部书评家写的个人建议和评论,还是由机器生成的个性化推荐和畅销书排行榜?

林登做了一个关于评论家所创造的销售业绩和计算机生成内容所产生的销售业绩的对比测试,结果他发现两者之间相差甚远。他解释说,通过数据推荐产品所增加的销售远远超过书评家的贡献。计算机可能不知道为什么喜欢海明威作品的客户会购买菲茨·杰拉德的书。但是这似乎并不重要，重要的是销量。最后，编辑们看到了销售额分析，亚马逊也不得不放弃每次的在线评论，最终，书评组被解散了。林登回忆说："书评团队被打败、被解散，我感到非常难过。但是，数据没有说谎，人工评论的成本是非常高的。"

如今，据说亚马逊销售额的三分之一都来自于它的个性化推荐系统。有了它，亚马逊不仅使很多大型书店和音乐唱片商店歇业，而且当地数百个自认为有自己风格的书商也难免受转型之风的影响。

知道人们为什么对这些信息感兴趣可能是有用的，但这个问题目前并不是很重要。但是，知道"是什么"可以创造点击率，这种洞察力足以重塑很多行业，不仅仅只是电子商务。所有行业中的销售人员早就被告知，他们需要了解是什么让客户做出了选择，要把握客户做决定背后的真正原因，因此专业技能和多年的经验受到高度重视。大数据却显示，还有另外一个在某些方面更有用的方法。亚马逊的推荐系统梳理出了有趣的相关关系，但不知道背后的原因——知道是什么就够了，没必要知道为什么。

阅读上文，请思考、分析并简单记录：

(1) 你熟悉亚马逊、京东、天猫等电商网站的推荐系统吗？请列举这样的实例（你选择购买什么商品，网站又给你推荐了其他什么商品）。

答：_____

(2) 亚马逊书评组和林登推荐系统各自成功的基础是什么？

答：_____

(3) 为什么亚马逊书评组最终输给了林登推荐系统？请说说你的观点。

答：_____

(4) 请简单描述你所知道的上一周内发生的国际、国内或者身边的大事。

答：_____

转变之一：
样本=总体

2.1 转变之一：样本=总体

　　人类使用数据已经有相当长的时间了，无论是日常进行的大量非正式观察，还是过去几个世纪以来在专业层面上用高级算法进行的量化研究，都与数据有关。

　　在数字化时代，数据处理变得更加容易、更加快速，人们能够在瞬间处理成千上万的数据。实际上，大数据的精髓在于发现和理解信息内容及信息与信息之间的关系，在于人们分析信息时的转变，这些转变相互联系和相互作用，将改变我们理解和组建社会的方法。

　　19世纪以来，当面临大量数据时，社会都依赖于采样分析，而采样分析是信息缺乏时代和信息流通受限制的模拟数据时代的产物。以前我们通常把这看成是理所当然的限制，但高性能数字技术的流行让我们意识到，这其实是一种人为的限制。与局限在小数据范围相比，使用一切数据为我们带来了更高的精确性，也让我们看到了一些以前无法发现的细节——大数据让我们更清楚地看到了样本无法揭示的细节信息。

　　大数据时代的第一个转变是，我们可以分析更多的数据，有时候甚至可以处理和某个特别现象或事物相关的所有数据，而不再是只依赖于随机采样，分析少量的数据样本。

　　很长时间以来，因为记录、储存和分析数据的工具不够好，为了让分析变得简单，人们会把数据量缩减到最少，依据少量数据进行分析，但准确分析大量数据一直都是一种挑战。如今，信息技术已经有了非常大的提高，虽然人类可以处理的数据依然是有限的，但是可以处理的数据量已经大大增加，而且未来会越来越多。

　　在某些方面，人们依然没有完全意识到自己拥有了能够收集和处理更大规模数据的能力，还是在信息匮乏的假设下做很多事情，假定自己只能收集到少量信息。这是一个自我实现的过程。人们甚至发展了一些使用尽可能少的信息的技术。例如，统计学的一个目的就是用尽可能少的数据来证实尽可能重大的发现。事实上，我们形成了一种习惯，那就是在制度、处理过程和激励机制中尽可能地减少对数据的使用。

2.1.1　小数据时代的随机采样

　　数千年来，政府一直都试图通过收集信息来管理国民，只是到最近，小企业和个人才有可能拥有大规模收集和分类数据的能力，而此前，大规模的计数是政府的事情。

　　以人口普查为例。据说古代埃及曾进行过人口普查，《旧约》和《新约》中对此都有所提及。由罗马帝国的开国君主，元首政制的创始人奥古斯都·恺撒（前63年9月23日—14年8月19日，图2-1）主导实施的人口普查，提出了"每个人都必须纳税"。

　　1086年的《末日审判书》对当时英国的人口、土地和财产做了一个前所未有的全面记载。皇家委员穿越整个国家，对每个人、每件事都做了记载，后来这本书用《圣经》中的《末日审判书》命名，因为每个人的生活都被赤裸裸地记载下来的过程就像接受"最后的审判"一样。然而，人口普查是一项耗资且费时的事情，尽管如此，当时收集的信息也只是一个大概情况，实施人口普查的人也知道他们不可能准确记录下每个人的信息。实际上，"人口普查"这个词来源于拉丁语的censere，本意就是推测、估算。

第 2 章 大数据思维变革

图 2-1 奥古斯都·恺撒

三百多年前,一个名叫约翰·格朗特的英国缝纫用品商提出了一个很有新意的方法,来推算鼠疫时期伦敦的人口数,这种方法就是后来的统计学。虽然这个方法比较粗糙,但采用这个方法,不需要一个人一个人地计算,人们可以利用少量有用的样本信息来获取人口的整体情况。虽然后来证实他能够得出正确的数据仅仅是因为运气好,但在当时,他的方法大受欢迎。样本分析法一直都有较大的漏洞,因此,无论是进行人口普查还是执行其他大数据类的任务,人们还是一直使用清点这种"野蛮"的方法。

考虑到人口普查的复杂性以及耗时耗费巨大的特点,政府极少进行普查。古罗马在拥有数十万人口的时候每 5 年普查一次。美国宪法规定每 10 年进行一次人口普查,而随着国家人口越来越多,只能以百万计数。但是到 19 世纪为止,即使这样不频繁的人口普查依然很困难,因为数据变化的速度超过了人口普查局统计分析的能力。

美国在 1880 年进行的人口普查,耗时 8 年才完成数据汇总。因此,他们获得的很多数据都是过时的。1890 年进行的人口普查,预计要花费 13 年的时间来汇总数据。然而,因为税收分摊和国会代表人数确定都是建立在人口的基础上的,因此必须获得正确且及时的数据。很明显,当人们被数据淹没的时候,已有的数据处理工具已经难以应付了,所以就需要有新技术。后来,美国人口普查局就和发明家赫尔曼·霍尔瑞斯(被称为现代自动计算之父)签订了一个协议,用他的穿孔卡片制表机(图 2-2)来完成 1890 年的人口普查。

经过大量的努力,霍尔瑞斯成功地在 1 年时间内完成了人口普查的数据汇总工作。这简直就是一个奇迹,它标志着自动处理数据的开端,也为后来 IBM 公司的成立奠定了基础。但是,将其作为收集处理大数据的方法依然过于昂贵。毕竟,每个美国人都必须填一张可制成穿孔卡片的表格,然后再进行统计。在这么麻烦的情况下,很难想象如果不足 10 年就要进行一次人口普查应该怎么办。对于一个跨越式发展的国家而言,10 年 1 次的人口普查的滞后性已经让普查失去了大部分意义。

这就是问题所在,是利用所有的数据,还是仅仅采用一部分呢?最明智的方法自然是得到有关被分析事物的所有数据,但是当数据无比庞大时,这又不太现实。那如何选择样本呢?有人提出有目的地选择最具代表性的样本是最恰当的方法。1934 年,波兰统计学

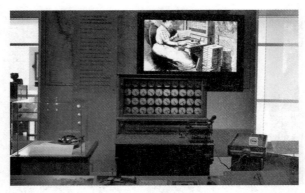

图 2-2　霍尔瑞斯普查机

家耶日·奈曼指出,这只会导致更多更大的漏洞。事实证明,问题的关键是选择样本时的随机性。

统计学家们证明:采样分析的精确性随着采样随机性的增加而大幅提高,但与样本数量的增加关系不大。虽然听起来很不可思议,但事实上,研究表明,当样本数量达到某个值之后,从新个体身上得到的信息会越来越少,就如同经济学中的边际效应递减一样。

认为样本选择的随机性比样本数量更重要,这种观点是非常有见地的。这种观点开辟了一条收集信息的新道路。通过收集随机样本,我们可以用较少的花费做出高精准度的推断。因此,政府每年都可以用随机采样的方法进行小规模的人口普查,而不是只能每 10 年进行 1 次。事实上,政府也这样做了。例如,除了 10 年 1 次的人口大普查,美国人口普查局每年都会用随机采样的方法对经济和人口进行 200 多次小规模的调查。当收集和分析数据都不容易时,随机采样就成为应对信息采集困难的办法。

在商业领域,随机采样被用来监管商品质量。这使得监管商品质量和提升商品品质变得更容易,花费也更少。以前,全面的质量监管要求对生产出来的每个产品进行检查,而现在只需从一批商品中随机抽取部分样品进行检查就可以了。本质上来说,随机采样让大数据问题变得更加切实可行。同理,它将客户调查引入了零售行业,将焦点讨论引入了政治界,也将许多人文问题变成了社会科学问题。

随机采样取得了巨大成功,成为现代社会、现代测量领域的主心骨。但这只是一条捷径,是在不可收集和分析全部数据的情况下的选择,它本身存在许多固有的缺陷。它的成功依赖于采样的绝对随机性,但是实现采样的随机性非常困难。一旦采样过程中存在任何偏见,分析结果就会相去甚远。

在美国总统大选中,以固定电话用户为基础进行投票民调就面临了这样的问题,采样缺乏随机性,因为没有考虑到只使用移动电话的用户——这些用户一般更年轻和更热爱自由,不考虑这些用户,自然就得不到正确的预测。2008 年,在奥巴马与麦凯恩之间进行的美国总统大选中,盖洛普咨询公司、皮尤研究中心、美国广播公司和《华盛顿邮报》报社这些主要的民调组织都发现,如果不把移动用户考虑进来,民意测试的结果就会出现三个点的偏差,而一旦考虑进来,偏差就只有一个点。鉴于这次大选的票数差距极其微弱,这已经是非常大的偏差了。

更糟糕的是,随机采样不适合考察子类别的情况。因为一旦继续细分,随机采样结果的错误率会大大增加。因此,当人们想了解更深层次的细分领域的情况时,随机采样的方法就不可取了。在宏观领域起作用的方法在微观领域失去了作用。随机采样就像是模拟照片打印,远看很不错,但是一旦聚焦某个点,就会变得模糊不清。

随机采样也需要严密的安排和执行。人们只能从采样数据中得出事先设计好的问题的结果。所以虽说随机采样是一条捷径,但它并不适用于所有情况,因为这种调查结果缺乏延展性,即调查得出的数据不可以重新分析,以实现计划之外的目的。

2.1.2 大数据与乔布斯的癌症治疗

来看一下DNA分析。由于技术成本大幅下跌以及医学方面的广阔前景,个人基因排序成为了一门新兴产业(图2-3)。2007年起,硅谷的新兴科技基因测序公司23andMe就开始分析人类基因,价格仅为几百美元。这可以揭示出人类遗传密码中一些会导致其对某些疾病抵抗力差的特征,如乳腺癌和心脏病。23andMe希望能通过整合顾客的DNA和健康信息了解到用其他方式不能获取的新信息。公司对某人的一小部分DNA进行排序,标注出几十个特定的基因缺陷。这只是该人整个基因密码的样本,还有几十亿个基因碱基对未排序。最后,23andMe只能回答其标注过的基因组表现出来的问题。发现新标注时,该人的DNA必须重新排序,更准确地说,是相关的部分必须重新排列。只研究样本而不是整体,有利有弊:能更快更容易地发现问题,但不能回答事先未考虑到的问题。

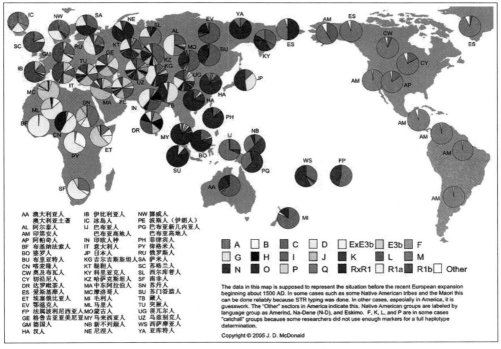

图2-3 世界民族基因总图(美国)

苹果公司的传奇总裁史蒂夫·乔布斯在与癌症斗争的过程中采用了不同的方式,成为世界上第一个对自身所有 DNA 和肿瘤 DNA 进行排序的人。为此,他支付了高达几十万美元的费用,这是 23andMe 报价的几百倍之多。所以,他得到的不是一个只有一系列标记的样本,他得到了包括整个基因密码的数据文档。

对于一个普通的癌症患者,医生只能期望她的 DNA 排列同试验中使用的样本足够相似。但是,史蒂夫·乔布斯的医生们能够基于乔布斯的特定基因组成,按所需效果用药。如果癌症病变导致药物失效,医生可以及时更换另一种药。乔布斯曾经开玩笑地说:"我要么是第一个通过这种方式战胜癌症的人,要么就是最后一个因为这种方式死于癌症的人。"虽然他的愿望都没有实现,但是这种获得所有数据而不仅是样本的方法还是将他的生命延长了好几年。

2.1.3　全数据模式:样本=总体

采样的目的是用最少的数据得到最多的信息,而当我们可以获得海量数据的时候,它就没有什么意义了。如今,计算和制表不再像过去那样困难。传感器、手机导航、网站点击和微信等被动地收集了大量数据,而计算机可以轻易地处理这些数据。但是,数据处理技术已经发生了翻天覆地的改变,但我们的方法和思维却没有跟上这种改变。

采样忽视细节考察的缺陷现在越来越难以被忽视了。在很多领域,从收集部分数据到收集尽可能多的数据的转变已经发生了。如果可能,我们会收集所有的数据,即"样本=总体"。

"样本=总体"是指我们能对数据进行深度探讨。在上面提到的有关采样的例子中,用采样的方法分析情况,正确率可达 97%。对于某些事物来说,3%的错误率是可以接受的。但是无法得到一些微观细节的信息,甚至还会失去对某些特定子类别进行进一步研究的能力。我们不能满足于正态分布一般中庸平凡的景象。生活中有很多事情经常藏匿在细节之中,而采样分析法却无法捕捉这些细节。

分析整个数据库,而不是对一个小样本进行分析,能够提高微观层面分析的准确性,甚至能够推测出某个特定城市的流感状况。所以,我们现在经常会放弃样本分析这条捷径,选择收集全面而完整的数据。我们需要足够的数据处理和存储能力,也需要最先进的分析技术。同时,简单廉价的数据收集方法也很重要。过去,这些问题中的任何一个都很棘手。在一个资源有限的时代,要解决这些问题需要付出很高的代价。但是现在,解决这些难题已经变得简单容易得多。曾经只有大公司才能做到的事情,现在绝大部分的公司都可以做到了。

通过使用所有的数据可以发现,有在大量数据中被淹没掉的情况。例如,信用卡诈骗是通过观察异常情况来识别的,只有掌握了所有数据才能做到这一点。在这种情况下,异常值是最有用的信息,你可以把它与正常交易情况进行对比。这是一个大数据问题。而且,因为交易是即时的,所以数据分析也应该是即时的。

然而,使用所有的数据并不代表这是一项艰巨的任务。大数据中的"大"不是绝对意义上的大,虽然在大多数情况下是这个意思。完整的人体基因组有约有 30 亿个碱基对。但这只是单纯的数据节点的绝对数量,不代表它们就是大数据。大数据是指不用随机分析法这样的捷径,而采用所有数据的方法,乔布斯的医生们采取的就是这种大数据的方法。

因为大数据是建立在掌握所有数据,至少是尽可能多的数据的基础上的,所以我们就可以正确地考察细节,并进行新的分析。在任何细微的层面,都可以用大数据去论证新的假设。是大数据让我们发现了对抗癌症需要针对的那部分DNA,让我们能清楚地分析微观层面的情况。当然,有时候还是可以使用样本分析法,但是更多时候,利用手中掌握的所有数据成为了最好也是可行的选择。

社会科学是被"样本＝总体"撼动得最厉害的学科。随着大数据分析取代了样本分析,社会科学不再单纯依赖于分析实证数据。这门学科过去曾非常依赖样本分析、研究和调查问卷。当记录下来的是人们的平常状态,也就不用担心在做研究和调查问卷时存在的偏见了。现在,我们可以收集过去无法收集到的信息,不管是通过移动电话表现出的关系,还是通过推特信息表现出的感情。更重要的是,我们现在也不再依赖抽样调查了,甚至慢慢地,我们会完全抛弃样本分析。

2.2 转变之二:接受数据的混杂性

当测量事物的能力有限时,关注最重要的事情和获取最精确的结果是可取的。直到今天,数字技术依然建立在精准的基础上。我们假设只要在电子数据表格中对数据排序,数据库引擎就可以找出和检索的内容完全一致的检索记录。

转变之二:接受数据的混杂性

这种思维方式适用于掌握"小数据量"的情况,因为需要分析的数据很少,所以必须尽可能精准地量化记录。在某些方面,我们已经意识到了差别。例如,一个小商店在晚上打烊的时候要把收银台里的每分钱都数清楚,但是我们不会、也不可能用"分"这个单位去精确度量国民生产总值。随着规模的扩大,对精确度的痴迷将减弱。

达到精确需要有专业的数据库。针对小数据量和特定事情,追求精确性依然是可行的,比如一个人的银行账户上是否有足够的钱开具支票。但是,在大数据时代,很多时候,追求精确度已经变得不可行,甚至不受欢迎了。当拥有海量即时数据时,绝对的精准不再是追求的主要目标。大数据纷繁多样,优劣掺杂,分布在全球多个服务器上。拥有了大数据,就不再需要对一个现象刨根究底,只要掌握大体的发展方向即可。当然,我们也不是完全放弃了精确度,只是不再沉迷于此。适当忽略微观层面上的精确度会让我们在宏观层面拥有更好的洞察力。

大数据时代的第二个转变是,研究数据如此之多,以至于我们不再热衷于追求其精确度。 在大数据时代,我们乐于接受数据的纷繁复杂,而不再一味追求其精确性。数据量的大幅增加会造成结果的不准确,与此同时,一些错误的数据也会混进数据库。然而,重点是我们能够努力避免这些问题。我们从不认为这些问题是无法避免的,而且也正在学会接受它们。

2.2.1 允许不精确

对"小数据"而言,最基本、最重要的要求就是减少错误,保证质量。因为收集的信息量比较少,所以必须确保记录下来的数据尽量精确。无论是确定天体的位置,还是观测显微镜下物体的大小,为了使结果更加准确,很多科学家都致力于优化测量的工具。采样的时候,对精确度的要求就更高更苛刻了。因为收集信息的有限意味着细微的错误会被放大,甚至有可能影响整个结果的准确性。

在历史上很多时候,人们会把通过测量世界来征服世界视为最大的成就。事实上,对精确度的高要求始于13世纪中期的欧洲。那时候,天文学家和学者对时间、空间的研究采取了比以往更为精确的量化方式,用历史学家阿尔弗雷德·克罗斯比的话来说就是"测量现实"。后来,测量方法逐渐被运用到科学观察、解释方法中,体现为一种进行量化研究、记录,并呈现可重复结果的能力。伟大的物理学家开尔文曾说过:"测量就是认知。"这已成为一条至理名言。同时,很多数学家以及后来的精算师和会计师都发展了可以准确收集、记录和管理数据的方法。

然而,在不断涌现的新情况里,允许不精确的出现已经成为一个亮点,而非缺点。因为放松了容错的标准,人们掌握的数据也多了起来,还可以利用这些数据做更多新的事情。这样就不是大量数据优于少量数据那么简单了,而是大量数据创造了更好的结果。

同时,我们需要与各种各样的混乱做斗争。混乱,简单地说就是随着数据的增加,错误率也会相应增加。所以,如果桥梁的压力数据量增加1000倍,其中的部分读数就可能是错误的,而且随着读数量的增加,错误率可能也会继续增加。在整合来源不同的各类信息时,因为它们通常不完全一致,所以也会加大混乱程度。

混乱还可以指格式的不一致性,因为要达到格式一致,就需要在进行数据处理之前仔细地清洗数据,而这在大数据背景下很难做到。例如,称呼IBM公司就可以有数不尽的方法。

当然,在萃取或处理数据的时候,混乱也会发生。因为在进行数据转化的时候,是在把它变成另外的事物。比如,假设你要测量一个葡萄园的温度,但是整个葡萄园只有一个温度测量仪,就必须确保这个测量仪是精确的,而且能够一直工作。反过来,如果每100棵葡萄树就有一个测量仪,有些测量数据可能会错,可能会更加混乱,但众多的读数合起来就可以提供一个更加准确的结果。因为这里面包含了更多的数据,而它不仅能抵消掉错误数据造成的影响,还能提供更多的额外价值。

再来想想增加读数频率的这事情。如果每隔一分钟就测量一下温度,我们至少还能够保证测量结果是按照时间有序排列的。如果变成每分钟测量十次甚至百次的话,不仅读数可能出错,连时间先后都可能搞混掉。试想,如果信息在网络中流动,那么一条记录很可能在传输过程中被延迟,在其到达的时候已经没有意义了,甚至干脆在奔涌的信息洪流中彻底迷失。虽然我们得到的信息不再那么准确,但收集到的数量庞大的信息让我们放弃严格精确的选择变得更为划算。

可见,为了获得更广泛的数据而牺牲了精确性,也因此看到了很多如若不然无法被关注到的细节。或者,为了高频率而放弃了精确性,结果观察到了一些本可能被错过的变化。虽然如果我们能够下足够多的工夫,这些错误是可以避免的,但在很多情况下,与致力于避免错误相比,对错误的包容会带给我们更多好处。

"大数据"通常用概率说话。我们可以在大量数据对计算机其他领域进步的重要性上看到类似的变化。我们都知道,如摩尔定律所预测的,过去一段时间里计算机的数据处理能力有了很大提高。摩尔定律认为,每块芯片上晶体管的数量每两年就会翻一倍。这使得计算机运行更快速了,存储空间更大了。大家没有意识到,驱动各类系统的算法也进步了,有报告显示,在很多领域这些算法带来的进步还要胜过芯片的进步。然而,社会从"大数据"中所能得到的,并非来自运行更快的芯片或更好的算法,而是更多的数据。

大数据在多大程度上优于算法,在自然语言处理上表现得很明显(这是关于计算机如何学习和领悟人类语言的学科方向)。2000年,微软研究中心的米歇尔·班科和埃里克·布里尔一直在寻求改进Word程序中语法检查的方法。但是他们不能确定是努力改进现有的算法、研发新的方法,还是添加更加细腻精致的特点更有效。所以,实施这些措施之前,他们决定往现有的算法中添加更多的数据,看看会有什么不同的变化。很多对计算机学习算法的研究都建立在百万字左右的语料库基础上。最后,他们决定往4种常见的算法中逐渐添加数据,先是一千万字,再到一亿字,最后到十亿字。

结果有点令人吃惊。他们发现,随着数据的增多,4种算法的表现都大幅提高了。当数据只有500万的时候,有一种简单的算法表现得很差,但当数据达10亿的时候,它变成了表现最好的,准确率从原来的75%提高到了95%以上。与之相反,在少量数据情况下运行得最好的算法,当加入更多的数据时,也会像其他算法一样有所提高,但是却变成了在大量数据条件下运行得最不好的。它的准确率会从86%提高到94%。

后来,班科和布里尔在他们发表的研究论文中写到,"如此一来,我们得重新衡量一下更多的人力物力是应该消耗在算法发展上还是在语料库发展上。"

2.2.2 大数据简单算法与小数据复杂算法

在20世纪40年代的电子管计算机时代,机器翻译还只是计算机开发人员的一个想法。冷战时期,美国掌握了大量关于苏联的各种资料,但缺少翻译这些资料的人手。所以,计算机翻译也成了亟待解决的问题。

最初,计算机研发人员打算将语法规则和双语词典结合在一起。1954年,IBM以计算机中的250个词语和6条语法规则为基础,将60个俄语词组翻译成了英语,结果振奋人心。IBM 701通过穿孔卡片读取了一句话,并将其译成了"我们通过语言来交流思想"。在庆祝这个成就的发布会上,一篇报道就提到,这60句话翻译得很流畅。这个程序的指挥官利昂·多斯特尔特表示,他相信"在三五年后,机器翻译将会变得很成熟"。

事实证明,计算机翻译最初的成功误导了人们。从事机器翻译的研究人员意识到,翻译比他们想象的更困难,机器翻译不能只是让计算机熟悉常用规则,还必须教会它处理特殊的语言情况。毕竟,翻译不仅仅只是记忆和复述,也涉及选词,而明确地教会计算机这些非常不现实。

在20世纪80年代后期,IBM的研发人员提出了一个新的想法。与单纯教给计算机语言规则和词汇相比,他们试图让计算机自己估算一个词或一个词组适合于用来翻译另一种语言中的一个词和词组的可能性,然后再决定某个词和词组在另一种语言中的对等词和词组。

20世纪90年代,IBM这个名为Candide的项目花费了大概10年的时间,将大约有

300万句之多的加拿大议会资料译成了英语和法语,并出版。由于是官方文件,翻译的标准就非常高。用那个时候的标准来看,数据量非常庞大。统计机器学习从诞生之日起,就聪明地把翻译的挑战变成了一个数学问题,而这似乎很有效!计算机翻译能力在短时间内就提高了很多。然而,在这次飞跃之后,IBM公司尽管投入了很多资金,但取得的成效不大。最终,IBM公司停止了这个项目。

2006年,谷歌公司也开始涉足机器翻译。这被当作实现"收集全世界的数据资源,并让人人都可享受这些资源"这个目标的一个步骤。谷歌翻译开始利用一个更大更繁杂的数据库,也就是全球的互联网,而不再只利用两种语言之间的文本翻译。

为了训练计算机,谷歌翻译系统会吸收它能找到的所有翻译。它从各种各样语言的公司网站上寻找对译文档,还会去寻找联合国和欧盟这些国际组织发布的官方文件和报告的译本。它甚至会吸收速读项目中的书籍翻译。谷歌翻译部的负责人弗朗兹·奥齐是机器翻译界的权威,他指出,"谷歌的翻译系统不会像Candide一样,只是仔细地翻译300万句话,它会掌握用不同语言翻译的质量参差不齐的数十亿页的文档。"不考虑翻译质量的话,上万亿的语料库就相当于950亿句英语。

尽管输入源很混乱,但较其他翻译系统而言,谷歌的翻译质量是最好的,而且可翻译的内容更多。到2012年年中,谷歌数据库涵盖了60多种语言,甚至能够接受14种语言的语音输入,并有很流利的对等翻译。之所以能做到这些,是因为它将语言视为能够判别可能性的数据,而不是语言本身。如果要将印度语译成加泰罗尼亚语,谷歌就会把英语作为中介语言。因为在翻译的时候它能适当增减词汇,所以谷歌的翻译比其他系统的翻译灵活很多。

谷歌的翻译之所以更好,并不是因为它拥有一个更好的算法机制。和微软的班科和布里尔一样,这是因为谷歌翻译增加了很多各种各样的数据。从谷歌的例子来看,它之所以能比IBM的Candide系统多利用成千上万的数据,是因为它接受了有错误的数据。2006年,谷歌发布的上万亿的语料库,就是来自于互联网的一些废弃内容。这就是"训练集",可以正确地推算出英语词汇搭配在一起的可能性。

谷歌公司人工智能专家彼得·诺维格在一篇题为《数据的非理性效果》的文章中写道,"大数据基础上的简单算法比小数据基础上的复杂算法更加有效。"文章指出,混杂是关键。

"由于谷歌语料库的内容来自于未经过滤的网页内容,所以会包含一些不完整的句子、拼写错误、语法错误以及其他各种错误。况且,它也没有详细的人工纠错后的注解。但是,谷歌语料库的数据优势完全压倒了缺点。"

2.2.3 纷繁的数据越多越好

通常,传统的统计学家都很难容忍错误数据的存在。收集样本的时候,他们会用一整套的策略来减少错误发生的概率。结果公布之前,他们也会测试样本是否存在潜在的系统性偏差。这些策略包括根据协议或通过受过专门训练的专家来采集样本。但是,即使只是少量的数据,这些规避错误的策略实施起来还是耗费巨大。尤其是当收集所有数据的时候,就行不通了。不仅是因为耗费巨大,还因为在大规模的基础上保持数据收集标准的一致性不太现实。

　　大数据时代要求我们重新审视数据精确性的优劣。如果将传统的思维模式运用于数字化、网络化的 21 世纪,就有可能错过重要的信息。如今,人们掌握的数据库越来越全面,包括了与这些现象相关的大量甚至全部数据。我们不再担心某个数据点对整套分析的不利影响,要做的就是接受这些纷繁的数据并从中受益,而不是以高昂的代价消除所有的不确定性。

　　在华盛顿州布莱恩市的英国石油公司切里波因特炼油厂(图 2-4)里,无线传感器遍布整个工厂,形成无形的网络,能够产生大量实时数据。在这里,酷热的恶劣环境和电气设备的存在有时会对传感器读数有所影响,形成错误的数据。但是数据的数量之多可以弥补这些小错误。随时监测管道的承压使得公司了解到有些种类的原油比其他种类更具有腐蚀性,而此前这都是无法发现也无法防止的。

图 2-4　切里波因特炼油厂

　　有时候,当掌握了大量新数据时,精确性就不那么重要了,我们同样可以掌握事情的发展趋势。大数据不仅让我们不再期待精确性,也让我们无法实现精确性。然而,除了一开始会与我们的直觉相矛盾之外,接受数据的不精确和不完美,反而能够更好地预测,也能够更好地理解这个世界。

　　值得注意的是,错误性并不是大数据本身固有的特性,而是一个亟需处理的现实问题,并且有可能长期存在。它只是用来测量、记录和交流数据的工具的一个缺陷。拥有更大数据量所能带来的商业利益远远超过增加一点精确性,所以通常我们不会再花大力气去提升数据的精确性。这正如以前,统计学家们总是把他们的兴趣放在提高样本的随机性而不是数量上,如今,大数据给我们带来的利益让我们接受了不精确的存在。

2.2.4　混杂性是标准途径

　　长期以来,人们一直用分类法和索引法帮助自己存储和检索数据资源。在"小数据"范围内,这样的分级系统通常都不完善,但很有效,而一旦把数据规模增加好几个数量级,这些预设一切都各就各位的系统就会崩溃。

相片分享网站Flickr拥有来自大概1亿用户的60亿张照片(图2-5),这时,根据预先设定好的分类来标注每张照片就没有意义了,恰恰相反的是,清楚的分类被更混乱却更灵活的机制取代了。

图2-5 Flickr年度热门图片

当人们上传照片到Flickr网站的时候,会给照片添加标签,也就是使用一组文本标签来编组和搜索这些资源。人们用自己的方式创造和使用标签,所以它是没有标准、没有预先设定的排列和分类,也没有必须遵守的类别规定。任何人都可以输入新的标签,标签内容事实上就成了网络资源的分类标准。标签被广泛应用于脸书、博客等社交网络上。因为它们的存在,互联网上的资源变得更加容易找到,特别是像图片、视频和音乐这些无法用关键词搜索的非文本类资源。

当然,有时错误的标签会导致资源编组的不准确,但这种混乱的方法也有很多好处。比如,我们拥有了更加丰富的标签内容,同时能更深更广地获得各种照片。可以通过合并多个搜索标签来过滤需要寻找的照片,这在以前是无法完成的。添加标签时所带来的不准确性,从某种意义上说明我们能够接受世界的纷繁复杂,这是对更加精确系统的一种对抗。事实上,现实是纷繁复杂的,天地间存在的事物也远远多于系统所设想的。

人们在网站上见到一个"喜欢"按钮时,可以看到很多人都在单击。当数量不多时,会显示像"63"这种具体的数字;当数量很大时,则只会显示近似值,比如"4000"。这并不代表系统不知道正确的数据是多少,只是当数量规模变大的时候,确切的数量已经不那么重要了。另外,数据更新得非常快,甚至在刚刚显示出来的时候可能就已经过时了。如今,要想获得大规模数据带来的好处,混乱应该是一种标准途径,而不应该是被竭力避免的。

2.2.5　5%的数字数据与95%的非结构化数据

据估计,只有5%的数字数据是结构化的,且能适用于传统数据库。如果不接受混杂性,剩下95%的非结构化数据都无法被利用,比如网页和视频资源。通过接受不精确性,我们打开了一个从未涉足的世界的窗户。

怎么看待使用所有数据和使用部分数据的差别,以及怎样选择放松要求并取代严格的精确性,将会对我们与世界的沟通产生深刻的影响。随着大数据技术成为日常生活中的一部分,我们应该开始从一个比以前更大更全面的角度来理解事物,也就是应该将"样本=总体"植入我们的思维中。

相比依赖小数据和精确性的时代,大数据因为更强调数据的完整性和混杂性,帮助我们进一步接近事实的真相。"部分"和"确切"的吸引力是可以理解的。但是,当视野局限在可以分析和能够确定的数据上时,我们对世界的整体理解就可能产生偏差和错误。不仅失去了去尽力收集一切数据的动力,也失去了从各个不同角度观察事物的权利。所以,局限于狭隘的小数据中,可以自豪于对精确性的追求,但是就算可以分析得到细节中的细节,也依然会错过事物的全貌。大数据要求我们有所改变,必须能够接受混乱和不确定性。

2.3 转变之三:数据的相关关系

转变之三:数据的相关关系

在传统观念下,人们总是致力于找到一切事情发生背后的原因。然而很多时候,寻找数据间的关联,并利用这种关联就足够了。

大数据时代的第三个转变即我们不再热衷于寻找因果关系。这是因前两个转变而促成的。寻找因果关系是人类长久以来的习惯,即使确定因果关系很困难而且用途不大,人类还是习惯性地寻找缘由。相反,在大数据时代,我们无须再紧盯事物之间的因果关系,而应该寻找事物之间的相关关系,这会给我们提供新颖且有价值的观点。相关关系也许不能准确地告知我们某件事情为何会发生,但是它会提醒我们这件事情正在发生。在许多情况下,这种提醒已经足够了。

例如,如果数百万条电子医疗记录显示橙汁和阿司匹林的特定组合可以治疗癌症,那么找出具体的药理机制就没有这种治疗方法本身来得重要。同样,只要我们知道什么时候是买机票的最佳时机,就算不知道机票价格疯狂变动的原因也无所谓了。大数据告诉我们"是什么",而不是"为什么"。在大数据时代,我们不必知道现象背后的原因,而只要让数据自己发声。我们不再需要在还没有收集数据之前就把我们的分析建立在早已设立的少量假设的基础之上。让数据发声,我们会注意到很多以前从来没有意识到的联系的存在。

2.3.1 关联物,预测的关键

在小数据世界,其中的相关关系也是有用的,但在大数据的背景下,相关关系大放异彩。通过应用相关关系,可以比以前更容易、更快捷、更清楚地分析事物。

所谓相关关系,核心是指量化两个数据值之间的数理关系。相关关系强,是指当一个数据值增加时,另一个数据值很有可能也会随之增加。我们已经看到过这种很强的相关关系,比如谷歌流感趋势:在一个特定的地理位置,越多的人通过谷歌搜索特定的词条,该地区就有更多的人患了流感。相反,相关关系弱,就意味着当一个数据值增加时,另一个数据值几乎不会发生变化。例如,某个人的鞋子尺码和他的幸福就几乎扯不上什么关系。

相关关系通过识别有用的关联物来帮助人们分析一个现象,而不是通过揭示其内部的运作机制。当然,即使是很强的相关关系,也不一定能解释每一种情况,比如两个事物看上去行为相似,但很可能只是巧合。相关关系没有绝对,只有可能性。也就是说,不是亚马逊推荐的每本书都是顾客想买的书。但是,如果相关关系强,一个相关链接成功的概率是很高的。这一点很多人可以证明,他们的书架上有很多书都是因为亚马逊推荐而购买的。

通过找到一个现象的良好的关联物,相关关系就可以帮助我们捕捉现在和预测未来。如果 A 和 B 经常一起发生,我们只需要注意到 B 发生了,就可以预测 A 也发生了。这有助于我们捕捉可能和 A 一起发生的事情,即使我们不能直接测量或观察到 A。更重要的是,它还可以帮助我们预测未来可能发生什么。当然,相关关系是无法预知未来的,他们只能预测可能发生的事情。但是,这已经极其珍贵了。

2004 年,沃尔玛对历史交易记录这个庞大的数据库进行了观察。它记录的不仅包括每一个顾客的购物清单以及消费额,还包括购物车中的物品、具体购买时间,甚至购买当日的天气。沃尔玛公司注意到,每当季节性台风来临之前,不仅手电筒销售量增加了,而且面包的销量也增加了。因此,当季节性风暴来临时,沃尔玛会把库存的面包放在靠近台风用品的位置,以方便行色匆匆的顾客,从而增加销量。

相关关系在过去就已经被证明大有用途。这个观点是 1888 年弗朗西斯·高尔顿爵士提出的,因为他注意到人的身高和前臂的长度有关系。相关关系背后的数学计算是直接而又有活力的,这是相关关系的本质特征,也是让相关关系成为最广泛应用的统计计量方法的原因。但是,在大数据时代之前,相关关系的应用很少。因为数据很少,而且收集数据费时费力,所以统计学家们喜欢找到一个关联物,然后收集与之相关的数据进行相关关系分析,来评测这个关联物的优劣。那么,如何寻找这个关联物呢?

除了仅仅依靠相关关系,专家们还会使用一些建立在理论基础上的假想来指导自己选择适当的关联物。这些理论就是一些抽象的观点,关于事物是怎样运作的。然后收集与关联物相关的数据来进行相关关系分析,以证明这个关联物是否真的合适。如果不合适,人们通常会固执地再次尝试,因为担心可能是数据收集的错误,而最终却不得不承认一开始的假想甚至假想建立的基础都是有缺陷和必须修改的。这种对假想的反复试验促进了学科的发展。但是这种发展非常缓慢,因为个人以及团体的偏见会蒙蔽我们的双眼,导致我们在设立假想、应用假想和选择关联物的过程中犯错误。总之,这是一个烦琐的过程,只适用于小数据时代。

在大数据时代,通过建立在人的偏见基础上的关联物监测法已经不再可行,因为数据库太大,而且需要考虑的领域太复杂。幸运的是,许多迫使我们选择假想分析法的限制条件也逐渐消失了。我们现在拥有如此多的数据、这么好的机器计算能力,因而不再需要人工选择一个关联物或者一小部分相似数据来逐一分析了。复杂的机器分析能辨认出谁是最好的代理,就像在谷歌流感趋势中,计算机把检索词条在 5 亿个数学模型上进行测试之后,准确地找出了哪些是与流感传播最相关的词条。

人们理解世界不再需要建立在假设的基础上,这些假设是指针对现象建立的有关其产生机制和内在机理的假设。因此,也不需要建立这样一个假设,关于哪些词条可以表示流感在何时何地传播;不需要了解航空公司怎样给机票定价;不需要知道沃尔玛顾客的烹饪喜好。取而代之的是,我们可以对大数据进行相关关系分析,从而知道哪些检索词条是最能显示流感的传播的,飞机票的价格是否会飞涨,哪些食物是台风期间待在家里的人最想吃的。我们用数据驱动的关于大数据的相关关系分析法取代了基于假想的易出错的方法。大数据的相关关系分析法更准确、更快,而且不易受偏见的影响。

建立在相关关系分析法基础上的预测是大数据的核心。这种预测发生的频率非常高,以至于人们经常忽略了它的创新性。当然,它的应用会越来越多。

大数据相关关系分析的极致,非美国折扣零售商塔吉特(Target)莫属了。该公司使用大数据的相关关系分析已经有多年。《纽约时报》的记者查尔奢·杜西格在一份报道中阐述了塔吉特公司怎样在完全不和准妈妈对话的前提下,预测一个女性什么时候怀孕。基本上来说,就是收集一个人可以收集到的所有数据,然后通过相关关系分析得出事情的真实状况。

对于零售商来说,知道一个顾客是否怀孕是有用的。因为这是一对夫妻改变消费观念的开始,他们会开始光顾以前不会去的商店,渐渐对新的品牌建立忠诚。塔吉特公司的市场专员们向分析部求助,看是否有什么办法能够通过一个人的购物方式发现她是否怀孕。公司的分析团队首先查看了签署婴儿礼物登记簿的女性的消费记录。注意到登记簿上的妇女会在怀孕约三个月的时候买很多无香乳液。几个月之后,她们会买一些营养品,比如镁、钙、锌。公司最终找出了大概20多种关联物给顾客进行"怀孕趋势"评分,这些相关关系甚至使得零售商能够比较准确地预测预产期,在孕期的每个阶段给客户寄送相应的优惠券,这才是塔吉特公司的目的。

在社会环境下寻找关联物只是大数据分析法采取的一种方式。同样有用的一种方法是,通过找出新种类数据之间的相互联系来解决日常需求。例如,预测分析法就被广泛地应用于商业领域,以预测事件的发生。这可以指一个能发现可能的流行歌曲的算法系统——音乐界广泛采用这种方法来确保它们看好的歌曲真的会流行;也可以指那些用来防止机器失效和建筑倒塌的方法。现在,在机器、发动机和桥梁等基础设施上放置传感器变得越来越平常了,它们被用来记录散发的热量、振幅、承压和发出的声音等。

一个东西要出故障,不会是瞬间的,而是慢慢地出问题。通过收集所有的数据,可以预先捕捉到事物要出故障的信号,比如发动机的嗡嗡声、引擎过热,都说明它们可能要出故障了。系统把这些异常情况与正常情况进行对比,就知道什么地方出了毛病。通过尽早地发现异常,系统可以提醒人们在故障之前更换零件或者修复问题。通过找出一个关联物并监控它,就能预测未来。

2.3.2 "是什么",而不是"为什么"

在小数据时代,相关关系分析和因果分析都不容易,耗费巨大,都要从建立假设开始,然后进行实验——这个假设要么被证实,要么被推翻。但是,由于两者都始于假设,这些分析就都有受偏见影响的可能,极易导致错误。与此同时,用来做相关关系分析的数据很难得到。

另一方面,在小数据时代,由于计算机能力的不足,大部分相关关系分析仅限于寻求线性关系。而事实上,实际情况远比人们想象的要复杂。经过复杂的分析,能够发现数据的"非线性关系"。

多年来,经济学家和政治家一直认为收入水平和幸福感是成正比的。从数据图表上可以看到,虽然统计工具呈现的是一种线性关系,但事实上,它们之间存在一种更复杂的动态关系:例如,对于收入水平在1万美元以下的人来说,一旦收入增加,幸福感会随之提升;但对于收入水平在1万美元以上的人来说,幸福感并不会随着收入水平提高而提升。如果能发现这层关系,我们看到的就应该是一条曲线,而不是统计工具分析出来的直线。

这个发现对决策者非常重要。如果只看到线性关系,那么政策重心应完全放在增加收入上,因为这样才能增加全民的幸福感。而一旦察觉到这种非线性关系,策略的重心就会变成提高低收入人群的收入水平,因为这样明显更划算。

当相关关系变得更复杂时,一切就更混乱了。比如,各地麻疹疫苗接种率的差别与人们在医疗保健上的花费似乎有关联。但是,哈佛大学与麻省理工学院的联合研究小组发现,这种关联不是简单的线性关系,而是一个复杂的曲线图。和预期相同的是,随着人们在医疗上花费的增多,麻疹疫苗接种率的差别会变小;但令人惊讶的是,当增加到一定程度时,这种差别又会变大。发现这种关系对公共卫生官员来说非常重要,但是普通的线性关系分析无法捕捉到这个重要信息。

在大数据时代,专家们正在研发能发现并对比分析非线性关系的技术工具。一系列飞速发展的新技术和新软件也从多方面提高了相关关系分析工具发现非因果关系的能力。这些新的分析工具和思路展现了一系列新的视野被有用的预测,使我们看到了很多以前不曾注意到的联系,还掌握了以前无法理解的复杂技术和社会动态。但最重要的是,通过去探求"是什么"而不是"为什么",相关关系帮助我们更好地了解这个世界。

2.3.3 通过因果关系了解世界

在传统情况下,人类是通过因果关系了解世界的。

首先,人们的直接愿望就是了解因果关系。即使无因果联系存在,也还是会假定其存在。研究证明,这只是人们的认知方式,与每个人的文化背景、生长环境以及教育水平无关。当人们看到两件事情接连发生的时候,就会习惯性地从因果关系的角度来看待它们。

普林斯顿大学的心理学专家丹尼尔·卡尼曼证明了人有两种思维模式。第一种是不费力的快速思维,通过这种思维方式几秒钟就能得出结果;另一种是比较费力的慢性思维,对特定的问题需要考虑到位。快速思维模式使人们偏向用因果联系来看待周围的一切,即使这种关系并不存在。这是我们对已有的知识和信仰的执着。过去这种快速思维模式曾经很有用,它能帮助人们在信息量缺乏却必须快速做出决定的危险情况下化险为夷。但是,这种因果关系通常并不存在。卡尼曼指出,在平时生活中,由于惰性,人们很少慢条斯理地思考问题,所以快速思维模式就占据了上风。因此,人们会经常臆想出一些因果关系。例如,父母经常告诉孩子,天冷时不戴帽子和手套就会感冒。然而,事实上,感冒和穿戴之间却没有直接的联系。有时,人们在某个餐馆用餐后生病了,就会自然而然地觉得这是餐馆食物的问题,以后可能就不再去这家餐馆了。事实上,肚子痛也许是因为其他的传染途径,比如和患者握过手之类。然而,快速思维模式使人们直接将其归于任何能在第一时间想起来的因果关系,因此,这经常导致人们做出错误的决定。

与常识相反,经常凭借直觉而来的因果关系并没有帮助人们加深对这个世界的理解。很多时候,这种认知捷径只是给了人们一种自己已经理解的错觉,但实际上却完全陷入了理解的误区之中。就像采样是人们无法处理全部数据时的捷径一样,这种找因果关系的方法也是人们的大脑用来避免辛苦思考的捷径。

现在情况不一样了。大数据之间的相关关系,将经常会用来证明直觉的因果联系是错误的。最终也能表明,统计关系也不蕴含多少真实的因果关系。总之,人们的快速思维模式将会遭受各种各样的现实考验。

为了更好地了解世界,人们会更加努力地思考。但是,即使是用来发现因果关系的第二种思维方式——慢性思维,也将因为大数据之间的相关关系而迎来大的改变。

在日常生活中,我们习惯性地用因果关系来考虑事情,所以会认为因果联系是浅显易寻的。但事实却并非如此。与相关关系不一样,即使用数学这种比较直接的方式,因果联系也很难被轻易证明。我们也不能用标准的等式将因果关系表达清楚。因此,即使我们慢慢思考,想要发现因果关系也是很困难的。因为我们已经习惯了信息的匮乏,故此亦习惯了在少量数据的基础上进行推理思考,即使大部分时候很多因素都会削弱特定的因果关系。

下面来看看狂犬疫苗的例子。1885年7月6日,法国化学家路易·巴斯德接诊了一个9岁的小孩约瑟夫·梅斯特,他被带有狂犬病毒的狗咬了。那时,巴斯德刚刚研发出狂犬疫苗,也实验验证过效果了。梅斯特的父母就恳求巴斯德给他们的儿子注射一针。巴斯德做了,梅斯特活了下来。在发布会上,巴斯德因为把一个小男孩从死神手中救出而大受褒奖。但真的是因为他吗?事实证明,一般来说,人被狂犬病狗咬后患上狂犬病的概率只有七分之一。即使巴斯德的疫苗有效,也只适用于七分之一的案例中。无论如何,就算没有狂犬疫苗,这个小男孩活下来的概率还是有85%。

在这个例子中,大家都认为是注射疫苗救了梅斯特一命。但这里却有两个因果关系值得商榷。第一个是疫苗和狂犬病毒之间的因果关系,第二个就是被带有狂犬病毒的狗咬和患狂犬病之间的因果关系。即便是疫苗能够医好狂犬病,第二个因果关系也只适用于极少数情况。

不过,科学家已经克服了用实验来证明因果关系的难题。实验是通过是否有诱因这两种情况分别来观察所产生的结果是不是和真实情况相符,如果相符就说明确实存在因果关系。这个衡量假说的验证情况控制得越严格,你就会发现因果关系越有可能是真实存在的。

因此,与相关关系一样,因果关系被完全证实的可能几乎是没有的,只能说,某两者之间很有可能存在因果关系。但两者之间又有不同,证明因果关系的实验要么不切实际,要么违背社会伦理道德。比如,怎么从5亿词条中找出和流感传播最相关的信息呢?难道真能为了找出被咬和患病之间的因果关系而置成百上千的病人的生命于不顾吗?因为实验会要求把部分病人当成未被咬的"控制组"成员来对待,但是就算给这些病人打了疫苗,又能保证万无一失吗?而且就算这些实验可以操作,操作成本也非常昂贵。

2.3.4 通过相关关系了解世界

不像因果关系,证明相关关系的实验耗资少,费时也少。与之相比,分析相关关系,既有数学方法,也有统计学方法,同时,数字工具也能帮我们准确地找出相关关系。

相关关系分析本身意义重大,同时它也为研究因果关系奠定了基础。通过找出可能相关的事物,可以在此基础上进行进一步的因果关系分析.如果存在因果关系,再进一步找出原因。这种便捷的机制通过实验降低了因果分析的成本。也可以从相互联系中找到一些重要的变量,这些变量可以用到验证因果关系的实验中去。

可是,我们必须非常认真。相关关系很有用,不仅仅是因为它能提供新的视角,而且提供的视角都很清晰。而一旦把因果关系考虑进来,这些视角就有可能被蒙蔽。

例如,Kaggle——一家为所有人提供数据挖掘竞赛平台的公司,举办了关于二手车的质量竞赛。二手车经销商将二手车数据提供给参加比赛的统计学家,统计学家们用这些数据建立一个算法系统,来预测经销商拍卖的哪些车有可能出现质量问题。相关关系分析表明,橙色的车有质量问题的可能性只有其他车的一半。

读到这里的时候,我们不禁也会思考其中的原因。难道是因为橙色车的车主更爱车,所以车被保护得更好吗?或是这种颜色的车子在制造方面更精良些吗?还是因为橙色的车更显眼、出车祸的概率更小,所以转手的时候.各方面的性能保持得更好?

马上,我们就陷入了各种各样谜一样的假设中。若要找出相关关系,可以用数学方法,但如果是因果关系,这却是行不通的。所以,没必要一定找出相关关系背后的原因,当知道了"是什么"的时候,"为什么"其实就没那么重要了,否则就会催生一些滑稽的想法。比如上面提到的例子里,是不是应该建议车主把车漆成橙色呢?毕竟,这样就说明车子的质量更过硬啊!

考虑到这些,如果把以确凿数据为基础的相关关系和通过快速思维构想出的因果关系相比,前者就更具有说服力。但在越来越多的情况下,快速清晰的相关关系分析甚至比慢速的因果分析更有用和更有效。慢速的因果分析集中体现为通过严格控制的实验来验证因果关系,而这必然是非常耗时耗力的。

近年来,科学家一直在试图减少这些实验的花费。比如,通过巧妙地结合相似的调查,做成"类似实验"。这样,因果关系的调查成本就降低,但还是很难与相关关系体现的优越性相抗衡。还有,正如之前提到的,在专家进行因果关系的调查时,相关关系分析本来就会起到帮助的作用。

在大多数情况下,一旦完成了对大数据的相关关系分析,而又不再满足于仅仅知道"是什么"时,我们就会继续向更深层次研究因果关系,找出背后的"为什么"。

因果关系还是有用的,但是它将不再被看成是意义来源的基础。在大数据时代,即使在很多情况下,我们依然指望用因果关系来说明所发现的相互联系,但是,实际因果关系只是一种特殊的相关关系。相反,大数据推动了相关关系分析。相关关系分析通常情况下能取代因果关系起作用,即使在不可取代的情况下,它也能指导因果关系起作用。

【作　　业】

1. 19世纪以来,当面临大量数据时,社会都依赖于采样分析,人们发展了一些使用尽可能少的信息的技术。例如,统计学的一个目的就是(　　)
   A. 用尽可能多的数据来验证一般的发现
   B. 同尽可能少的数据来验证尽可能简单的发现
   C. 用尽可能少的数据来证实尽可能重大的发现
   D. 用尽可能少的数据来验证一般的发现。

2. 大数据时代的第一个转变,(　　)。
   A. 是要分析与某事物相关的所有数据,而不是依靠分析少量的数据样本
   B. 是人们乐于接受数据的纷繁复杂,而不再一味追求其精确性
   C. 是人们尝试着不再探求难以捉摸的因果关系,转而关注事物的相关关系
   D. 是加强统计学应用,重视算法的复杂性

3. 统计学家们证明:采样分析的精确性(　　)。
   A. 随着采样随机性的增加而大幅提高,但与样本数量的增加关系不大
   B. 随着采样精确性的增加而大幅提高,但与样本数量的增加关系不大
   C. 随着采样随机性的增加而大幅提高,但与样本数量的增加关系不大
   D. 随着采样随机性的增加而大幅提高,但与样本数量的增加密切相关

4. 只研究样本而不是整体,有利有弊:(　　)。
   A. 能更快更容易地发现问题,但不能回答事先未考虑到的问题
   B. 能更快更容易地发现问题,也能回答事先未考虑到的问题
   C. 虽然发现问题比较困难,但能回答事先未考虑到的问题
   D. 发现问题比较困难,也不能回答事先未考虑到的问题

5. 如今,在很多领域中,如果可能,我们会收集所有的数据,即"样本=总体"。"样本=总体"是指(　　)。
   A. 人们能对数据进行浅层探讨,分析问题的广度
   B. 人们能对数据进行深度探讨,捕捉问题的细节
   C. 人们能对数据进行深度探讨,抓住问题的重点
   D. 人们能对数据进行浅层探讨,抓住问题的细节

6. 因为大数据是建立在(　　),所以就可以正确地考察细节,并进行新的分析。
   A. 在掌握少量精确数据的基础上,尽可能多地收集其他数据
   B. 掌握少量数据,至少是尽可能精确的数据的基础上的
   C. 掌握所有数据,至少是尽可能多的数据的基础上的
   D. 尽可能掌握精确数据的基础上

7. 当人们拥有海量即时数据时,(　　)。适当忽略微观层面上的精确度会让我们在宏观层面拥有更好的洞察力。
   A. 应该完全放弃精确度,不再沉迷于此

B. 不能放弃精确度,需要努力追求精确度

C. 也不是完全放弃了精确度,只是不再沉迷于此

D. 是确保精确度的前提下,适当寻求更多数据

8. 在不断涌现的新情况里,(   )。因为放松了容错的标准,人们掌握的数据也多了起来,还可以利用这些数据做更多新的事情。

    A. 允许不精确的出现已经成为一个缺点,而非优点

    B. 允许不精确的出现已经成为一个亮点,而非缺点

    C. 允许不精确的出现已经成为一个历史

    D. 允许不精确的出现已经得到控制

9. 为了获得更广泛的数据而牺牲了精确性,也因此看到了很多如若不然无法被关注到的细节。(   )。

    A. 在很多情况下,与致力于避免错误相比,对错误的包容会带给我们更多问题

    B. 在很多情况下,与致力于避免错误相比,对错误的包容会带给我们更多好处

    C. 无论什么情况,我们都不能容忍错误的存在

    D. 无论什么情况,我们都可以包容错误

10. 以前,统计学家们总是把他们的兴趣放在提高样本的随机性而不是数量上。这时因为(   )。

    A. 提高样本随机性可以减少对数据量的需求

    B. 样本随机性优于对大数据的分析

    C. 可以获取的数据少,提高样本随机性可以提高分析准确率

    D. 提高样本随机性是为了减少统计分析的工作量

11. 研究表明,在少量数据情况下运行得最好的算法,当加入更多的数据时,(   )。

    A. 也会像其他的算法一样有所提高,但是却变成了在大量数据条件下运行得最不好的

    B. 与其他的算法一样有所提高,仍然是在大量数据条件下运行得最好的

    C. 与其他的算法一样有所提高,在大量数据条件下运行得还是比较好的

    D. 虽然没有提高,还是在大量数据条件下运行得最好的

12. 研究指出:"大数据基础上的简单算法比小数据基础上的复杂算法更加有效。"其中(   )。

    A. 精确是关键   B. 混杂是关键

    C. 并没有特别之处   D. 精确和混杂同样重要

13. 如今,要想获得大规模数据带来的好处,混乱应该是一种(   )。

    A. 不正确途径,需要竭力避免的

    B. 非标准途径,应该尽量避免的

    C. 非标准途径,但可以勉强接受的

    D. 标准途径,而不应该是竭力避免的

14. 研究表明,只有(   )的数字数据是结构化的,且适用于传统数据库。如果不接受混乱,剩下(   )的非结构化数据都无法被利用。

A. 95%,5%　　　　B. 30%,70%　　　　C. 5%,95%　　　　D. 70%,30%

15. 在传统观念下,人们总是致力于找到一切事情发生背后的原因。寻找(　　)是人类长久以来的习惯。

　　A. 相关关系　　　B. 因果关系　　　C. 信息关系　　　D. 组织关系

16. 在大数据时代,我们无须再紧盯事物之间的(　　),而应该寻找事物之间的(　　),这会给我们提供非常新颖且有价值的观点。

　　A. 因果关系,相关关系　　　　　　B. 相关关系,因果关系
　　C. 复杂关系,简单关系　　　　　　D. 简单关系,复杂关系

17. 相关关系强,是指当一个数据值增加时,另一个数据值很有可能会随之(　　)。

　　A. 减少　　　　B. 显现　　　　C. 增加　　　　D. 隐藏

18. 通过找到一个现象的(　　),相关关系可以帮助我们捕捉现在和预测未来。

　　A. 出现原因　　　　　　　　　　B. 隐藏原因
　　C. 一般的关联物　　　　　　　　D. 良好的关联物

19. 建立在相关关系分析法基础上的(　　)是大数据的核心。这种活动发生的频率非常高,以至于我们经常忽略了它的创新性。当然,它的应用会越来越多。

　　A. 预测　　　　B. 规划　　　　C. 决策　　　　D. 处理

20. 大数据时代,专家们正在研发能发现并对比分析非线性关系的技术工具。通过(　　),相关关系帮助我们更好地了解了这个世界。

　　A. 探求"是什么"而不是"为什么"　　　B. 探求"为什么"而不是"是什么"
　　C. 探求"原因"而不是"结果"　　　　　D. 探求"结果"而不是"原因"

【实验与思考】 深入理解大数据的三个思维变革

1. 实验目的

(1) 熟悉大数据时代思维变革的基本概念和主要内容。

(2) 分析理解在传统情况下,人们分析信息、了解世界的主要方法,理解大数据时代人们思维变革的三大转变。

2. 工具/准备工作

在开始本实验之前,请认真阅读课程的相关内容。
需要准备一台带有浏览器,能够访问因特网的计算机。

3. 实验内容与步骤

(1) 大数据时代人们分析信息、理解世界的三大转变是指:
答:
① _____

② _____

③ _____

(2) 请简述,在大数据时代,为什么要"分析与某事物相关的所有数据,而不是依靠分析少量的数据样本"?

答:_____

_____

_____

(3) 请简述,在大数据时代,为什么"我们乐于接受数据的纷繁复杂,而不再一味追求其精确性"?

答:_____

_____

_____

(4) 什么是数据的因果关系?什么是数据的相关关系?

答:_____

_____

_____

(5) 请简述,在大数据时代,为什么"我们不再探求难以捉摸的因果关系,转而关注事物的相关关系"?

答:_____

_____

_____

4. 实验总结

_____

_____

_____

5. 实验评价（教师）

第 3 章

大数据可视化

【导读案例】

南丁格尔"极区图"

弗洛伦斯·南丁格尔(1820 年 5 月 12 日—1910 年 8 月 13 日,图 3-1)是世界上第一个真正意义上的女护士,被誉为现代护理业之母,5 月 12 日定为国际护士节就是为了纪念她,这一天是南丁格尔的生日。除了在医学和护理界的辉煌成就,实际上,南丁格尔还是一名优秀的统计学家——她是英国皇家统计学会第一位女性会员,也是美国统计学会的会员。据说南丁格尔早期大部分声望都来自其对数据清楚且准确的表达。

南丁格尔生活的时代,各个医院的统计资料非常不精确,也不一致,她认为医学统计资料有助于改进医疗护理的方法和措施。

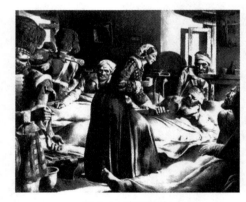

图 3-1 南丁格尔

于是,她编著的各类书籍、报告等材料中使用了大量的统计图表,其中最为著名的就是极区图(Polar Area Chart),也叫南丁格尔玫瑰图(图 3-2)。

南丁格尔发现,战斗中阵亡的士兵数量少于因为受伤却缺乏治疗的士兵。为了挽救更多的士兵,她画了《东部军队(战士)死亡原因示意图》(1858 年)。

这张图描述了 1854 年 4 月—1856 年 3 月期间士兵的死亡情况,右图是 1854 年 4 月—1855 年 3 月,左图是 1855 年 4 月—1856 年 3 月,用蓝、红、黑三种颜色表示三种不同的情况,蓝色代表可预防和可缓解的疾病治疗不及时造成的死亡,红色代表战场阵亡,黑色代表其他死亡原因。图表各扇区的角度相同,用半径及扇区面积来表示死亡人数,可以清晰地看出每个月因各种原因死亡的人数。显然,1854—1855 年,因医疗条件而造成的死亡人数远远大于战死沙场的人数,这种情况直到 1856 年初才得到缓解。南丁格尔的这张图表以及其他图表"生动有力地说明了在战地开展医疗救护和促进伤兵医疗工作的必要性,打动了当局者,增加了战地医院,改善了军队医院的条件,为挽救士兵生命做出了巨大贡献"。

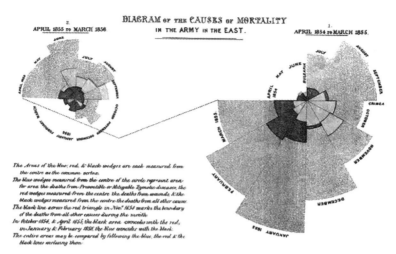

图 3-2 南丁格尔"极区图"

南丁格尔的"极区图"是统计学家对利用图形来展示数据进行的早期探索,南丁格尔的贡献充分说明了数据可视化的价值,特别是在公共领域的价值。

图 3-3 是社交网站(脸书 vs.推特)对比信息图,是一张典型的南丁格尔玫瑰图(极区图)。极区图在数据统计类信息图表中是常见的一类图表形式。

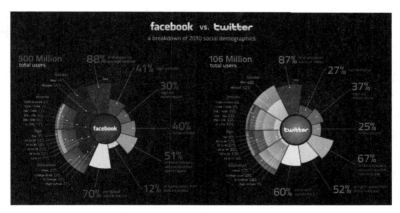

图 3-3 极区图:脸书 vs.推特

阅读上文,请思考、分析并简单记录:

(1) 简述你看到过且印象深刻的数据可视化的案例。

答:_____

_____

_____

(2) 你之前知道南丁格尔吗?南丁格尔玫瑰图还有什么名字?

答:_____

（3）发展大数据可视化，那么传统的数据或信息的表示方式是否还有意义？请简述你的看法。

答：_____

_____

_____

（4）请简单记述你所知道的上一周发生的国际、国内或者身边的大事。

答：_____

_____

_____

3.1 数据与可视化

数据与可视化

数据是什么？大部分人会含糊地回答说，数据是电子表格的一种内容，或者一大堆数字。有点儿技术背景的人会提及数据库或者数据仓库。然而，这些回答只说明了获取数据的格式和存储数据的方式，并未说明数据的本质是什么，以及特定的数据集代表什么。

数据不仅仅是数字，要想把数据可视化，就必须知道它表达的是什么。事实上，数据是现实世界的一个快照，会传递给我们大量的信息。一个数据点可以包含时间、地点、人物、事件、起因等因素，因此，一个数字不再只是沧海一粟。可是，从一个数据点中提取信息并不像一张照片那么简单。你可以猜到照片里发生的事情，但如果对数据心存侥幸，认为它非常精确，并和周围的事物紧密相关，就有可能曲解真实的数据。你需要观察数据产生的来龙去脉，并把数据集作为一个整体来理解。关注全貌，比只注意到局部更容易做出准确的判断。

通常，在实施记录时，由于成本太高或者缺少人力，或二者皆有，人们不大可能记录下一切，而只能获取零碎的信息，然后寻找其中的模式和关联，凭经验猜测数据所表达的含义。数据是对现实世界的简化和抽象表达。当可视化数据的时候，其实是在将对现实世界的抽象表达可视化，或至少是将它的一些细微方面可视化，所以，最后你得到的是一个抽象。这并不是说可视化模糊了你的视角。恰恰相反，可视化能帮助你从一个个独立的数据点中解脱出来，换一个不同的角度去探索它们。

数据和它所代表的事物之间的关联既是把数据可视化的关键，也是全面分析数据的关键，同样还是深层次理解数据的关键。计算机可以把数字批量转换成不同的形状和颜色，但是人类必须建立起数据和现实世界的联系，以便使用图表的人能够从中得到有价值的信息。数据会因其可变性和不确定性变得复杂，但放入一个合适的背景信息中，就变得容易理解了。

3.1.1 数据的可变性

下面我们以美国国家公路交通安全管理局发布的公路交通事故数据为例,来了解数据的可变性。

2001—2010年,美国国家公路交通安全管理局发布的数据显示,全美共发生363 839起致命的公路交通事故。这个总数代表着逝去的生命(图3-4)。

然而,除了安全驾驶之外,从这个数据中你还了解到了什么?美国国家公路交通安全管理局提供的数据具体到了每一起事故及其发生的时间和地点,我们可以从中了解更多的信息。

如果在地图中画出2001—2010年间全美发生的每一起致命的交通事故,用一个点代表一起事故,就可以看到事故多集中发生在大城市和高速公路主干道上,而人烟稀少的地方和道路几乎没有事故发生过。这样,这幅图除了告诉我们对交通事故不能掉以轻心之外,还告诉了我们关于美国公路网络的情况。

观察这些年发生的交通事故,人们会把关注焦点切换到这些具体的事故上。图3-5显示了每年发生的交通事故数,表达的内容与简单告诉你一个总数完全不同。虽然每年仍会发生成千上万起交通事故,但通过观察可以看到,2006—2010年间事故呈显著下降趋势。

图3-4 2001—2010年全美公路致命交通事故总数

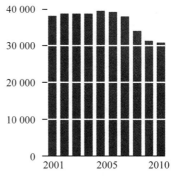
图3-5 每年的致命交通事故数

从图3-6中可以看出,交通事故发生的季节性周期很明显。夏季是事故多发期,因为此时外出旅游的人较多。而在冬季,开车出门旅行的人相对较少,事故就会少很多。每年都是如此。同时,还可以看到2006—2010年事故数呈下降趋势。

如果比较那些年的具体月份,还有一些变化。例如,在2001年,8月份的事故最多,9月份相对回落。2002—2004年每年都是这样。然而,2005—2007年,每年7月份的事故最多。2008—2010年又变成了8月份。另一方面,因为每年2月份的天数最少,事故数也就最少,只有2008年例外。因此,这里存在着不同季节的变化和季节内的变化情况。

我们还可以更加详细地观察每日的交通事故数,例如看出高峰和低谷模式,可以看出

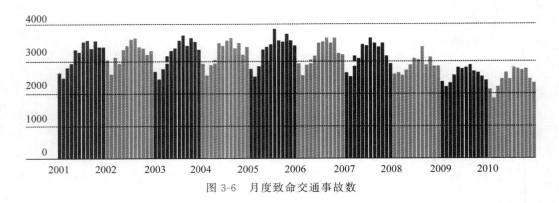

图 3-6　月度致命交通事故数

周循环周期,就是周末比周中事故多,每周的高峰日在周五、周六和周日间的波动。可以继续增加数据的粒度,即观察每小时的数据。

重要的是,查看这些数据比查看平均数、中位数和总数更有价值,那些测量值只是告诉了你一小部分信息。大多数时候,总数或数值只是告诉了你分布的中间在哪里,而未能显示出你做决定或讲述时应该关注的细节。

一个独立的离群值可能是需要修正或特别注意的。也许在你的体系中,随着时间推移发生的变化预示有好事(或坏事)将要发生。周期性或规律性的事件可以帮助你为将来做好准备,但如果面对那么多的变化,这时也许应该退回到整体和分布的粒度来进行观察。

3.1.2　数据的不确定性

数据具有不确定性。通常,大部分数据都是估算的,并不精确。分析师会研究一个样本,并据此猜测整体的情况。每天你都在做这样的事情,你会基于自己的知识和见闻来猜测。尽管大多数的时候你确定猜测是正确的,但仍然存在着不确定性。

例如,笔记本电脑上的电池寿命估计会按小时增量跳动;地铁预告说下一班车将会在 10min 内到达,但实际上是 11min;预计在周一送达的一份快件往往周三才到。

如果数据是一系列平均数和中位数,或者是基于一个样本群体的一些估算,就应该时时考虑其存在的不确定性。当人们基于类似全国人口或世界人口的预测数做影响广泛的重大决定时,这一点尤为重要,因为一个很小的误差也可能导致巨大的差异。

图 3-7　彩虹糖

换个角度,想象一下你有一罐彩虹糖(图 3-7),没法看清罐子里的情况,想猜猜每种颜色的彩虹糖各有多少颗。如果把一罐彩虹糖统统倒在桌子上,一颗颗数过去,就不用估算了,因为你已经得到了总数。但是你只能抓一把,然后基于手里的彩虹糖推测整罐的情况。这一把越大,估计值就越接近整罐的情况,也就越容易猜测。相反,如果只能拿出一颗彩虹糖,那几乎就无法推测罐子里的情况。

只拿一颗彩虹糖,误差会很大。而拿一大把彩虹糖,误差会小很多。如果把整罐都数一遍,误差就是零。当有数百万个彩虹糖装在上千个大小不同的罐子里时,分布各不相同,每一把的大小也不一样,估算就会变得更复杂了。接下来,把彩虹糖换成人,把罐子换成城、镇和县,把那一把彩虹糖换成随机分布的调查,误差的含义就有分量多了。

如果不考虑数据的真实含义,很容易产生误解。要始终考虑到不确定性和可变性。这也就到了背景信息发挥作用的时候了。

3.1.3 数据所依存的背景信息

仰望夜空,满天繁星看上去就像平面上的一个个点。你感觉不到视觉深度,会觉得星星都离你一样远,很容易就能把星空直接搬到纸面上。于是星座也就不难想象了,把一个个点连接起来即可。然而,实际上不同的星星与你的距离可能相差许多光年。假如你能飞得比星星还远,星座看起来又会是什么样子呢?

如果切换到显示实际距离的模式,星星的位置转移了,原先容易辨别的星座几乎认不出了。从新的视角出发,数据看起来就不同了。这就是背景信息的作用。背景信息可以完全改变你对某一个数据集的看法,帮助你确定数据代表着什么以及如何解释。确切了解了数据的含义之后,你的理解会帮你找出有趣的信息,从而带来有价值的可视化效果。

使用数据而不了解除数值本身之外的任何信息,就好比拿断章取义的片段作为文章的主要论点引用一样。这样做或许没有问题,但却可能完全误解说话人的意思。你必须首先了解何人、如何、何事、何时、何地以及何因,即元数据,或者说关于数据的数据,然后才能了解数据的本质是什么。

何人(who):"谁收集了数据"和"数据是关于谁的"同样重要。

如何(how):大致了解怎样获取你感兴趣的数据。如果数据是你收集的,那一切都好,但如果数据只是从网上获取的,就不需要知道每种数据集背后精确的统计模型。但要小心小样本,样本小,误差率就高,也要小心不合适的假设,比如包含不一致或不相关信息的指数或排名等。

何事(what):要知道自己的数据是关于什么的,应该知道围绕在数字周围的信息是什么。可以跟学科专家交流,阅读论文及相关文件。

何时(when):数据大都以某种方式与时间关联。数据可能是一个时间序列,或者是特定时期的一组快照。不论是哪一种,你都必须清楚地知道数据是什么时候采集的。由于只能得到旧数据,于是很多人便把旧数据当成现在的对付一下,这是一种常见的错误。事在变,人在变,地点也在变,数据自然也会变。

何地(where):正如事情会随着时间变化,它们也会随着城市、地区和国家的不同而变化;例如,不要将来自少数几个国家的数据推及整个世界。同样的道理也适用于数字定位。来自社交网站的数据能够概括网站用户的行为,但未必适用于物理世界。

何因(why):最后,必须了解收集数据的原因,通常这是为了检查一下数据是否存在偏颇。有时人们收集甚至捏造数据只是为了应付某项议程,应当警惕这种情况。

首要任务是竭尽所能地了解自己的数据,这样,数据分析和可视化会因此而增色。可视化通常被认为是一种图形设计或破解计算机科学问题的练习,但是最好的作品往往来源于数据。要可视化数据,必须理解数据是什么,它代表了现实世界中的什么,以及应该在什么样的背景信息中解释它。

在不同的粒度上,数据会呈现出不同的形状和大小,并带有不确定性,这意味着总数、平均数和中位数只是数据点的一小部分。数据是曲折的、旋转的,也是波动的、个性化的,甚至是富有诗意的。因此,你可以看到多种形式的可视化数据。

3.1.4 打造最好的可视化效果

当然,存在计算机不需要人为干涉就能单独处理数据的例子。例如,当要处理数十亿条搜索查询的时候,要想人为地找出与查询结果相匹配的文本广告是根本不可能的。同样,计算机系统非常善于自动定价,并在百万多个交易中快速判断出哪些具有欺骗性。

但是,人类可以根据数据做出更好的决策。事实上,拥有的数据越多,从数据中提取出具有实践意义的见解就显得越发重要。可视化和数据是相伴而生的,将这些数据可视化,可能是指导我们行动的最强大的机制之一。

可视化可以将事实融入数据,并引起情感反应,它可以将大量数据压缩成便于使用的知识。因此,可视化不仅是一种传递大量信息的有效途径,它还和大脑直接联系在一起,并能触动情感,引起化学反应。可视化可能是传递数据信息最有效的方法之一。研究表明,不仅可视化本身很重要,何时、何地、以何种形式呈现对可视化来说也至关重要。

通过设置正确的场景,选择恰当的颜色甚至选择一天中合适的时间,可视化可以更有效地传达隐藏在大量数据中的真知灼见。科学证据证明了在传递信息时环境和传输的重要性。

3.2 数据与图形

假设你是第一次来到华盛顿特区,你很兴奋,激动地想参观白宫和所有的纪念碑、博物馆。从一个地方赶到另一个地方,为此,你需要利用当地的交通系统——地铁(图3-8)。这看上去挺简单,但问题是:你如果没有地图,不知道怎么走,那么,即使遇上个好心人热情指点,要弄清楚搭哪条线路,在哪个站上车、下车,简直就是一场噩梦。不过,幸运的是,华盛顿地铁图(图3-9)可以传达这些数据信息。

地图上每条线路的所有站点都按照顺序,用不同颜色标记出来,还可以在上面看到线路交叉的站点。这样,要知道在哪里换乘就很容易了。突然之间,弄清楚如何搭乘地铁变成了轻而易举的事情。地铁图呈给你的不仅是数据信息,更是清晰的认知。

图 3-8 华盛顿地铁

第 3 章　大数据可视化

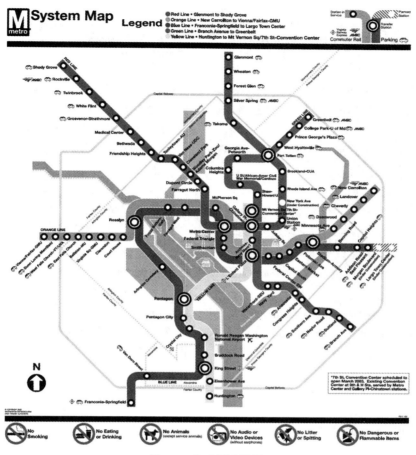

图 3-9　华盛顿地铁图

你不仅知道了该搭乘哪条线路,还大概知道了到达目的地需要花多长时间。无须多想,你就能知道到达目的地有 8 个站,每个站之间大概需要几分钟,因而可以计算出从你所在的位置到"航空航天博物馆"要花上 20 多分钟。除此之外,地铁图上的路线不仅标注了名字或终点站,还用了不用颜色——红、黄、蓝、绿、橙来帮助辨认。每条线路用不同的颜色,如此一来,不管是在地图上还是地铁外的墙壁上,只要你想查找地铁线路,都能通过颜色快速辨别。

将信息可视化能有效地抓住人们的注意力。有的信息,如果通过单纯的数字和文字来传达,可能需要花费数分钟甚至几小时,甚至可能无法传达;但是通过颜色、布局、标记和其他元素的融合,图形却能够在几秒钟之内就把这些信息传达给我们。

通过仔细阅读华盛顿地铁图,理清了头绪,你发现其实华盛顿特区只有 86 个地铁站。日本东京地铁系统包括东京地铁公司(Tokyo Metro)和都营地铁公司(the Toei)两大地铁运营系统,一共有 274 个站。算上东京更大片区的所有铁路系统,东京一共有 882 个车站(图 3-10)。如果没有地图,人们将难了解这么多的站台信息。

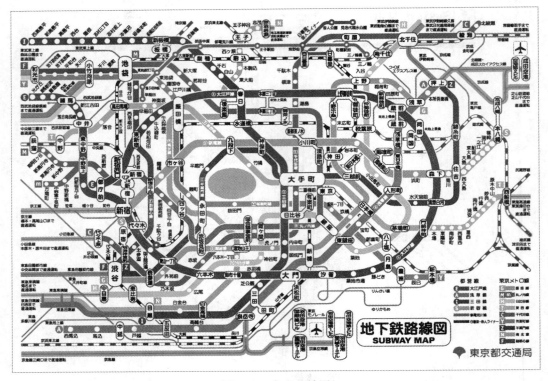

图 3-10　东京地铁图

3.2.1　数据与走势

在使用电子表格软件处理数据时会发现,要从填满数字的单元格中发现走势是困难的。这就是诸如微软电子表格软件(Microsoft Excel)和苹果电子表格软件(Apple Numbers)这类程序内置图表生成功能的原因之一。一般来说,人们在看一个折线图(图 3-11)、饼状图或条形图的时候,更容易发现事物的变化走势。

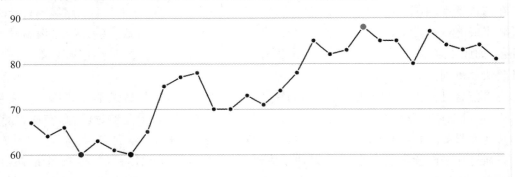

图 3-11　折线图示意图

制定决策时,了解事物的变化走势至关重要。不管是讨论销售数据还是健康数据,一个简单的数据点通常不足以呈现事情的整个变化走势。

投资者常常要试着评估一个公司的业绩,一种方法就是及时查看公司在某一特定时刻的数据。比如,管理团队在评估某一特定季度的销售业绩和利润时,若没有将之前几个季度的情况考虑进去,他们可能会总结说公司运营状况良好。但实际上,投资者没有从数据中看出公司每个季度的业绩增幅都在减少。表面上看,公司的销售业绩和利润似乎还不错,而事实上,如果不想办法来增加销量,公司甚至很快就会走向破产。

管理者或投资者在了解公司业务发展趋势的时候,内部环境信息是重要指标之一。管理者和投资者同时也需要了解外部环境,因为外部环境能让他们了解自己的公司相对于其他公司的运营情况如何。

不了解公司外部运营环境时,如果某个季度销售业绩下滑,管理者就有可能错误地认为公司的运营情况不好。可事实上,销售业绩下滑的原因可能是由大的行业问题引起的,例如,房地产行业受房屋修建量减少的影响,航空业受出行减少的影响等。

外部环境是指同行业的其他公司在同一段时间内的运营情况。不了解外部环境,管理者就很难洞悉究竟是什么导致了公司的业务受损。即使管理者了解了内部环境和外部环境,但要想仅通过抽象的数字来看出端倪还是很困难的,而图形可以帮助他们解决这一问题。

大卫·麦克坎德莱斯说:"可视化是压缩知识的一种方式"。减少数据量是一种压缩方式,如采用速记、简写的方式来表示一个词或者一组词。但是,数据经过压缩之后,虽然更容易存储,却让人难以理解。然而,图片不仅可以容纳大量信息,还是一种便于理解的表现方式。在大数据里,这样的图片就叫作"可视化"。

地铁图、饼状图和条形图都是可视化的表现方式。乍一看,可视化似乎很简单。但由于种种原因,要理解起来并不容易。

首先,它很难满足人们希望将所有数据相互衔接并出现在同一个地方的愿望。其次,内部环境和外部环境的数据信息可能存储在两个不同的地方。行业数据可能存储在市场调查报告之中,而公司的具体销售数据则存储在公司的数据库中。而且,这两种数据的存储模式也有细微的差别。公司的销售数据可能是按天更新存储的,而可用的行业数据可能只有季度数据。

最后,数据信息不统一的表达方式也使我们难以理解数据真正想传达的信息。但是,通过获取所有这些数据信息,并将之绘制成图表,数据就不再是简单的数据了,它变成了知识。可视化是一种压缩知识的形式,因为看似简单的图片却包含了大量结构化或非结构化的数据信息。它用不同的线条、颜色压缩这些信息,然后快速、有效地传达出数据表示的含义。

3.2.2 视觉信息的科学解释

在数据可视化领域,爱德华·塔夫特被誉为"数据界的列奥纳多·达·芬奇"。他的一大贡献就是:聚焦于将每一个数据都做成图示物——无一例外。塔夫特的信息图形不仅能传达信息,甚至被很多人看作是艺术品。塔夫特指出,可视化不仅能作为商业工具发挥作用，还能以一种视觉上引人入胜的方式传达数据信息。

在通常情况下，人们的视觉能吸纳多少信息呢？根据美国宾夕法尼亚大学医学院的研究人员估计，人类视网膜"视觉输入（信息）的速度可以和以太网的传输速度相媲美"。在研究中，研究者将一只取自豚鼠的完好视网膜和一台叫作"多电极阵列"的设备连接起来，该设备可以测量神经节细胞中的电脉冲峰值。神经节细胞将信息从视网膜传达到大脑。基于这一研究，科学家们能够估算出所有神经节细胞传递信息的速度。其中一只豚鼠的视网膜含有大概100 000个神经节细胞，相应地，科学家们就能够计算出人类视网膜中的细胞每秒能传递多少数据。人类视网膜中大约包含1 000 000个神经节细胞，算上所有的细胞，人类视网膜能以大约每秒10MB的速度传达信息。

丹麦的著名科学作家陶·诺瑞钱德证明了人们通过视觉接收的信息比其他任何一种感官都多。如果人们通过视觉接收信息的速度和计算机网络相当，那么通过触觉接收信息的速度就只有它的1/10。人们的嗅觉和听觉接收信息的速度更慢，大约是触觉接收速度的1/10。同样，我们通过味蕾接收信息的速度也很慢。

换句话说，人们通过视觉接收信息的速度是其他感官接收信息的速度的10～100倍。因此，可视化能传达庞大的信息量也就容易理解了。如果包含大量数据的信息被压缩成了充满知识的图片，那人们接收这些信息的速度会更快。但这并不是可视化数据表示法如此强大的唯一原因。另一个原因是人们喜欢分享，尤其喜欢分享图片。

3.2.3　图片和分享的力量

人们喜欢照片（图片）的主要原因之一，是现在拍照很容易。数码相机、智能手机和便宜的存储设备使人们可以拍摄多得数不清的数码照片。现在，每部智能手机都有内置摄像头。这就意味着不但可以随意拍照，还可以轻松地上传或分享这些照片。这种轻松、自在的拍摄和分享图片的过程充满了乐趣和价值，人们自然想要分享它们。

和照片一样，如今制作信息图也要比以前容易得多。公司制作这类信息图的动机也多了。公司的营销人员发现，一个拥有有限信息资源的营销人员该做些什么来让搜索更加吸引人呢？答案是制作一张信息图。信息图可以吸纳广泛的数据资源，使这些数据相互吻合，甚至编造一个引人入胜的故事。博主和记者们想方设法地在自己的文章中加进类似的图片，因为读者喜欢看图片，同时也乐于分享这些图片。

最有效的信息图还是被不断重复分享的图片。其中有一些图片在网上疯传，它们在社交网站如微信以及传统但实用的邮件里被分享了数千次甚至上百万次。由于信息图制作需求的增加，帮助制作这类图形的公司和服务也随之增多。

3.3　实时可视化

很多信息图提供的信息，从本质上看是静态的。通常制作信息图需要花费很长的时间和精力：它需要数据，需要展示有趣的故事，还需要以图表将数据以一种吸引人的方式呈现出来。但是，工作到这里还没结束。图表只有经过发布、加工、分享和查看之后才具有真正的价值。当然，到那时，数据已经成了几周或几个月前的旧数据了。那么，展示可视化数据时,要怎样在吸引人的同时又保证其时效性呢?

数据要具有实时性价值,必须满足以下3个条件。

(1) 数据本身必须要有价值。

(2) 必须有足够的存储空间和计算机处理能力来存储和分析数据。

(3) 必须要有一种巧妙的方法,及时将数据可视化,而不是花费几天或几周的时间。

想了解数百万人是如何看待实时性事件的,并将他们的想法以可视化的形式展示出来,看似遥不可及,但其实很容易达成。

过去的几十年里,美国总统选举过程中的投票民意测试,需要测试者打电话或亲自询问每个选民的意见。通过将少数选民的投票和统计抽样方法结合起来,民意测试者就能预测选举的结果,并总结出人们对重要政治事件的看法。但今天,大数据正改变着我们的调查方法。

捕捉和存储数据只是社交网络公司面临的大数据挑战中的一部分。为了分析这些数据,公司开发了数据流,即支持每秒发送5000条或更多推文的功能。在特殊时期,如总统选举辩论期间,用户发送的推文更多,大约每秒2万条。然后公司又要分析这些推文所使用的语言,找出通用词汇,最后将所有的数据以可视化的形式呈现出来。

要处理数量庞大且具有时效性的数据很困难,但并不是不可能。推特为大家熟知的数据流入口配备了编程接口。像推特一样,Gnip公司也开始提供类似的渠道。其他公司(如 BrightContext)提供实时情感分析工具。在2012年总统选举辩论期间,《华盛顿邮报》在观众观看辩论的时候使用 BrightContext 的实时情感模式来调查和绘制情感图表。实时调查公司 Topsy 将大约2000亿条推文编入索引,为推特的政治索引提供了被称为 Twindex 的技术支持。Vizzuality公司专门绘制地理空间数据,并为《华尔街日报》选举图提供技术支持。

与电话投票耗时长且每场面谈通常要花费大约20美元相比,上述公司采用的实时调查只需花费几个计算周期,并且没有规模限制。另外,它还可以将收集到的数据及时进行可视化处理。

但信息实时可视化并不只是在网上不停地展示实时信息,"谷歌眼镜"(图3-12)被《时代周刊》称为2012年最好的发明。"它被制成一副眼镜的形状,增强了现实感,使之成为人们日常生活的一部分。"将来,人们不仅可以在计算机和手机上看可视化呈现的数据,还能边四处走动边设想或理解这个物质世界。

 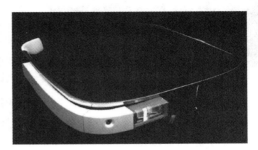

图 3-12 谷歌眼镜

3.4 数据可视化的运用

人类对图形的理解能力非常独到,往往能够从图形当中发现数据的一些规律,而这些规律用常规的方法是很难发现的。在大数据时代,数据量变得非常大,而且非常烦琐,要想发现数据中包含的信息或者知识,可视化是最有效的途径之一(图3-13)。

图3-13　深圳受大面积雷电影响,某时间段共记录到9119次闪电

数据可视化要根据数据的特性,如时间信息和空间信息等,找到合适的可视化方式,如图表、图和地图等,将数据直观地展现出来,以帮助人们理解数据,同时找出包含在海量数据中的规律或者信息。数据可视化是大数据生命周期管理的最后一步,也是最重要的一步。

数据可视化起源于图形学、人工智能、科学可视化以及用户界面等领域的相互促进和发展,是当前计算机科学的一个重要研究方向。它是利用计算机对抽象信息进行直观表示,以利于快速检索信息,增强认知能力。

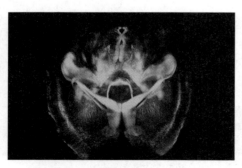

图3-14　CLARITY成像技术

数据可视化系统并不是为了展示已知数据之间的规律,而是为了帮助用户通过认知数据有新的发现,发现这些数据所反映的实质。如图3-14所示,CLARITY成像技术使科学家们不需要切片就能够看穿整个大脑。

斯坦福大学生物工程和精神病学负责人卡尔·戴瑟罗斯说:"以分子水平和全局范围观察整个大脑系统,曾经一直都是生物学领域一个无法实现的重大目标"。也就是说,用户在使用信息可视化系统之前往往没有明确的目标。信息可视化系统在探索性任务(例如包含大数据量信息)中有突出的表现,它可以帮助用户从大量的数据空间中找到关注的信息,来进行详细的分析。因此,数据可视化主要应用于下面几种情况。

(1) 当存在相似的底层结构、相似的数据,可以进行归类时。
(2) 当用户处理自己不熟悉的数据内容时。
(3) 当用户对系统的认知有限,并且喜欢用扩展性的认知方法时。
(4) 当用户难以了解底层信息时。
(5) 当数据更适合感知时。

【作　　业】

1. 数据是现实世界的一个快照,会传递给人们大量的信息。一个数据点可以包含(　　)等因素,因此,一个数字不再只是沧海一粟。
　　A. 时间　　　　　B. 地点　　　　　C. 人物　　　　　D. A、B、C

2. 数据是对现实世界的(　　)。可视化能帮助你从一个个独立的数据点中解脱出来,换一个不同的角度去探索它们。
　　A. 简化和抽象表达　　　　　　　B. 复杂化和抽象表达
　　C. 简化和分解表达　　　　　　　D. 复杂化和分解表达

3. (　　)既是把数据可视化的关键,也是全面分析数据的关键,同样还是深层次理解数据的关键。
　　A. 数据之间的关联　　　　　　　B. 数据和它所代表的事物之间的关联
　　C. 事物之间的关联　　　　　　　D. 事物和它所代表的数据之间的关联

4. 一个(　　)可能是需要修正或特别注意的。也许在你的体系中,随着时间推移发生的变化预示有好事(或坏事)将要发生。
　　A. 总计值　　　　　　　　　　　B. 平均值
　　C. 独立的离群值　　　　　　　　D. 普遍的连续值

5. 通常,大部分数据都是估算的,并不精确。分析师会研究一个样本,并据此猜测整体的情况。你会基于自己的知识和见闻来猜测,即使大多数时候你确定猜测是正确的,但仍然存在着(　　)。
　　A. 确定性　　　　B. 不确定性　　　C. 唯一性　　　　D. 稳定性

6. (　　)信息可以完全改变你对某一个数据集的看法,它能帮助你确定数据代表着什么以及如何解释。确切了解了数据的含义之后,你的理解会帮你找出有趣的信息,从而带来有价值的可视化效果。
　　A. 前景　　　　　B. 合计　　　　　C. 背景　　　　　D. 独特

7. 使用数据而不了解除数值本身之外的任何信息,就好比拿断章取义的片段作为文章的主要论点引用一样。你必须首先了解(　　)、何时、何地以及何因,即元数据,或者说关于数据的数据,然后才能了解数据的本质是什么。
　　A. 何人　　　　　B. 如何　　　　　C. 何事　　　　　D. A、B、C

8. (　　)不仅是一种传递大量信息的有效途径,它还和大脑直接联系在一起,并能触动情感,引起化学反应,可能是传递数据信息最有效的方法之一。
　　A. 可视化　　　　B. 个性化　　　　C. 现代化　　　　D. 集中化

9. 通过（　　）和其他元素的融合,图形能够在几秒钟之内就把这些信息传达给人们。将信息可视化能有效地抓住人们的注意力。

　　A. 颜色　　　　　　B. 布局　　　　　　C. 标记　　　　　　D. A、B、C

10. 人们在使用电子表格软件处理数据时发现,要从填满数字的单元格中发现走势是困难的。一般来说,人们在看一个（　　）的时候,更容易发现事物的变化走势。人们在制订决策的时候,了解事物的变化走势至关重要。

　　A. 折线图　　　　　B. 饼状图　　　　　C. 条形图　　　　　D. A、B、C

11. （　　）不仅可以容纳大量信息,还是一种便于理解的表现方式。在大数据里,这样的东西就叫作"可视化"。可视化是压缩知识的一种方式。

　　A. 文字　　　　　　B. 数字　　　　　　C. 图片　　　　　　D. 表格

12. 通常,内部环境和外部环境的数据信息存储在（　　）地方。而且,这两种数据的存储模式也有细微的差别。

　　A. 同一个　　　　　B. 两个不同的　　　C. 隐蔽的　　　　　D. 突出的

13. 美国宾夕法尼亚大学医学院的研究人员估计,通常情况下,人类视网膜"视觉输入（信息）的速度（　　）"。

　　A. 可以和以太网的传输速度相媲美　　　B. 远远落后于以太网的传输速度
　　C. 远快于以太网的传输速度　　　　　　D. 很慢但很精确

14. 丹麦科学作家陶·诺瑞钱德证明了人们通过（　　）接收的信息比其他任何一种感官都多。

　　A. 嗅觉　　　　　　B. 触觉　　　　　　C. 听觉　　　　　　D. 视觉

15. 数据要具有实时性价值,但（　　）不是实时性必须满足的条件。

　　A. 数据本身必须要有价值
　　B. 必须有足够的存储空间和计算机处理能力来存储和分析数据
　　C. 数据必须纯粹由数字和字符组成
　　D. 必须要有一种巧妙的方法及时将数据可视化,而不用花费几天或几周的时间

16. 信息实时可视化并不只是在网上不停地展示实时信息而已。将来人们不仅可以在计算机和手机上看可视化呈现的数据,还能（　　）,在移动中设想或理解这个物质世界。

　　A. 手持 PAD 设备　　　　　　　　　　B. 身着可穿戴设备
　　C. 带着 U 盘　　　　　　　　　　　　D. 使用移动光盘

17. 数据可视化要根据数据的特性找到合适的可视化方式,将数据直观地展现出来,以帮助人们理解数据,同时找出包含在海量数据中的规律或信息。（　　）不属于这样的可视化元素。

　　A. 大字符集　　　　B. 图表　　　　　　C. 图　　　　　　　D. 地图

18. 数据可视化起源于图形学、计算机图形学等领域的相互促进和发展,是当前计算机科学的一个重要研究方向。但（　　）不属于相关的起源领域。

　　A. 人工智能　　　　B. 科学可视化　　　C. 二进制算法　　　D. 用户界面

19. 数据可视化系统并不是为了（　　）。

A. 帮助用户认知数据
B. 帮助用户通过认知数据发现这些数据所反映的实质
C. 帮助用户通过认知数据有新的发现
D. 展示用户的已知数据之间的规律

20. 信息可视化系统可以帮助用户从大量的数据空间中找到关注的信息来进行详细的分析。但（　　）不是数据可视化的主要应用情况。
A. 当存在相似的底层结构，相似的数据可以进行归类时
B. 当用户处理自己非常熟悉的数据内容时
C. 当用户对系统的认知有限时，并且喜欢用扩展性的认知方法时
D. 当用户难以了解底层信息时

【实验与思考】 绘制南丁格尔极区图

1. 实验目的

（1）熟悉大数据可视化的基本概念和主要内容。
（2）通过绘制南丁格尔极区图，尝试了解大数据可视化的设计与表现技术。

2. 工具/准备工作

在开始本实验之前，请认真阅读课程的相关内容。
需要准备一台带有浏览器，能够访问因特网的计算机。

3. 实验内容与步骤

（1）请结合查阅相关文献资料，简述什么是数据可视化，数据可视化系统的主要目的是什么。
答：_____
_____
_____
_____

（2）南丁格尔"极区图"是数据统计类信息图表中常见的一类图表形式，下面来了解这类图表的一般绘制方法。
① 设计分析
设计的最终效果图如图3-15所示。
图表中包括性别、年龄、教育、收入等11个分类的对比信息指标，每个指标占用的圆周的角度相同，即任一指标的扇区角度为360°/11＝32.723°。在CorelDraw中，其表现为角度相同、半径不等的扇区图。
在Gender、Income、Age、Education四个指标中，又分别划成几个不同的区段。在CorelDraw中，同一扇区图中不同的区段由角度相同、半径不等的扇区图依次叠加而成。

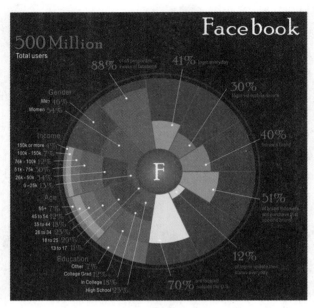

图 3-15　脸书极区图

② 绘图步骤

绘制此信息图，主要应用 CorelDraw 软件中的"旋转"和"分层叠加"两个功能。脸书极区图在 CorelDraw 中的具体绘制步骤如下：

步骤 1：绘制定位圆环和背景圆，以及 11 等分扇形。

步骤 2～3：依次绘制 11 个指标对应的不同长度的扇区图。

步骤 4～6：依次绘制 4 个指标中不同区段的扇区图（图 3-16）。

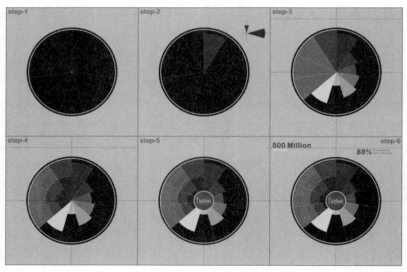

图 3-16　绘制极区图的步骤 1～6

读者也可尝试用自己熟悉的其他作图软件工具绘制此图。

4. 实验总结

_____
_____
_____

5. 实验评价（教师）

_____

第4章

大数据的商业规则

【导读案例】

大数据企业的缩影——谷歌

谷歌(Google Inc.)创建于1998年9月,是美国的一家跨国科技企业(图4-1),致力于互联网搜索、云计算、广告技术等领域,开发并提供大量基于互联网的产品与服务,主要利润来自于AdWords等广告服务。

谷歌由在斯坦福大学攻读理工博士的拉里·佩奇和谢尔盖·布林共同创建,因此两人也被称为"Google Guys"(谷歌家伙)。创始之初,Google官方的公司使命为"集成全球范围的信息,使人人皆可访问并从中受益"。谷歌公司的总部称为Googleplex,位于美国加州圣克拉拉县的芒廷维尤。2011年4月,佩奇接替施密特担任首席执行

图 4-1　Google(谷歌)总部

官。2014年5月21日,市场研究公司明略行公布,谷歌取代苹果成为全球最具价值的商业品牌。2015年3月28日,谷歌和强生达成战略合作,联合开发能够做外科手术的机器人;10月20日,谷歌表示已向羽扇智(Mobvoi Inc.)展开投资;12月,谷歌位列《全球最具创新力企业报告》前三名。

谷歌搜索引擎就是大数据的缩影,这是一个用来在互联网上搜索信息的简单快捷的工具,使用户能够访问一个包含超过80亿个网址的索引。谷歌坚持不懈地对其搜索功能进行革新,始终保持着自己在搜索领域的领先地位。调查结果显示,仅1个月内,谷歌处理的搜索请求就会高达122亿次。

除了存储搜索结果中出现的网站链接外,谷歌还存储人们的所有搜索行为,这就使谷歌能以惊人的洞察力掌握搜索行为的时间、内容,以及它们是如何进行的。这些对数据的洞察力意味着谷歌可以优化其广告,使之从网络流量中获益,这是其他公司不能企及的。另外,谷歌不仅可以追踪人的行为,还可以预测人们接下来会采取怎样的行动。换句话说,在你行动之前,谷歌就已经知道你在寻找什么了。这种对大量的人机数据进行捕捉、存储和分析,并根据这些数据做出预测的能力,就是我们所说的大数据。

阅读上文,请思考、分析并简单记录:

（1）谷歌是一家国际化的重要的大数据企业。请通过网络搜索，了解谷歌企业开展的重要技术和业务，并请扼要记录。

答：_____

_____

_____

（2）在谷歌丰富多样的先进技术中，你特别感兴趣的有哪些？

答：_____

_____

_____

（3）除了谷歌，你还知道哪些重量级的国际化大数据企业？

答：_____

_____

_____

（4）请简单描述你所知道的上一周内发生的国际、国内或者身边的大事。

答：_____

_____

_____

_____

4.1 大数据的跨界年度

大数据的跨界年度

在当今世界的许多组织中，业务可以像其所采用的技术那样进行"架构"。这种观念上的转变体现在企业架构领域的不断扩大，即过去只与技术架构紧密结合，而现在还包含业务架构。尽管人们还只是从一个机械的视角来审视一批批的业务，即一条条指令由行政人员发布给主管，再传递给前线的员工们，但是，基于链接与评测的反馈循环机制为管理决策的有效性提供了保障。

这种从决策到实施，再到对结果测评的循环使得企业有机会不断优化其运营。事实上，这种机械化的管理观点正在被一种更加有机的管理观点所取代，这种新的管理观点能够将数据转化为知识与见解来驱动商业行为。但是，这种新观点有一个问题在于，传统商业几乎仅仅是由其信息系统的内部数据所驱动的，但如今的公司想要在更像生态系统的市场中实现其业务模型，仅仅靠内部数据是不够的。因此，商业组织需要通过吸收外来数据来直接感知那些影响其收益能力的因素。这种对外来数据的使用导致了"大数据"数据集的诞生。

我们来了解著名互联网企业的大数据行动，探索采用大数据解决方案和技术背后的商业动机和驱动力。大数据被广泛采用是以下几种力量共同作用的结果：市场动态、对业务架构的理解和形式表达、对公司提供价值的能力与其业务流程管理紧密相连的认知，此外还有信息与通信技术方面的创新以及万物互联的概念等。

《纽约时报》把2012年称为"大数据的跨界年度"。大数据之所以会在2012年进入主流大众的视野，源于三种趋势的合力。

第一，许多高端消费公司加大了对大数据的应用。

社交网络巨擘脸书使用大数据来追踪用户。通过识别你熟悉的其他人，脸书可以给出好友推荐建议。用户的好友数目越多，他与脸书的黏度就越高。好友越多，同时也就意味着用户分享的照片越多、发布的状态更新越频繁、玩的游戏也越多样化。

商业社交网站领英则使用大数据为求职者和招聘单位之间建立关联。有了领英，猎头公司就不再需要对潜在雇员进行意外访问。只需一个简单的搜索，他们就可以找到潜在雇员，并与他们进行联系。同样，求职者也可以通过联系网站上的其他人将自己推销给潜在的负责招聘的经理。领英的首席执行官杰夫·韦纳曾谈到该网站的未来发展及其经济图表——一个能实时识别"经济机会趋势"的全球经济数字图表。实现该图表及其预测能力时所面临的挑战就是一个大数据问题。

第二，脸书与领英两家公司都是在2012年上市的。

脸书在纳斯达克上市，领英在纽约证券交易所上市。从表面上来看，谷歌和这两家公司都是消费品公司，而实质上，它们是名副其实的大数据企业。除了这两家公司以外，斯普伦克(Splunk)公司(一家为大中型企业提供运营智能的大数据企业)也在2012年完成了上市。这些企业的公开上市使华尔街对大数据业务的兴趣日渐浓厚。

因此，硅谷的风险投资家们开始前赴后继地为大数据企业提供资金，硅谷甚至有望在未来几年取代华尔街。作为脸书的早期投资者，加速合作伙伴(Accel Partners)投资机构在2011年末宣布为大数据提供1亿美元的投资，2012年年初，该机构支出了第一笔投资。著名的风险投资公司安德森·霍洛维茨、格雷洛克(Greylock)公司也针对这一领域进行了大量投资。

第三，商业用户，例如亚马逊、脸书、领英和其他以数据为核心的消费产品，也开始期待以一种同样便捷的方式获得大数据的使用体验。

既然互联网零售商亚马逊可以为用户推荐一些阅读书目、电影和产品，为什么这些产品所在的企业却做不到呢？比如，为什么汽车租赁公司不能明智地决定将哪一辆车提供给租车人呢？毕竟，该公司拥有客户的租车历史和现有可用车辆库存记录。随着新技术的出现，公司不仅能够了解到特定市场的公开信息，还能了解到有关会议、重大事项及其他可能会影响市场需求的信息。通过将内部供应链与外部市场数据相结合，公司可以更加精确地预测出可用的车辆类型和可用时间。

类似地，通过将这些内部数据和外部数据相结合，零售商每天都可以利用这种混合式数据确定产品价格和摆放位置。通过考虑从产品供应到消费者的购物习惯这一系列事件的数据(包括哪种产品卖得比较好)，零售商就可以提升消费者的平均购买量，获得更高的利润。

4.2 谷歌的大数据行动

谷歌的规模使其得以实施一系列大数据方法,而这些方法是大多数企业根本不曾具备的。谷歌的优势之一是其拥有一支软件工程师队伍,这些工程师能为该公司提供前所未有的大数据技术。多年来,谷歌还不得不处理大量的非结构化数据,如网页、图片等,它不同于传统的结构化数据,例如写有姓名和地址的表格。

谷歌的另一个优势是它的基础设施(图4-2)。就谷歌搜索引擎本身的设计而言,数不胜数的服务器保证了谷歌搜索引擎之间的无缝连接。如果出现更多的处理或存储信息需求,抑或某台服务器崩溃时,谷歌的工程师们只需添加服务器就能保证搜索引擎的正常运行。据估计,谷歌的服务器总数超过100万个。

图4-2 谷歌的机房

谷歌在设计软件时一直没有忘记自己所拥有的强大的基础设施。MapReduce 和 Google File System 就是两个典型的例子。《连线》杂志在2012年暑期的报道称,这两种技术"重塑了谷歌建立搜索索引的方式"。

许多公司现在都开始接受 Hadoop 开源代码——MapReduce 和 Google File System 开发的一个开源衍生产品。Hadoop 能够在多台计算机上实施分布式大数据处理。当其他公司刚刚开始利用 Hadoop 开源代码时,谷歌在多年前就已经开始大数据技术的应用了,事实上,当其他公司开始接受 Hadoop 开源代码时,谷歌已经将重点转移到其他新技术上了,这在同行中占据了绝对优势。这些新技术包括内容索引系统 Caffeine、映射关系系统 Pregel 以及量化数据查询系统 Dremel。

如今,谷歌正在进一步开放数据处理领域,并将其和更多第三方共享。如它推出的

BigQuery 服务,允许使用者对超大量数据集进行交互式分析,其中"超大量"意味着数十亿行的数据。BigQuery 就是基于云的数据分析需求。此前,许多第三方企业只能通过购买昂贵的安装软件来建立自己的基础设施,才能进行大数据分析。随着 BigQuery 这一类服务的推出,企业可以对大型数据集进行分析,而无须进行巨大的前期投资。

除此以外,谷歌还拥有大量的机器数据,这些数据是人们在谷歌网站进行搜索及经过其网络时所产生的。每当用户输入一个搜索请求时,谷歌就会知道他在寻找什么,所有人类在互联网上的行为都会留下"足迹",而谷歌具备绝佳的技术,对这些"足迹"进行捕捉和分析。

不仅如此,除搜索之外,谷歌还有许多获取数据的途径。企业会安装"谷歌分析"之类的产品来追踪访问者在其站点的"足迹",而谷歌也可获得这些数据。利用"谷歌广告联盟",网站还会将来自谷歌广告客户网的广告展示在其各自的站点上。因此,谷歌不仅可以洞察自己网站上广告的展示效果,对其他广告发布站点的展示效果也一览无余。

将所有这些数据集合在一起,可以看到:企业不仅可以从最好的技术中获益,还可以从最好的信息中获益。在信息技术方面,许多企业可谓耗资巨大,然而谷歌所进行的庞大投入和所获得的巨大成功,却罕有企业能望其项背。

4.3 亚马逊的大数据行动

互联网零售商亚马逊(图 4-3)同时也是一个推行大数据的大型技术公司,已经采取一些积极的举措,成为谷歌数据驱动领域的最大竞争伙伴。与谷歌一样,亚马逊也要处理海量数据,只不过它处理的数据带有更强的电商倾向。当消费者们在亚马逊网站上搜索想看的电视节目或想买的产品时,亚马逊就会增加对该消费者的了解。基于消费者的搜索行为和产品购买行为,亚马逊就可以知道接下来应该为消费者推荐什么产品。

图 4-3 互联网零售商——亚马逊

亚马逊的聪明之处还远不止于此。它会在网站上持续不断地测试新的设计方案,从而找出转化率最高的方案。你认为亚马逊网站上的某段页面文字只是碰巧出现的吗?其实,亚马逊整个网站的布局、字体大小、颜色、按钮以及其他所有设计,都是在经过多次审慎测试后的最优结果。

以尝试设计新按钮为例,这种测试的思路如下:首先随机选择少量(例如 5%)的用户,让他们看到新的按钮设计,如果这部分人的点击率高于对照用户,就逐渐提高新按钮覆盖的用户比例,并测试其表现的稳定性;在相当比例用户中,具有稳定性且更佳表现的新设计将会替代原有的设计。对于亚马逊这样的大型企业,即便是千分之一的用户,数量也非常可观。如果它们拿出 10% 的流量用作测试,而每个基础测试桶只需要千分之一的用户量,就意味着亚马逊时时刻刻都可以测试上百个新算法和新设计的效果。国内阿里巴巴集团算法部门也使用类似的思路和技术进行效果测试。

数据驱动的方法并不仅限于以上领域。根据亚马逊一位前任员工的说法,亚马逊的企业文化就是冷冰冰的数据驱动文化。数据会告诉你什么是有效的、什么是无效的,新的商业投资项目必须要有数据支撑。

对数据的长期关注使亚马逊能够以更低的价格提供更好的服务。消费者往往会直接去亚马逊网站搜索商品并进行购买,谷歌之类的搜索引擎则完全被抛诸脑后。争夺消费者控制权这一战争的硝烟还在不断弥漫。如今,苹果、亚马逊、谷歌以及微软这 4 家公认的巨头不仅在互联网上厮杀,还将其争斗延伸至移动领域。

随着消费者把越来越多的时间花费在手机和平板电脑等移动设备上,他们坐在计算机前的时间已经变得越来越少。因此,那些能成功地让消费者购买他们的移动设备的企业,将会在销售和获取消费者行为信息方面具备更大的优势。企业掌握的消费者群体和个体信息越多,就越能更好地制定内容、广告和产品。

令人难以置信的是,从支撑新兴技术企业的基础设施到消费内容的移动设备,亚马逊的触角已触及更为广阔的领域。亚马逊在几年前就预见了将作为电子商务平台基础结构的服务器和存储基础设施开放给其他人的价值。"亚马逊网络服务"(Amazon Web Service,AWS)是亚马逊公司知名的面向公众的云服务提供者,能为新兴企业和老牌公司提供可扩展的运算资源。虽然 AWS 成立的时间不长,但有分析者估计它每年的销售额超过 15 亿美元。

这种运算资源为企业开展大数据行动铺平了道路。当然,企业依然可以继续投资,建立以私有云为形式的自有基础设施,而且很多企业还会这样做。但是,如果企业想尽快利用额外的、可扩展的运算资源,它们还可以方便、快捷地在亚马逊的公共云上使用多个服务器。如今,亚马逊引领潮流、备受瞩目,靠的不仅是它自己的网站和 Kindle Fire 之类的新移动设备,支持着数千个热门站点的基础设施同样功不可没。AWS 带来的结果是,大数据分析不需要企业在 IT 上投入固定成本。如今,获取数据、分析数据都能够在云端简单、迅速地完成。换句话说,如今,企业有能力获取和分析大规模的数据;而在过去,它们则会因为无法存储而不得不抛弃它。

迄今为止,亚马逊有三次定位转变。第一次转变,成为"地球上最大的书店"(1994—1997 年)。第二次转变,成为最大的综合网络零售商(1997—2001 年)。第三次转变,成为"最以客户为中心的企业"(2001 年至今)。2001 年开始,除了宣传自己是最大的网络零售商外,亚马逊同时把"最以客户为中心的公司"确立为努力的目标。此后,打造以客户为中心的服务型企业成为了亚马逊的发展方向。

4.4 将信息变成竞争优势

AWS类型的服务与Hadoop类型的开源技术相结合,意味着企业终于能够尝到信息技术在多年以前向世人所描绘的果实。

数十年来,人们对所谓的"信息技术"的关注一直偏重于其中的"技术"部分,首席信息官的职责就是购买和管理服务器、存储设备和网络。而如今,信息以及对信息的分析、存储和预测的能力,正成为一种竞争优势(图4-4)。

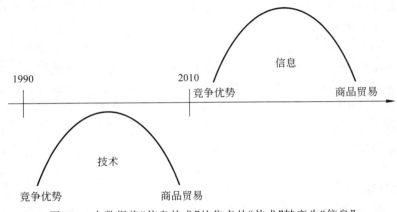

图4-4 大数据将"信息技术"的焦点从"技术"转变为"信息"

信息技术刚刚兴起的时候,较早应用信息技术的企业能够更快地发展,超越他人。微软公司在20世纪90年代就树立并巩固了它的地位,这不仅得益于它开发了世界上应用最为广泛的操作系统,还在于当时它在公司内部将电子邮件作为标准的沟通机制。事实上,在许多企业仍在犹豫是否采用电子邮件的时候,电子邮件已经成为微软讨论招聘、产品决策、市场战略等事务的标准沟通机制。虽然群发电子邮件的交流在如今已是司空见惯,但在当时,这样的举措让微软较之其他未采用电子邮件的公司具有更多的速度和协作优势。

接受大数据并在不同的组织之间民主化地使用数据,将会给企业带来与之相似的优势。诸如谷歌和脸书之类的企业已经从"数据民主"中获益。

通过将内部数据分析平台开放给所有跟自己公司相关的分析师、管理者和执行者,谷歌、脸书以及其他一些公司已经让组织中的所有成员都能提出跟商业有关的数据问题、获得答案并迅速行动。正如脸书的前任大数据领导人阿施什·图苏尔所言,新技术已经将我们的话题从"储存什么数据"转化到"我们怎样处理更多的数据"这一话题上了。

以脸书为例,它将大数据推广成为内部的服务,这意味着该服务不仅是为工程师设计的,也是为终端用户,即生产线管理人员设计的,他们需要运用"查询"来找出有效的方案。因此,管理者们不再需要花费几天或是几周的时间来找出网站的哪些改变最有效,或者哪些广告方式的效果最好。他们可以使用内部的大数据服务,而这些服务本身就是为了满足他们的需求而设计的,这使得数据分析的结果很容易在员工之间共享。

过去20年是信息技术的时代,接下来20年的主题仍会是信息技术。这些企业能够更快地处理数据,而公共数据资源和内部数据资源一体化将带来独特的洞见,使他们能够远远超越竞争对手。正如"大数据创新空间曲线"的创始人和首席技术官安德鲁·罗杰斯所言,"你分析数据的速度越快,它的预测价值就越大"。企业如今正在渐渐远离批量处理数据的方式(即先存储数据,之后再慢慢进行分析处理),而转向实时分析数据来获取竞争优势。

对于高管们而言,好消息是:来自于大数据的信息优势不再只属于谷歌、亚马逊之类的大企业。Hadoop之类的开源技术让其他企业可以拥有同样的优势。无论是老牌财富100强企业还是新兴初创公司,都能够以合理的价格利用大数据来获得竞争优势。

4.4.1 数据价格下降而需求上升

与以往相比,大数据带来的颠覆不仅是可以获取和分析更多数据的能力,更重要的是,获取和分析等量数据的价格也正在显著下降。价格"逐渐下降",需求却蒸蒸日上。科技进步使储存和分析数据的方式变得更有效率,与此同时,公司也将对此做出更多的数据分析。简而言之,这就是为什么大数据能够带来商业上的颠覆性变化。

从亚马逊到谷歌,从IBM到惠普和微软,大量的大型技术公司纷纷投身于大数据;而基于大数据解决方案,更多初创型企业如雨后春笋般涌现,提供基于云服务和开源的大数据解决方案。

大公司致力于横向的大数据解决方案,与此同时,小公司则以垂直行业的关键应用为重。有些产品可以优化销售效率,而有些产品则通过将不同渠道的营销业绩与实际的产品使用数据相联系来为未来营销活动提供建议。这些大数据应用程序意味着小公司不必在内部开发或配备所有大数据技术;在大多数情况下,它们可以利用基于云端的服务来解决数据分析需求。

4.4.2 大数据应用程序兴起

大数据应用程序在大数据空间掀起了又一轮波浪。投资者相继将大量资金投入到现有的基础设施中,又为Hadoop软件的商业供应商Cloudera等提供了投资。与此同时,企业并没有停留在大数据基础设施上,而是将重点转向了大数据的应用。

从历史上来说,企业必须利用自主生成的脚本文件来分析日志文件(一种由网络设备和IT系统中的服务器生成的文件),相对而言,这是一种人工处理程序。IT管理员不仅要维护服务器、网络工作设备和软件的基础设施,还要建立自己的脚本工具,从而确定因这些系统所引发问题的根源。这些系统会产生海量的数据。每当用户登录或访问一个文件时,一旦软件出现警告或显示错误,管理者就需要对这些数据进行处理,他们必须弄清楚究竟是怎么回事。

有了大数据应用程序之后,企业不再需要自己动手创建数据分析工具。它们可以利用预先设置的应用程序,从而专注于它们的业务经营。比如,利用斯普伦克公司(图4-5)的软件可以搜索IT日志,并直观看到有关登录位置和频率的统计,进而轻松地找到基础设施存在的问题。当然,企业的软件主要是安装类软件,也就是说,它必须安装在客户的网站中。基于云端的大数据应用程序承诺,它们不会要求企业安装任何硬件或软件。在某些方面,它们可以被认为是软件即服务(Software as a Service,SaaS)后的下一个合乎逻辑的步骤。软件即服务是通过互联网向客户交付产品的一种新形式,现已经发展得较为完善。十几年前,客户关系管理软件服务提供商"销售队伍"(Salesforce)首先推出了"无软件"的概念,这一概念已经成为基于云计算的客户关系管理软件的事实标准,这种软件会帮助企业管理他们的客户列表和客户关系。

图 4-5　Splunk 公司

通过软件运营服务转化后,软件可以被随时随地地使用,企业几乎不需要对软件进行维护。大数据应用程序把着眼点放在这些软件存储的数据上,从而改变了这些软件公司的性质。换句话说,大数据应用程序具备将技术企业转化为"有价值的信息企业"的潜力。

例如,oPower 公司可以改变能量的消耗方式。通过与 75 家不同的公用事业企业合作,该公司可以追踪约 5000 万美国家庭的能源消耗状况。该公司利用智能电表设备(一种追踪家庭能源使用的设备)中储存的数据,能为消费者提供能源消耗的具体报告。即使能源消耗数据出现一个小小的变动,也会对千家万户造成很大的影响。就像谷歌可以根据消费者在互联网上的行为追踪到海量的数据一样,oPower 公司也拥有大量的能源使用数据。这种数据最终会赋予 oPower 公司以及像该公司之类的公司截然不同的洞察力。该公司通过提供能源报告来继续建立其信息资产,这些数据资源和分析产品向人们展示了未来大数据商业的雏形。

然而,大数据应用程序不仅仅出现在技术世界里。在技术世界之外,企业还在不断研发更多的数据应用程序,这些程序将对人们的日常生活产生重大的影响。举例来说,有些产品会追踪与健康相关的指标并为我们提出建议,从而改善人类的行为。这类产品还能减少肥胖,提高生活质量,降低医疗成本。

4.4.3　实时响应大数据用户的要求

大数据一直致力于以较低的成本采集、存储和分析数据,而未来,数据的访问将会加快。当你在网站上单击按钮,却发现跳出来的是一个等待画面,而你不得不等待交易的完成或报告的生成,这是一个多么令人沮丧的过程。再来对比一下谷歌搜索结果的响应时间:2010 年,谷歌推出了 Google Instant,该产品可以在输入文本的同时就能看到搜索结果。通过引入该功能,一个典型用户在谷歌给出的结果中找到自己需要的页面的时间缩短为以前的1/7~1/5。当这一程序刚刚被引进时,人们还在怀疑是否能够接受它。如今,短短几年后,人们却难以想象要是没有这种程序生活该怎么继续下去。

数据分析师、经理及行政人员都希望能像谷歌一样用迅捷的洞察力来了解他们的业务。随着大数据用户对便捷性的要求越来越高,仅通过采用大数据技术已不能满足他们的需求。持续的竞争优势并非来自于大数据本身,而是更快地洞察信息的能力。Google Instant这样的程序就向人们演示了"立即获得结果"的强大之处。

4.4.4 企业构建大数据战略

据IBM称:"我们每天都在创造大量的数据,大约是2.5×10^{18} B——仅在过去两年间创造的数据就占世界数据总量的90%。"据福雷斯特产业分析研究公司估计,企业数据的总量每年以94%的增长率飙升。

在这样的高速增长之下,每个企业都需要一个大数据路线图,至少,企业应为获取数据制定一种战略,获取范围应从内部计算机系统的常规机器日志一直到线上的用户交互记录。即使企业当时并不知道这些数据有什么用也要这样做,或许随后它们会突然发现这些数据的作用。正如罗杰斯所言,"数据所创造的价值远远高于最初的预期——千万不要随便将它们抛弃"。

企业还需要制订一个计划来应对数据的指数级增长。照片、即时信息以及电子邮件的数量非常庞大,而由手机、GPS及其他设备构成的"传感器"释放出的数据量甚至更大。在理想情况下,企业应让数据分析贯穿于整个组织,并尽可能地做到实时分析。通过观察谷歌、亚马逊、脸书和其他科技主导企业,可以看到大数据之下的种种机会。管理者需要做的就是往自己所在的组织中注入大数据战略。

成功运用大数据的企业往大数据世界中添加了一个更为重要的因素:大数据的所有者。大数据的所有者是指首席数据官或主管数据价值的副总裁。如果你不了解数据意味着什么,世界上所有的数据对你来说将毫无价值。拥有大数据所有者不仅能帮助企业进行正确的策略定位,还可以引导企业获取所需的洞察力。

谷歌和亚马逊这样的企业应用大数据进行决策已有多年,它们在数据处理上已经取得了不少成果。而现在,你也可以拥有同样的能力。

4.5 大数据营销

行之有效的大数据交流需要同时具备愿景和执行两个方面。愿景意味着诉说故事,让人们从中看到希望,受到鼓舞。执行则是指具体实现的商业价值,并提供数据支撑。

大数据还不能(至少现在还不能)明确产品的作用、购买人群以及产品传递的价值。因此,大数据营销由三个关键部分组成:愿景、价值以及执行。号称"世界上最大的书店"的亚马逊,"终极驾驶汽车"的宝马以及"开发者的好朋友"谷歌,各自都有清晰的愿景。

但是单单愿景明确还不够,公司还必须有伴随着产品价值、作用以及具体购买人群的清晰表述。基于愿景和商业价值,公司能讲述个性化的品牌故事,吸引到它们大费周折才接触到的顾客、报道者、博文作者以及其他产业的成员。他们可以创造有效的博客、信息图表、在线研讨会、案例研究、特征对比以及其他营销材料,从而成功地支持营销活动——既可以帮助宣传,又可以支持销售团队销售产品。和其他形式的营销一样,内容也需要具备高度针对性。

即使这样,公司对自己的产品有了许多认识,但却未能在潜在顾客登录其网站时实现有效转换。通常,公司花费九牛二虎之力增加了网站的访问量,结果到了需要将潜在顾客转换为真正的顾客时,却一再出错。网站设计者可能将按钮放在非最佳位置上,可能为潜在顾客提供了太多可行性选择,或者建立的网站缺乏顾客所需的信息。当顾客想要下载或购买公司的产品时,就很容易产生各种不便。至于大数据营销,则与传统观营销方式没多大关系,其更注重创建一种无障碍的对话。通过开辟大数据对话,能将大数据的好处带给更为广泛的人群。

4.5.1 像媒体公司一样思考

大数据本身有助于提升对话。营销人员拥有网站访客的分析数据、故障通知单系统的顾客数据以及实际产品的使用数据,这些数据可以帮助他们理解营销投入如何转换为顾客行为,并由此建立良性循环。

随着杂志、报纸以及书籍等线下渠道广告投入持续下降,在线拓展顾客的新方法正不断涌现。谷歌仍然是在线广告行业的巨无霸,在线广告收入约占其总电子广告收入的41.3%。同时,如脸书、推特以及领英等社会化媒体不仅代表了新型营销渠道,也是新型数据源。现在,营销不仅仅是指在广告上投入资金,还意味着每个公司必须像一个媒体公司一样思考、行动。它不仅意味着运作广告营销活动以及优化搜索引擎列表,也包含了开发内容、分布内容以及衡量结果。大数据应用将源自所有渠道的数据汇集到一起,经过分析做出下一步行动的预测——帮助营销人员制定更优的决策或者自动执行决策。

4.5.2 面对新的机遇与挑战

据产业研究公司高德纳咨询公司称,从2017年起,首席营销官花费在信息技术上的时间将比首席信息官还多。营销组织更加倾向于自行制定技术决策,IT部门的参与也越来越少。越来越多的营销人员转而使用基于云端的产品,以满足他们的需求。这是因为他们可以多次尝试,如果产品不能发挥效用,就直接抛弃掉。

过去,市场营销费用分为以下3类。

(1) 跑市场的人员成本。

(2) 创建、运营以及衡量营销活动的成本。

(3) 开展这些活动和管理所需的基础设施成本。

在生产实物产品的公司中,营销人员花钱树立品牌效应,并鼓励消费者采购。消费者采购的场所则包括零售商店、汽车经销店、电影院以及其他实际场所,此外还有网上商城,如亚马逊。在出售技术产品的公司中,营销人员往往试图推动潜在客户直接访问他们的网站。例如,一家技术创业公司可能会购买谷歌关键词广告(出现在谷歌网站和所有谷歌出版合作伙伴的网站上的文字广告),希望人们会单击这些广告并访问它们的网站。在网站上,潜在客户可能会试用该公司的产品,或输入其联系信息,以下载资料或观看视频,这些活动都有可能促成客户购买该公司的产品。

所有这些活动都会留下包含大量信息的电子记录,记录由此增长了10倍。营销人员从众多广告网络和媒体类型中选择了各种广告,也可能从客户与公司互动的多种方式中收集到数据。这些互动包括网上聊天会话、电话联系、网站访问量、顾客实际使用的产品的功能,甚至是特定视频的最为流行的某个片段等。从前公司营销系统需要创建和管理营销活动,跟踪业务,向客户收取费用,并提供服务支持的功能,公司通常采用安装企业软件解决方案的形式,但其花费昂贵且难以实施。IT组织则需要购买硬件、软件和咨询服务,以使全套系统运行,从而支持市场营销、计费和客户服务业务。通过"软件即服务"模型(SaaS),基于云计算的产品已经可以运行上述所有活动了。企业不必购买硬件、安装软件、进行维护,便可以在网上获得最新和最优秀的市场营销、客户管理、计费和客户服务的解决方案。

如今,许多公司拥有的大量客户数据都存储在云中,包括企业网站、网站分析、网络广告花费、故障通知单等。很多与公司营销工作相关的内容(如新闻稿、新闻报道、网络研讨会、幻灯片放映以及其他形式的内容)也都在网上。公司在网上提供产品(如在线协作工具或网上支付系统),营销人员就可以通过用户统计和产业信息知道客户或潜在客户浏览过哪项内容。

现在营销人员的挑战和机遇在于将从所有活动中获得的数据汇集起来,使之产生价值。营销人员可以尝试将所有数据输入电子表格,并做出分析,以确定哪些有效,哪些无用。但是,真正理解数据需要大量的分析。比如,某项新闻发布是否增加了网站访问量?某篇新闻文章是否带来了更多的销售线索?网站访问群体能否归为特定产业部分?什么内容对哪种访客有吸引力?网站上一个按钮移动位置又是否使公司的网站有了更高的顾客转化率?

营销人员的另一个问题是了解客户的价值,尤其是他们可以带来多少盈利。例如,一个客户只花费少量的钱却提出很多支持请求,可能就无利可图。然而,公司很难将故障通知单数据与产品使用数据联系起来,特定客户创造的财政收入信息与获得该客户的成本也不能直接挂钩。

4.5.3 自动化营销

大数据营销要合乎逻辑,不仅要将不同数据源整合到一起,为营销人员提供更佳的仪表盘和解析,还要利用大数据使营销实现自动化。然而,这颇为棘手,因为营销由两个不同的部分组成:创意和投递。

营销的创意部分以设计和内容创造的形式出现。例如,计算机可以显示出红色按钮还是绿色按钮、12号字体还是14号字体可以为公司获得更高的顾客转换率。假如,要运作一组潜在的广告,也能分辨哪些最为有效。如果提供正确的数据,计算机甚至能针对特定的个人信息、文本或图像广告的某些元素进行优化。例如,广告优化系统可以将一条旅游广告个性化,将参观者的城市名称纳入其中:"查找旧金山和纽约之间的最低票价",而非仅仅"查找最低票价"。接着,它就可以确定包含此信息是否会增加转换率。

从理论上来说,个人可以执行这种操作,但对于数以十亿计的人群来说,执行这种自定义操作根本就不可行,而这正是网络营销的专长。例如,谷歌平均每天服务的广告发布量将近300亿。大数据系统擅长处理的情况是:大量数据必须迅速处理,迅速发挥作用。

一些解决方案应运而生,它们为客户行为自动建模,以提供个性化广告。像TellApart公司(一项重新定位应用)这样的解决方案正在将客户数据的自动化分析与基于该数据展示相关广告的功能结合起来。TellApart公司能识别离开零售商网站的购物者,当他们访问其他网站时,就向他们投递个性化的广告。这种个性化的广告将购物者带回到零售商的网站,通常能促成一笔交易。通过分析购物者的行为,TellApart公司能够锁定高质量顾客的预期目标,同时排除根本不会购买的人群。

就营销而言,自动化系统主要涉及大规模广告投放和销售线索评分,即基于种种预定因素对潜在客户线索进行评分,比如线索源。这些活动很适合数据挖掘和自动化,因为它们的过程都定义明确,而具体决策有待制定(比如确定一条线索是否有价值),并且结果可以完全自动化(例如选择投放哪种广告)。

大量数据可用于帮助营销人员以及营销系统优化内容创造和投递方式。挑战在于如何使之发挥作用。社会化媒体科学家丹·萨瑞拉已研究了数百万条推文,点"赞"以及分享,并且还对转发量最多的推文关联词、发博客的最佳时间以及照片、文本、视频和链接的相对重要性进行了定量分析。大数据与机器学习融合的下一步将是大数据应用程序,即萨瑞拉这样的研究与自动化内容营销活动管理结合起来。

在今后的岁月里,智能系统将继续发展,遍及营销的方方面面:不仅是为线索评分,还将决定运作哪些营销活动以及何时运作,并且向每位访客呈现个性化的理想网站。营销软件不仅包括帮助人们更好地进行决策的仪表盘,借助大数据,营销软件还可以用于运作营销活动并优化营销结果。

4.5.4 创建高容量和高价值内容

谈到为营销创建内容,大多数公司真正需要创建的内容有两种:高容量和高价值。比如,亚马逊有约2.48亿个页面存储在谷歌搜索索引中,这些页面被称为"长尾"。人们并不会经常浏览某个单独的页面,但如果有人搜索某一特定的条目,相关页面就会出现在搜索列表中。消费者搜索产品时,就很有可能看到亚马逊的页面。人类不可能将这些页面通过手动一一创建出来。相反,亚马逊却能为数以百万计的产品清单自动生成网页。创建的页面对单个产品以及类别页面进行描述,其中类别页面是多种产品的分类:例如一个耳机的页面上一般列出了所有耳机的类型,附上单独的耳机和耳机的文本介绍。当然,每一页都可以进行测试和优化。

亚马逊的优势在于,它不仅拥有庞大的产品库存(包括其自身的库存和亚马逊合作商户所列的库存),也拥有用户生成内容(以商品评论形式存在)的丰富资源库。亚马逊将巨大的大数据源、产品目录以及大量的用户生成内容结合起来。这使得亚马逊不但成为销售商的领导者,也成为优质内容的一个主要来源。除了商品评论,亚马逊还有产品视频、照片(兼由亚马逊提供和用户自备)以及其他形式的内容。亚马逊从两个方面收获这项回报:一是它很可能在搜索引擎的结果中被发现;二是用户认为亚马逊有优质内容(不只是优质产品)就直接登录亚马逊进行产品搜索,从而使顾客更有可能在其网站上购买。

按照传统标准来说,亚马逊并非媒体公司,但它实际上却已转变为媒体公司。就此而言,亚马逊也绝非独树一帜,商务社交网站领英也与其如出一辙。在很短的时间内,"今日领英"新闻整合服务已经发展成为一个强大的新营销渠道。它将商业社交网站转变为一个权威的内容来源,在这个过程中为网站的用户提供有价值的服务。

过去,当用户想和别人联系或开始搜索新工作时,就会频繁使用领英。"今日领英"新闻整合服务则通过来自网上的新闻和网站用户的更新,使网站更贴近日常生活。通过呈现与用户相关的内容(根据用户兴趣而定),领英比大多数传统媒体网站技高一筹。网站让用户回访的手段是发送每日电子邮件,其中包含了最新消息预览。领英已创建了一个大数据内容引擎,而这可以推动新的流量,确保现有用户回访,并保持网站的高度吸引力。

4.5.5 内容营销

驱动产品需求和保持良好前景都与内容创作相关:博客文章、信息图表、视频、播客、幻灯片、网络研讨会、案例研究、电子邮件、信息以及其他材料,都是保持内容引擎运行的能源。

内容营销是指把和营销产品一样多的努力投入到为产品创建的内容的营销中去。创建优质内容不再仅仅意味着为特定产品开发案例研究或产品说明书,也包括提供新闻故事、教育材料以及娱乐。

在教育方面,IBM 就有一个网上课程的完整组合。度假租赁网站 Airbnb(图 4-6)创建了 Airbnb TV,以展示其在世界各个城市的房地产。当然,这个过程中也展示了 Airbnb 本身。你不能再局限于推销产品,还要重视内容营销,所以内容本身也必须引人注目。

图 4-6 Airbnb 服务

4.5.6 内容创作与众包

内容创作似乎是一个艰巨且耗资高昂的任务,但实际并非如此。众包是一种相对简单的方法,它能够将任务进行分配,生成对营销来讲非常重要的非结构化数据:内容。许多公司早已使用众包来为搜索引擎优化生成文章,这些文章可以帮助他们在搜索引擎中获得更高的排名。很多人将这样的内容众包与高容量、低价值的内容联系起来。但在今天、高容量、高价值的内容也可能使用众包。众包并不是取代内部内容开发,但它可以将之扩大。现在,各种各样的网站都提供众包服务。亚马逊土耳其机器人经常被用于处理内容分类和内容过滤这样的任务,这对计算机而言很难,但对人类来说却很容易。亚马逊自身使用AMT来确定产品描述是否与图片相符。其他公司连接AMT支持的编程接口,以提供特定垂直服务,如音频和视频转录。

一些网站会被用来查找软件工程师,或出于搜索引擎优化的目的创造大量低成本文章。而有些网站则帮助创意专业人士(如平面设计师)展示其作品,内容买家也可以让排队的设计者提供创意作品。同时,有些跑腿网站正在将众包服务应用到线下,例如送外卖、商场内部清洗以及看管宠物等。

专门为网络营销而创造的相对较低价值内容与高价值内容之间的主要区别是后者的权威性。低价值内容往往为搜索引擎提供优质素材,以一篇文章的形式捕捉特定关键词的搜索。相反,高价值内容往往读取或显示更多的专业新闻、教育以及娱乐内容。博客文章、案例研究、思想领导力文章、技术评论、信息图表和视频访谈等都属于这一类。这种内容也正是人们想要分享的类型。此外,如果你的观众知道你拥有新鲜、有趣的内容,他们就更有理由频繁回访你的网站,也更有可能对你和你的产品进行持续关注。这种内容的关键是,它必须具有新闻价值、教育意义或娱乐性,或三者兼具。对于正努力提供这种内容的公司来说,好消息就是众包使之变得比以往任何时候都更容易了。

众包服务可以借由网站形式实现。只要你为内容分发网络提供一个网络架构,就可以插入众包服务,生成内容。例如,你可以为自己的网站创建一个博客,编写自己的博客文章;也可以发布贡献者的文章,比如客户和行业专家所撰写的文章。

如果你为自己的网站创建了一个TV部分,就可以发布视频,包括自己创作的视频集、源自其他网站(如YouTube)的视频以及通过众包服务创造的视频。视频制作者可以是自己的员工、承包商或行业专家,他们可以进行自我采访。你也可以以大致相同的方式对网络研讨会和网络广播进行众包。只需查找为其他网站贡献内容的人,再联系他们,看看他们是否有兴趣加入你的网站即可。使用众包是保持高价值内容生产机器持续运作的有效方式,它只需一个内容策划人或内容经理对这个过程进行管理即可。

4.5.7 用投资回报率评价营销效果

内容创作的另一方面就是分析所有非结构化内容,从而了解它。计算机使用自然语言处理和机器学习算法来理解非结构化文本,如推特每天要处理5亿条推文。这种大数据分析被称为"情绪分析"或"意见挖掘"。通过评估人们在线发布的论坛帖子、推文以及其他形式的文本,计算机可以判断消费者关注品牌的正面影响还是负面影响。

然而,尽管出于营销目的的数字媒体得以迅速普及,但是营销策略的投资回报率仍然会出现惊人误差。根据一项对243位首席营销官和其他高管所做的调查显示,57%的营销人员制订预算时不采取计算投资回报率的方法。约68%的受访者表示,他们基于以往的开支水平制订预算,28%的受访者表示依靠直觉,而7%的受访者表示其营销支出决策不基于任何数据记录。

最先进的营销人员将大数据的力量应用到工作当中——从营销工作中排除不可预测

的部分,并继续推动其营销,工作数据化,而其他人将仍然依赖于传统的指标(如品牌知名度)或根本没有衡量方法。这意味着两者之间的差距将日益扩大。

营销的核心将仍是创意。最优秀的营销人员将使用大数据优化发送的每封电子邮件、撰写的每一篇博客文章以及制作的每一个视频。最终,营销的每一部分将借助算法变得更好,如确定合适的营销主题或时间。正如现在华尔街大量的交易都是由金融工程师完成的一样,营销的很大一部分工作也将以相同的方式自动完成。创意将选择整体策略,但金融工程师将负责运作及执行。

当然,优秀的营销不能替代优质的产品。大数据可以帮助你更有效地争取潜在客户,更好地了解顾客以及他们的消费数额,还可以帮你优化网站。这样,一旦引起潜在客户的注意,将他们转换为客户的可能性就更大。但是,在这样一个时代,评论以百万条计算,消息像野火一样四处蔓延,单单靠优秀的营销是不够的,提供优质的产品仍然是首要任务。

【作　　业】

1. 传统商业几乎仅仅是由其信息系统的(　　)数据所驱动的,但如今的公司想要在更像生态系统的市场中实现其业务模型,仅仅这样是不够的。

　　A. 统计　　　　　　B. 原始　　　　　　C. 内部　　　　　　D. 外部

2. 如今,商业组织需要通过吸收(　　)数据来直接感知那些影响其收益能力的因素。这种情况导致了"大数据"数据集的诞生。

　　A. 外来　　　　　　B. 原始　　　　　　C. 内部　　　　　　D. 统计

3.《纽约时报》把2012年称为"大数据的跨界年度"。大数据之所以会在2012年进入主流大众的视野,缘于三种趋势的合力,而(　　)不是这"合力"之一。

　　A. 许多高端消费公司加大了对大数据的应用

　　B. 脸书与领英两家公司都是在2012年上市的

　　C. 2012年诞生了谷歌与亚马逊公司

　　D. 商业用户,例如亚马逊、脸书、领英和其他以数据为核心的消费产品,也开始期
　　　　待以一种同样便捷的方式来获得大数据的使用体验

4. 谷歌很早就开始实施的一系列大数据方法是大多数企业根本不曾具备的。但(　　)不是谷歌大数据的优势之一。

　　A. 拥有一支软件工程师队伍,他们能为企业提供前所未有的大数据技术

　　B. 谷歌拥有强大的基础设施

　　C. 谷歌拥有大量的机器数据,拥有搜索以及其他许多获取数据的途径

　　D. 谷歌拥有 Linux、UNIX 操作系统的专利

5. 数十年来,人们对所谓的"信息技术"的关注一直偏重于其中的(　　)部分,首席信息官的职责就是购买和管理服务器、存储设备和网络。而如今,信息以及对信息的分析、存储和预测的能力,正成为一种竞争优势。

　　A. 技术　　　　　　B. 信息　　　　　　C. 预测　　　　　　D. 数据

6. 接受大数据并在不同的组织之间民主化地使用数据,将会给企业带来(　　),从

"数据民主"中获益。

    A. 困难   B. 限制   C. 优势   D. 退步

7. 大数据带来的颠覆,使"价格'逐渐下降',需求却'蒸蒸日上'",这指的是(　　)。

    A. 电脑价格越来越便宜,人们都去买电脑了

    B. 智能手机越来越便宜,人们都去买手机了

    C. U盘和移动硬盘越来越便宜,人们都去买移动存储介质了

    D. 科技进步使储存和分析数据的方式变得更有效率,同时,公司也将做出更多的数据分析

8. 有了(　　)之后,企业不再需要自己动手创建工具,它们可以利用预先设置的应用程序,从而专注于业务经营。

    A. 办公自动化程序   B. 大数据应用程序

    C. 网络自动分析程序   D. 物联网应用程序

9. 大数据一直致力于以较低的成本采集、存储和分析数据,而未来(　　)。

    A. 数据的访问将会加快   B. 数据的采集将会更便宜

    C. 数据的存储将会更便宜   D. 数据的分析将会更昂贵

10. 在理想情况下,企业应让数据分析贯穿于整个组织,并尽可能地做到(　　)。

    A. 实时分析   B. 随机存储   C. 在线拓展   D. 延时分析

11. 大数据至少现在还不能明确产品的作用、购买人群以及产品传递的价值。因此,大数据营销由三个关键部分组成:(　　)。

    A. 聚合、过滤以及钻取   B. 愿景、价值以及执行

    C. 上传、下载以及过滤   D. 输入、输出以及分析

12. 随着杂志、报纸以及书籍等线下渠道广告投入持续下降,(　　)顾客的新方法正不断涌现,它意味着每个公司必须像一个媒体公司一样思考、行动。

    A. 实时分析   B. 随机存储

    C. 在线拓展   D. 延时分析

13. 如今,许多公司拥有的大量客户数据都存储在(　　)中,营销人员面对的挑战和机遇在于将从所有活动中获得的数据汇集起来,使之产生价值。

    A. 笔记本   B. 云   C. 服务器   D. U盘

14. 驱动产品需求和保持良好前景都与(　　)相关,如博客文章、信息图表、视频、播客、幻灯片、网络研讨会、案例研究、电子邮件、信息以及其他材料,都是保持其运行的能源。

    A. 广告宣传   B. 用户调查   C. 内容创作   D. 市场活动

15. 在大数据营销中,可以借助(　　)这种相对简单的方法,它能够将任务进行分配,生成对营销来讲非常重要的非结构化数据:内容。

    A. 收集   B. 搜索   C. 借鉴   D. 众包

16. 专门为网络营销而创造的内容,其关键是它必须具有(　　),或三者兼具。

    ① 娱乐性   ② 严肃性   ③ 新闻价值   ④ 教育意义

    A. ①③④   B. ②③④   C. ①②③   D. ①②④

17. (　　)可以借由网站形式实现。只要你为内容分发网络提供一个网络架构,就可以插入这项工作,生成内容。例如,可以编写自己的博客文章;也可以发布贡献者的文章。

　　　A. 实时销售　　　B. 随机合作　　　C. 众包服务　　　D. 延时分析

18. 在大数据营销活动的内容创作中,计算机使用自然语言处理和机器学习算法来理解(　　)内容,从而了解和判断消费者的关注。

　　　A. 结构化　　　B. 非结构化　　　C. 情绪化　　　D. 虚拟化

19. 大数据营销的核心是(　　)。优秀的营销人员使用大数据优化发送的每封电子邮件、撰写的每一篇博客文章以及制作的每一个视频。

　　　A. 重复　　　B. 技术　　　C. 勤奋　　　D. 创意

20. 在大数据营销背景下,首要任务是(　　)。

　　　A. 提供优质的产品　　　　　　　B. 更好地了解顾客
　　　C. 更有效地争取潜在客户　　　　D. 分析消费数据,优化网站

【实验与思考】 大数据营销的优势与核心内涵

1. 实验目的

（1）深刻理解2012年大数据跨界年度的内涵。
（2）熟悉世界级大数据企业谷歌、亚马逊、领英等的大数据行动。
（3）了解大数据营销的主要方法。

2. 工具/准备工作

在开始本实验之前,请认真阅读课程的相关内容。
需要准备一台带有浏览器,能够访问因特网的计算机。

3. 实验内容与步骤

（1）为什么说2012年是"大数据的跨界年度"?
答：_____

（2）在大数据业务方面,谷歌公司的主要优势有哪些?
答：_____

(3) 互联网零售商"亚马逊"是大数据应用的领先企业,同时也是一个推行大数据的大型技术公司,"亚马逊"是如何成为世界级大数据技术企业的?

答:_____
_____
_____

(4) 请仔细阅读本书 4.5 节,研究并简述:大数据营销的优势和核心内容是什么?

答:_____
_____
_____
_____

(5) 搜索并浏览商业社交网站领英,了解该网站是如何在世界范围内开展职场服务的?领英与脸书、推特、微信等社交网站有什么不同?

答:_____
_____
_____
_____
_____

4. 实验总结

_____
_____
_____

5. 实验评价(教师)

_____
_____

大数据促进医疗与健康

【导读案例】

大数据变革公共卫生

2009年出现了一种新的流感病毒甲型H1N1,这种流感病毒结合了禽流感和猪流感病毒的特点,在短短几周之内迅速传播开来(图5-1)。全球的公共卫生机构都担心一场致命的流行病即将来袭。有的评论家甚至警告说,可能会爆发大规模流感,类似1918年在西班牙爆发的影响了5亿人口并夺走了数千万人性命的大规模流感。更糟糕的是,我们还没有研发出对抗这种新型流感病毒的疫苗。公共卫生专家能做的只是减慢它的传播速度。但要做到这一点,他们必须先知道这种流感出现在哪里。

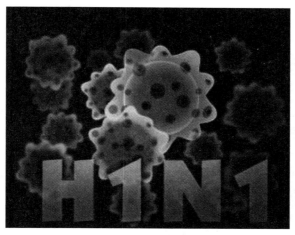

图 5-1　甲型 H1N1 流感病毒示意图

美国,和所有其他国家一样,都要求医生在发现新型流感病例时告知疾病控制与预防中心。但由于人们可能患病多日,实在受不了了才会去医院,而这个信息传达回疾控中心也需要时间,因此,通告新流感病例时往往会有一两周的延迟。而且,疾控中心每周只进行一次数据汇总。然而,对于一种飞速传播的疾病,信息滞后两周的后果将是致命的。这种滞后导致公共卫生机构在疫情爆发的关键时期反而无所适从。

在甲型H1N1流感爆发的几周前,互联网巨头谷歌公司的工程师们在《自然》杂志上发表了一篇引人注目的论文。它令公共卫生官员们和计算机科学家们感到震惊。文中解释了谷歌为什么能够预测冬季流感的传播：不仅是全美范围的传播，而且可以具体到特定的地区和州。谷歌通过观察人们在网上的搜索记录来完成这个预测，而这种方法以前一直是被忽略的。谷歌保存了多年来所有的搜索记录，而且每天都会收到来自全球超过30亿条的搜索指令，如此庞大的数据资源足以支撑和帮助它完成这项工作。

  谷歌公司把5000万条美国人最频繁检索的词条和美国疾控中心在2003—2008年间季节性流感传播时期的数据进行了比较。他们希望通过分析人们的搜索记录来判断这些人是否患上了流感，其他公司也曾试图确定这些相关的词条，但是他们缺乏像谷歌公司一样庞大的数据资源、处理能力和统计技术。

  虽然谷歌公司的员工猜测，特定的检索词条是为了在网络上得到关于流感的信息，如"哪些是治疗咳嗽和发热的药物"，但是找出这些词条并不是重点，他们也不知道哪些词条更重要。更关键的是，他们建立的系统并不依赖于这样的语义理解。他们设立的这个系统唯一关注的就是特定检索词条的使用频率与流感在时间和空间上的传播之间的联系。谷歌公司为了测试这些检索词条，总共处理了4.5亿个不同的数学模型。在将得出的预测与2007年、2008年美国疾控中心记录的实际流感病例进行对比后，谷歌公司发现，他们的软件发现了45条检索词条的组合，将它们用于一个特定的数学模型后，他们的预测与官方数据的相关性高达97%。和疾控中心一样，他们也能判断出流感是从哪里传播出来的，而且判断非常及时，不会像疾控中心一样要在流感爆发一两周之后才可以做到。

  所以，2009年甲型H1N1流感爆发的时候，与习惯性滞后的官方数据相比，谷歌成为了一个更有效、更及时的指示标。公共卫生机构的官员获得了非常有价值的数据信息。惊人的是，谷歌公司的方法甚至不需要分发口腔试纸和联系医生——它是建立在大数据的基础之上的。这是当今社会所独有的一种新型能力：以一种前所未有的方式，通过对海量数据进行分析，获得有巨大价值的产品和服务或深刻的洞见。基于这样的技术理念和数据储备，下一次流感来袭的时候，世界将会拥有一种更好的预测工具，以预防流感的传播。

  阅读上文，请思考、分析并简单记录：

(1) 谷歌预测流感主要采用的是什么方法？

  答：_____

_____

_____

(2) 谷歌预测流感爆发的方法与传统的医学手段有什么不同？

  答：_____

_____

_____

(3) 在现代医学的发展中，你认为大数据还会有哪些用武之地？
答：_____
_____
_____

(4) 请简单描述你所知道的上一周内发生的国际、国内或者身边的大事。
答：_____
_____
_____

5.1 大数据与循证医学

循证医学（图5-2）意为"遵循证据的医学"，又称实证医学，其核心思想是医疗决策（即病人的处理、治疗指南和医疗政策的制定等）应在现有的最好的临床研究依据基础上做出，同时也重视结合个人的临床经验。

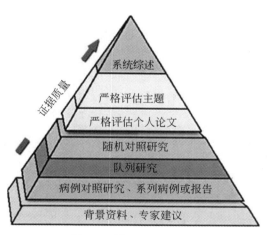

图 5-2　循证医学金字塔

第一位循证医学的创始人科克伦（1909—1988）是英国的内科医生和流行病学家，他1972年在牛津大学提出了循证医学思想。第二位循证医学的创始人费恩斯坦（1925—）是美国耶鲁大学的内科学与流行病学教授，他是现代临床流行病学的开山鼻祖之一。第三位循证医学的创始人萨科特（1934—）也是美国人，他曾经以肾脏病和高血压为研究课题，先在实验室中研究，后来又进行临床研究，最后转向临床流行病学的研究。

就实质而言，循证医学的方法与内容来源于临床流行病学。费恩斯坦在美国的《临床药理学与治疗学》杂志上以"临床生物统计学"为题，从1970年到1981年的11年间，共发表了57篇连载论文，他的论文将数理统计学与逻辑学导入临床流行病学，系统地构建了临床流行病学的体系,富含极其敏锐的洞察能力,因此为医学界所推崇。

传统医学以个人经验、经验医学为主,即根据非实验性的临床经验、临床资料和对疾病基础知识的理解来诊治病人(图5-3)。在传统医学下,医生根据自己的实践经验、资深医师的指导、教科书和医学期刊上零散的研究报告为依据来治疗病人。其结果是:一些真正有效的疗法因不为公众所了解而长期未被临床采用;一些实践无效甚至有害的疗法因从理论上推断可能有效而长期广泛使用。

图5-3 传统医学是以经验医学为主

循证医学不同于传统医学。循证医学并非要取代临床技能、临床经验、临床资料和医学专业知识,它只是强调任何医疗决策应建立在最佳科学研究证据基础上。循证医学实践既重视个人临床经验,又强调采用现有的、最好的研究证据,两者缺一不可(图5-4)。

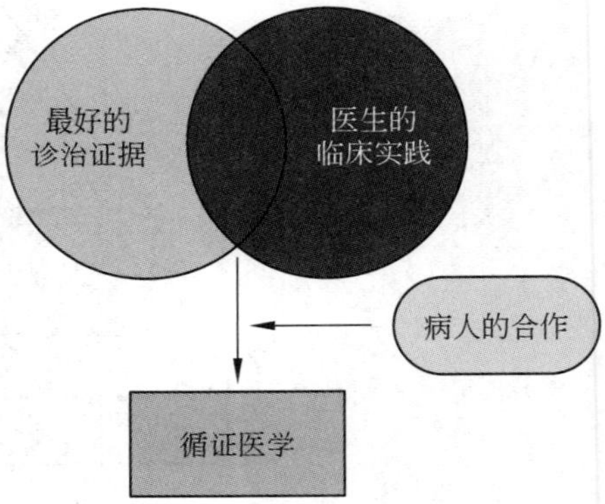

1992年,来自安大略麦克马斯特大学的两名内科医生戈登·盖伊特和大卫·萨基特发表了呼吁使用"循证医学"的宣言。他们的核心思想很简单,医学治疗应该基于最好的证据,而且如果有统计数据,最好的证据应来自对统计数据的研究。但是,盖伊特和萨基特并非主张医生要完全受制于统计分析,他们只是希望统计数据在医疗诊断中起到更大的作用。

图5-4 循证医学重视个人临床经验,也强调研究证据

医生应该特别重视统计数据的这种观点,直到今天仍颇受争议。从广义上来说,努力推广循证医学,就是在努力推广大数据分析,事关统计分析对实际决策的影响。对于循证医学的争论,在很大程度上是关于统计学是否应该影响实际治疗决策的争论。当然,其中很多研究仍在利用随机试验的威力,只不过现在的风险大得多。由于循证医学运动的成功,一些医生在把数据分析结果与医疗诊断相结合方面已经加快了步伐。互联网在信息追溯方面的进步已经促进了一项影响深远的技术的发展,而且利用数据做出决策的过程也达到了前所未有的速度。

5.2 大数据带来的医疗新突破

根据美国疾病控制中心的研究,心脏病是美国的第一大致命杀手。每年 250 万的死亡者中,约有 60 万人死于心脏病,而癌症紧随其后(在中国,癌症是第一致命杀手,心血管疾病排名第二)。在 25~44 岁的美国人群中,1995 年,艾滋病是致死的头号原因(现在已降至第六位)。死者中每年仅有 2/3 的人死于自然原因。那么那些情况不严重但影响深远的疾病又如何?比如普通感冒。据统计,美国民众每年总共会得 10 亿次感冒,平均每人 3 次。普通感冒是各种鼻病毒引起的,其中大约有 99 种已经排序,种类之多是普通感冒长久以来如此难治的根源所在。

在医疗保健方面的应用,除了分析并指出非自然死亡的原因之外,大数据同样也可以增加医疗保健的机会,提升生活质量,减少因身体素质差造成的时间和生产力损失。

以美国为例,通常一年在医疗保健上要花费 27 万亿美元,即人均 8 650 美元。随着人均寿命的增长,婴儿出生死亡率降低,更多的人患上了慢性病,并长期受其困扰。如今,因为注射疫苗的小孩增多,所以 5 岁以下小孩的死亡数降低。而除了非洲地区,肥胖症已成为比营养不良更严重的问题。在基金会以及其他人资助的研究中,科学家发现,虽然世界人口寿命变长,但人们的身体素质却下降了。所有这些都表明我们急需提供更高效的医疗保健,尽可能地帮助人们跟踪并改善身体健康。

5.2.1 量化自我,关注个人健康

谷歌联合创始人谢尔盖·布林的妻子安妮·沃西基 2006 年创办了 DNA①(图 5-5)测试和数据分析公司 23andMe(图 5-6)。公司并非仅限于个人健康信息的收集和分析,而是将眼光放得更远,将大数据应用到了个人遗传学上。2016 年 6 月 22 日,《麻省理工科技评论》评选出了 50 家"最智能"科技公司,23andMe 排名第 7。

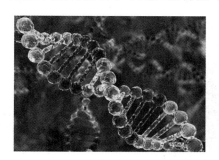
图 5-5 基因 DNA 图片

图 5-6 23andMe 的 DNA 测试

通过分析人们的基因组数据,公司确认了个体的遗传性疾病,如帕金森氏病和肥胖症

---

① DNA:脱氧核糖核酸(Deoxyribonucleic acid),又称去氧核糖核酸,是一种分子,可组成遗传指令,以引导生物发育与生命机能运作。

等遗传倾向。通过收集和分析大量的人体遗传信息数据,该公司不仅希望可以识别个人遗传风险因素,以帮助人们增强体质并延年益寿,而且希望能识别更普遍的趋势。通过分析,公司已确定了约180个新的特征,例如所谓的"见光喷嚏反射",即人们从阴暗处移动到阳光明媚的地方时会有打喷嚏的倾向;还有一个特征则与人们对药草、香菜的喜恶有关。

事实上,利用基因组数据来为医疗保健提供更好的洞悉是自1990年以来所做努力的合情合理的下一步。人类基因计划组绘制出总数约有23 000组的基因组,而这所有的基因组也最终构成了人类的DNA。这一项目费时13年,耗资38亿美元。

值得一提的是,存储人类基因数据并不需要多少空间。有分析显示,人类基因存储空间仅占20MB,和在iPod中存几首歌所占的空间差不多。其实随意挑选两个人,他们的DNA约99.5%都完全一样。因此,通过参考人类基因组的序列,也许可以只存储那些将此序列转化为个人特有序列所必需的基因信息。

DNA最初的序列在捕捉的高分辨率图像中显示为一列DNA片段。虽然个人的DNA信息以及最初的序列形式会占据很大空间,但是,一旦序列转化为DNA的As、Cs、Gs和Ts,任何人的基因序列就都可以被高效地存储下来。

数据规模大并不一定能称其为大数据。真正体现大数据能量的是不仅要具备收集数据的能力,还要具备低成本分析数据的能力。虽然,人类最初的基因组序列分析耗资约38亿美元,不过,如今只需花大概99美元就能在23andMe网站上获取自己的DNA分析。业内专家认为,基因测序成本在短短10年内跌了几个数量级。

当然,仅有DNA测序不足以提升人们的健康,也需要在日常生活中做出改变。

5.2.2 可穿戴的个人健康设备

2021年11月17日,华为正式发布了首款搭载鸿蒙操作系统的华为Watch GT系列新作GT3(图5-7)。在这个人们越来越重视身体健康的时代,相对于手机,智能手表作为可穿戴产品有着与生俱来的优势。由于可以和身体直接接触,可以更直接地帮助人们了解自己的健康状态。

图5-7 华为Watch GT3

华为Watch GT3是一款在尺寸上和交互体验上最接近传统形态的智能手表。在材质方面,前壳部分采用不锈钢材质,除了可以提升手表的质感,还可以有效避免日常生活中的刮擦对于机身的磨损。背壳部分采用高分子的纤维复合材料,经过陶瓷效果烤漆后,有效提升后壳的防冲撞能力。背壳部分弧形的心率镜片除了可以进行相应的健康数据测试,还能有效地避免长时间佩戴手腕部分汗液的累积。弧形设计更加符合人体生物学结构,均匀分摊手腕的压力,提升佩戴舒适度。

如今,人们越来越关注自己的身体健康状况,而智能手表凭借出色的穿戴性以及专业的健康管理功能深受人们青睐。华为 Watch GT3 搭载了自主研发的第五代华为 TruSeen™ 心率技术,加上 8 合 1 透镜 LED 发光芯片和多路收光设计,在提升精准度的同时也降低了功耗。当佩戴在手腕上时,能够 24 小时连续进行心率监测。同时通过相应的算法优化,提升了运动中心率的准确度。

常规的健康功能还包括呼吸健康、睡眠情况、情绪压力以及女性的生理周期管理等。基于高性能的心率传感器,华为 Watch GT3 与中国 301 医院专家团队开展了联合健康研究计划。提供房颤及早搏筛查、个性化指导、房颤风险预测等整合管理服务。华为官方信息显示,截至 2021 年 9 月 30 日,共有 320+万华为穿戴用户加入心脏健康研究,经过心脏健康研究 APP 筛查,疑似房颤 11 415 人,医院回访 4916 人,确诊 4613 人,准确率高达 93.8%。

体温是显示人体生命体征最为重要的一个表征。尤其是疫情期间,体温检测更是排查病例的一项重要环节。华为 Watch GT3 的高精度温度传感器能够帮助用户更好、更便捷地了解体温。华为 Watch GT3 新增了高原关爱模式,根据检测到的海拔、心率以及血氧的数据,对用户进行相应的高原反应风险评估。启动高原关爱模式(图 5-8)后,当用户的血氧水平与常规血氧有一定差距时,手表会进行相应提醒,并给出科学的呼吸调整。这对于长期处于高海拔地区或是前往高海拔地区出行的用户,还是相当实用的。

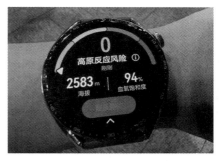

图 5-8　华为手表的高原关爱模式

美国的移动电子医疗公司 Fitbit、耐克公司、可穿戴技术商身体媒体公司(Body Media)都有手环、臂带等可穿戴的运动监测产品。

美国心脏协会的文章《非活动状态的代价》称,65% 的成年人不是肥胖就是超重。自 1950 年以来,久坐不动的工作岗位增加了 83%,而仅有 25% 的劳动者从事的是身体活动多的工作。美国人平均每周工作 47 个小时,相比 20 年前,每年的工作时间增加了 164 个小时。而肥胖的代价就是,据估计,美国公司每年与健康相关的生产力损失高达 2 258 亿美元。因此,类似华为手表、Fitbit 手环这样的设备对不断推高医疗保健和个人健康的成本确实有影响。通过这些应用程序收集到的数据,可以了解正在发生什么以及身体状况走势怎样。比如,如果心律不齐,就表示健康状况出现了某种问题。通过分析数百万人的健康数据,科学家们可以开发更好的算法来预测人们未来的健康状况。

回溯过去,检测身体健康发展情况需要用到特殊的设备,或是不辞辛苦、花费高额就诊费去医生办公室问诊。可穿戴设备新型应用程序最引人瞩目的一面是:它们使得健康信息的检测变得更简单易行。低成本的个人健康检测程序以及相关技术甚至"唤醒"了全民对个人健康的关注。当配备合适的软件时,低价的设备或唾手可得的智能手机可以帮助人们收集很多健康数据。将这种数据收集能力、低成本的分析、可视化云服务与大数据以及个人健康领域相结合,将在提升健康状况和减低医疗成本方面发挥巨大的潜力。

5.2.3 大数据时代的医疗信息

就算有了可穿戴设备与应用程序,人们依然需要去看医生。大量的医疗信息收集工作依然靠纸笔进行。纸笔记录的优势在于方便、快捷、成本低廉。但是,因为纸笔做的记录会分散在多处,会导致医疗工作者难以找到患者的关键医疗信息。

2009年颁布的美国《卫生信息技术促进经济和临床健康法案》(以下简称《法案》)旨在促进医疗信息技术的应用,尤其是电子健康档案的推广。《法案》也在2015年给予医疗工作者经济上的激励,鼓励他们采用电子健康档案,同时会对不采用者施以处罚。电子病历(图5-9)是纸质记录的电子档,如今许多医生都在使用。相比之下,电子健康档案意图打造病人健康概况的普通档案,使得它能被医疗工作者轻易接触到。医生还可以使用一些新的APP应用程序,在平板电脑、智能手机、搭载安卓系统的设备或网页浏览器上收集病人的信息。除了可以收集过去用纸笔记录的信息外,医生们还将通过这些程序实现从语言转换到文本的听写、收集图像和视频等其他功能。

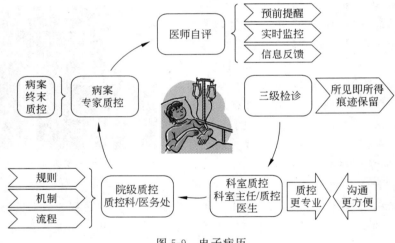

图5-9 电子病历

电子健康档案、DNA测试和新的成像技术在不断产生大量数据。收集和存储这些数据对于医疗工作者而言是一项挑战,也是一个机遇。不同于以往采用的封闭式的医院IT系统,更新、更开放的系统与数字化的病人信息相结合可以带来医疗突破。

如此种种分析也会给人们带来别样的见解。比如,智能系统可以提醒医生使用与自己通常推荐的治疗方式相关的其他治疗方式和程序。这种系统也可以告知那些忙碌无暇的医生某一领域的最新研究成果。这些系统收集、存储的数据量大得惊人。越来越多的病患数据会采用数字化形式存储。这不仅包括人们填写在健康问卷上或医生记录在表格里的数据,还包括智能手机和平板电脑等设备以及新的医疗成像系统(比如X光机和超音设备)生成的数字图像。

就大数据而言,这意味着未来将会出现更好、更有效的患者看护,更为普及的自我监控以及防护性养生保健,也意味着要处理更多的数据。其中的挑战在于,要确保所收集的数据能够为医疗工作者以及个人提供重要的见解。

5.2.4 CellMiner,对抗癌症的新工具

所谓 PSA,是指前列腺特异抗原。PSA 偏高与前列腺癌症紧密相关,即使检查本身并没有显示有癌细胞。是否所有 PSA 高的人都患有癌症?这难以确诊。对此,一方面,患者可以选择不采取任何行动,但是必须得承受病症慢慢加重的心理压力,也许终有一日会遍至全身,而他已无力解决;另一方面,患者可以采取行动,比如进行一系列治疗,从激素治疗到手术切除,再到完全切除前列腺,但结果也可能更糟。选择对于患者而言,既简单又复杂。

这其中包含两个数据使用方面的重要经验教训。

(1) 数据可以帮助我们看得更深入。数据可以传送更多的相关经验,使得计算机能够预知想看的电影、想买的书籍。但是,涉及医药治疗时,通常来说,就如何处理见解这一问题,制订决策可不容易。

(2) 数据提供的见解会不断变化发展。这些见解都是基于当时的最佳数据。正如试图通过模式识别出诈骗的诈骗检测系统在基于更多数据时能配备更好的算法并实现系统优化一样,当掌握了更多的数据后,对于不同的医疗情况会有不同的推荐方案。

对男性来说,致死的癌症主要是肺癌、前列腺癌、肝癌以及大肠癌,而对于女性来说,致死的癌症主要是肺癌、乳腺癌和大肠癌。抽烟是引起肺癌的首要原因。1946 年,抽烟人数占美国人口的 45%,1993 年降至 25%,到了 2010 年降至 19.3%。但是,肺癌患者的五年生存率仅为 15%,且这一数字已经维持 40 年未变。尽管如今已经是全民抗癌,但目前仍没有癌症防治的通用方法。很大原因在于癌症并不止一种——已发现 200 多种不同种类的癌症。

美国国家癌症研究所隶属于美国国立卫生研究院,每年用于癌症研究的预算约为 50 亿美元。癌症研究所取得的最重大进展就是开发了一些测试,可以检测出某些癌症,比如 2004 年开发的预测结肠癌的简单血液测试。其他进展包括将癌症和某些特定病因联系在一起。比如 1954 年一项研究首次表明吸烟和肺癌有很大关联,1955 年的一项研究则表明男性荷尔蒙睾丸素会促生前列腺癌,而女性雌激素会促生乳腺癌。当然,更大的进展还是在癌症的治疗方法上。比如,发现了树突状细胞,这是提取癌症疫苗的基础;还发现了肿瘤通过生成一个血管网,为自己带来生长所需的氧气的过程。

美国国家癌症研究所癌症研究中心研制的"细胞矿工"(CellMiner)是一个基于网络形式、涵盖了上千种药物的基因组靶点信息的工具,为研究人员提供了大量的基因公式和化学复合物数据。这样的技术让癌症研究变得高效。该工具可帮助研究人员用于抗癌药物与其靶点的筛选,极大地提高了工作效率。通过药物和基因靶点的海量数据相比较,研究者可以更容易地辨别出针对不同癌细胞具有不同效果的药物。过去,处理这些数据集意味着要处理运作不便的数据库,因而,分析和汇聚数据也就异常艰难。从历史角度来

看,想用数据来解答疑问和可以接触到这些数据的人不重叠且有很大代沟。而如"细胞矿工"一样的科技正是缩小这一代沟的工具。研究者们用"细胞矿工"的前身,即一个名为"对比"(COMPARE)的程序来确认一种具备抗癌性的药物,事实证明,它确实有助于治疗一些淋巴瘤。而现在,研究者们使用"细胞矿工"弄清生物标记,以了解治疗方法有望对哪些患者起作用。

CellMiner 软件以 60 种癌细胞为基础,其 NCI-60 细胞系是目前使用最广泛的用于抗癌药物测试的癌细胞样本群(图 5-10)。用户可以通过它查询到 NCI-60 细胞系中已确认的 22 379 个基因,以及 20 503 个已分析的化合物的数据(包括 102 种已获美国食品和药物监督局批准的药物)。

图 5-10 装载 NCI-60 细胞系的细胞板

研究者认为,影响力最大的因素之一是可以更容易地接触到数据。这对于癌症研究者,或是对那些想充分利用大数据的人而言是至关重要的一课——除非收集到的大量数据可以轻易为人所用,否则他们能发挥的作用就很有限。大数据民主化,即开放数据,至关重要。

5.3 医疗信息数字化

医疗领域的循证试验已经有一百多年的历史了。早在 19 世纪 40 年代,奥地利内科医生伊格纳茨·塞麦尔维斯就在维也纳完成了一项关于产科临床的详细的统计研究。塞麦尔维斯在维也纳大学总医院首次注意到,如果住院医生从验尸房出来后马上为产妇接生,产妇死亡的概率更大。当他的同事兼好朋友杰克伯·克莱斯卡死于剖腹产时的热毒症时,塞麦尔维斯得出一个结论:孕妇分娩时的发烧具有传染性。他发现,如果诊所里的医生和护士在给每位病人看病前用含氯石灰水洗手消毒,那么死亡率就会从 12% 下降到 2%。

这一最终产生病理细菌理论的惊人发现遇到了强烈的阻力,塞麦尔维斯也受到其他医生的嘲笑。他主张的一些观点缺乏科学依据,因为他没有充分解释为什么洗手会降低死亡率,医生们不相信病人的死亡是由他们所引起的,他们还抱怨每天洗好几次手会浪费他们宝贵的时间。塞麦尔维斯最终被解雇,后来他精神严重失常,并在精神病院去世,享年 47 岁。

塞麦尔维斯的死是一个悲剧,成千上万产妇不必要的死亡更是一种悲剧,不过它们都已成为历史,现在的医生当然知道卫生的重要性。然而,时至今日,医生们不愿洗手仍是一个致命的隐患。不过最重要的是,医生是否应该因为统计研究而改变自己的行为方式,至今仍颇受质疑。

唐·博威克是一名儿科医生,也是保健改良协会的会长,他鼓励进行一些大胆的对比试验。十几年以来,博威克一直致力于减少医疗事故,他也与塞麦尔维斯一样努力根据循证医学的结果提出简单的改革建议。

1999年发生的两件不同寻常的事情,使得博威克开始对医院系统进行广泛的改革。第一件事是,医学协会公布的一份权威报告记录了美国医疗领域普遍存在的治疗失误。据该报告估计,每年医院里有98 000人死于可预防的治疗失误。医学协会的报告使博威克确信治疗失误的确是一大隐患。

第二件事是发生在博威克自己身上的事情。博威克的妻子安患有一种罕见的脊椎自体免疫功能紊乱症。在3个月的时间里,她从能够完成28公里的阿拉斯加跨国滑雪比赛变得几乎无法行走。使博威克震惊的是他妻子所在医院懒散的治疗态度。每次新换的医生都不断重复地询问同样的问题,甚至不断开出已经证明无效的药物。主治医生在决定使用化疗来延缓安的健康状况的"关键时刻"之后的足足60个小时,安才吃到最终开出的第一剂药。而且有3次,安被半夜留在医院地下室的担架床上,既惶恐不安又孤单寂寞。

安住院治疗,博威克就开始担心。他已经失去了耐性,他决定要做点什么了。2004年12月,他大胆地宣布了一项在未来一年半中挽救10万人生命的计划。"10万生命运动"是对医疗体系的挑战,敦促它们采取6项医疗改革来避免不必要的死亡。他并不仅仅希望进行细枝末节的微小变革,也不要求提高外科手术的精度。不,与之前的塞麦尔维斯一样,他希望医院能够对一些最基本的程序进行改革。例如,很多人做过手术后处于空调环境中会引发肺部感染。随机试验表明,简单地提高病床床头,以及经常清洗病人口腔,就可以大大降低感染的概率。博威克反复地观察临危病人的临床表现,并努力找出可能降低这些特定风险的干预方法的大规模统计数据。循证医学研究也建议进行检查和复查,以确保能够正确地开药和用药,能够采用最新的心脏电击疗法,以及确保在病人刚出现不良症状时就有快速反应小组马上赶到病榻前。因此,这些干预也都成为"10万生命运动"的一部分。

然而,博威克最令人吃惊的建议是针对最古老的传统。他注意到每年有数千位ICU(重症加强护理病房,图5-11)病人在胸腔内放置中央动脉导管后感染而死。大约一半的重症看护病人有中央动脉导管,而ICU感染是致命的。于是,他想看看是否有统计数据能够支持降低感染概率的方法。

图5-11　ICU

他找到了《急救医学》杂志上2004年发表的一篇文章,文章表明系统地洗手(再配合一套改良的卫生清洁程序,比如,用一种叫作双氯苯双胍己烷的消毒液清洗病人的皮肤)能够减少中央动脉导管90%以上感染的风险。博威克预计,如果所有医院都实行这套卫生程序,就有可能每年挽救25 000个人的生命。

博威克认为,医学护理在很多方面可以学习航空业,现在的飞行员和乘务人员的自由度比以前少得多。联邦航空局提出,必须在每次航班起飞之前逐字逐句宣读安全警告。"研究得越多,我就越坚信,医生的自由度越少,病人就会越安全,"他说,"听到我这么说,医生会很讨厌我。"

博威克还制定了一套有力的推广策略。他不知疲倦地到处奔走,发表慷慨激昂的演说。他的演讲有时听起来就像是复兴大会上的宣讲。在一次会议上,他说:"在场的每一个人都将在会议期间挽救 5 个人的生命。"他不断地用现实世界的例子来解释自己的观点,他深深痴迷于数字。与没有明确目标的项目不同,他的"10 万生命运动"是全国首个明确在特定时间内挽救特定数目生命的项目。该运动的口号是:"没有数字就没有时间。"

该运动与 3 000 多家医院签订了协议,涵盖全美 75% 的医院床位。大约有 1/3 的医院同意实施全部 6 项改革,一半以上的医院同意实施至少 3 项改革。该运动实施之前,美国医院承认的平均死亡率大约是 2.3%。该运动中平均每家医院有 200 个床位,一年大约有 10 000 个床位,这就意味着每年大约有 230 个病人死亡。从目前的研究推断,博威克认为参与该运动的医院每 8 个床位就能挽救 1 个生命。或者说,200 个床位的医院每年能够挽救大约 25 个病人的生命。

参与该运动的医院需要在参与之前提供 18 个月的死亡率数据,并且每个月都要更新实验过程中的死亡人数。很难估计某家有 10 000 个床位的医院的病人死亡率下降是否是纯粹因为运气。但是,如果分析 3 000 家医院实验前后的数据,就可能得到更加准确的估计。

实验结果非常令人振奋。2006 年 6 月 14 日,博威克宣布该运动的结果已经超出了预定目标。在短短 18 个月里,这 6 项改革措施使死亡人数预计减少了 122 342 人。当然,我们不要相信这一确切数字。部分原因是许多医院在一些可以避免的治疗失误问题上取得的进展是独立的;即使没有该运动,这些医院也有可能会改变它们的工作方式,从而挽救很多生命。

无论从哪个角度看,这项运动对于循证医学来说都是一次重大胜利。可以看到,"10 万生命运动"的核心就是大数据分析。博威克的 6 项干预并不是来自直觉,而是来自统计分析。博威克观察数字,发现导致人们死亡的真正原因,然后寻求统计上证明能够有效降低死亡风险的干预措施。

5.4 搜索:超级大数据的最佳伙伴

循证医学运动之前的医学实践受到了医学研究成果缓慢低效的传导机制的束缚。据美国医学协会的估计,"一项经过随机控制试验产生的新成果应用到医疗实践中,平均需要 17 年,而且这种应用还非常参差不齐。"医学科学的每次进步都伴随着巨大的麻烦。如果医生们没有在医学院或住院实习期间学会这些东西,似乎永远也把握不住好机会。

如果医生不知道有什么样的统计结果,就不可能根据统计结果进行决策。要使统计分析有影响力,就需要有一些能够将分析结果传达给决策制定者的传导机制。大数据分析的崛起往往伴随着并受益于传播技术的改进,这样,决策制定者就可以更加迅速地即时获取并分析数据。甚至在互联网试验的应用中,我们也已经看过传导环节的自动化。Google AdWords 功能不仅能够即时报告测试结果,还可以自动切换到效果最好的那个网页。大数据分析速度越快,就越可能改变决策制定者的选择。

与其他使用大数据分析的情况相似,循证医学运动也在设法缩短传播重要研究结果的时间。循证医学最核心也最可能受抵制的要求是,提倡医生们研究和发现病人的问题。一直"跟踪研究"从业医生的学者们发现,新患者所提出的问题大约有2/3会对研究有益。这一比重在新住院的病人中更高。然而,被"跟踪研究"的医生却很少有人愿意花时间去回答这些问题。

对于循证医学的批评往往集中在信息匮乏上。反对者声称,在很多情况下根本不存在能够为日常治疗决策所遇到的大量问题提供指导的高质量的统计研究。抵制循证医学的更深层原因其实恰恰相反:对于每个从业医生来说,有太多循证信息了,以致于无法合理地吸收利用。仅以冠心病为例,每年有3 600多篇统计方面的论文发表。这样,想跟踪这一领域的学者必须每天(包括周末)读十几篇文章。如果读一篇文章需要15分钟,那么读关于每种疾病的文章,每天就要花掉两个半小时。显然,要求医生投入如此多的时间去仔细查阅海量的统计研究资料,是行不通的。

循证医学的倡导者们从最开始就意识到信息追索技术的重要性,使得从业医生可以从数量巨大且时时变化的医学研究资料中提取出高质量的相关信息。网络的信息提取技术使得医生更容易查到特定病人和特定问题的相关结果。即使现在高质量的统计研究文献比以往都多,医生在大海里捞针的速度同时也提高了。现在有众多计算机辅助搜索引擎,可以使医生接触到相关的统计学研究。

对于研究结果的综述通常带有链接,这样医生在打开链接后就可以查看全文以及引用过该研究的所有后续研究。即使不打开链接,仅仅从"证据质量水平"中,医生也可以根据最初的搜索结果了解到很多。现在,每项研究都会得到牛津大学循证医学中心研发的15等级分类法中的一个等级,以便使读者迅速地了解证据的质量。最高等级(1a)只授给那些经过多个随机试验验证后都得到相似结果的研究,而最低等级则给那些仅仅根据专家意见而形成的疗法。

这种简洁标注证据质量的变化很可能成为循证医学运动最有影响力的部分。现在,从业医生评估统计研究提出的政策建议时,可以更好地了解自己能在多大程度上信赖这种建议。最酷的是,大数据分析回归分析不仅可以做预测,而且还可以告诉你预测的精度。证据质量水平也是如此。循证医学不仅提出治疗建议,还会告诉医生支撑这些建议的数据质量如何。

证据的评级有力地回应了反对循证医学的人,他们认为循证医学不会成功,因为没有足够的统计研究来回答医生所需回答的所有问题。评级使专家们在缺乏权威的统计证据时仍然能够回答紧迫的问题。这要求他们显示出当前知识中的局限。证据评级标准也很简单,却是信息追索方面的重大进步。受到威胁的医生们现在可以浏览大量网络搜索的结果,并把道听途说与经过多重检验的研究结果区别开来。

互联网的开放性甚至改变了医学界的文化。回归分析和随机试验的结果都公布出来,不仅仅是医生,任何有时间用谷歌搜索几个关键词的人都可以看到。医生越来越感到学习的紧迫性,不是因为(较年轻的)同事们告诉他们要这样做,而是因为多学习可以使他们比病人懂得更多。正像买车的人在去展厅前会先上网查看一样,许多病人也会登录Medline(医疗热线)等网站去看看自己可能患上什么样的疾病。Medline网站是美国国立医学图书馆建立的国际性综合生物医学信息书目数据库,是当前国际上最权威的生物医学文献数据库,它最初是供医生和研究人员使用的,而现在1/3以上的浏览者是普通老百姓。互联网不仅仅改变着信息传导给医生的机制,也改变着科技的影响力,即病人影响医生的机制。

5.5 数据决策的崛起

数据决策的崛起

循证医学的成功就是数据决策的成功,它使决策的制定不仅基于数据或个人经验,而且基于系统的统计研究。正是大数据分析颠覆了传统的观念,并发现受体阻滞剂对心脏病人有效,正是大数据分析证明了雌性激素疗法不会延缓女性衰老,也正是大数据分析导致了"10万生命运动"的产生。

5.5.1 数据辅助诊断

迄今为止,医学的数据决策还主要限于治疗问题。几乎可以肯定的是,下一个高峰会出现在诊断环节。

我们称互联网为信息的数据库,它已经对诊断产生了巨大的影响。《新英格兰医学期刊》上发表了一篇文章,讲述纽约一家教学医院的教学情况。"一位患有过敏和免疫疾病的人带着一个得了痢疾的婴儿就诊,其患有罕见的皮疹('鳄鱼皮'),多种免疫系统异常,包括 T-cell(T 细胞)功能低下,胃黏膜有组织红血球以及末梢红血球,一种显然与 X 染色体有关的基因遗传方式(多个男性亲人幼年夭折)。"主治医师和其他住院医生经过长时间讨论后,仍然无法得出一致的正确诊断。最终,教授问这个病人是否做过诊断,她说她确实做过诊断,而且她的症状与一种罕见的名为 IPEX 的疾病完全吻合。当医生们问她怎么得到这个诊断结果时,她回答说:"我在谷歌上输入我的显著症状,答案马上就跳出来了。"主治医师惊得目瞪口呆。"你从谷歌上搜出了诊断结果? ……难道不再需要我们医生了吗?"互联网使得年轻医生不再依赖教授教学作为主要的知识来源。年轻医生不必顺从德高望重的前人的经验。他们可以利用那些不会给他们带来烦恼的资源。

5.5.2 你考虑过……了吗

一个名叫"伊沙贝尔"的"诊断-决策支持"软件项目使医生可以在输入病人的症状后就得到一系列最可能的病因。它甚至还可以告诉医生,病人的症状是否是由于过度服用药物,涉及药物达 4 000 多种。"伊沙贝尔"数据库涉及 11 000 多种疾病的大量临床发现、实验室结果、病人的病史,以及其本身的症状。"伊沙贝尔"的项目设计人员创立了一套针对所有疾病的分类法,然后通过搜索报刊文章的关键词找出统计上与每个疾病最相关的文章,如此形成一个数据库。这种统计搜索程序显著地提高了给每个疾病/症状匹配编码的效率。而且如果有新的且高相关性的文章出现时,可以不断更新数据库。大数据分析对于相关性的预测并不是一劳永逸的逻辑搜索,它对"伊沙贝尔"的成功至关重要。

"伊沙贝尔"项目的产生来自于一个股票经纪人被误诊的痛苦经历。1999 年,詹森·莫德 3 岁大的女儿伊沙贝尔被伦敦医院住院医生误诊为水痘,并遣送回家。只过了一天,她的器官便开始衰竭,该医院的主治医生约瑟夫·布里托马上意识到她实际上感染了一种潜在致命性食肉病毒。尽管伊沙贝尔最终康复,但是她父亲却非常后怕,他辞去了金融领域的工作。莫德和布里托一起成立了一家公司,开始开发"伊沙贝尔"软件,以抗击误诊。

研究表明,误诊占所有医疗事故的1/3。尸体解剖报告也显示,相当一部分重大疾病是被误诊的。"如果看看已经开出的错误诊断记录,"布里托说,"诊断失误大约是处方失误的2~3倍。"最低,估计有几百万病人被诊断成错误的疾病,在接受治疗。甚至更糟糕的是,2005年刊登在《美国医学协会杂志》上的一篇社论总结道,过去的几十年间,并未看到误诊率得到了明显的改善。

"伊沙贝尔"项目的雄伟目标是改变诊断科学的停滞现状。莫德简单地解释道:"电脑比我们记得更多更好。"世界上有11 000多种疾病,而人类的大脑不可能熟练地记住引发每种疾病的所有症状。实际上,"伊沙贝尔"的推广策略类似用谷歌进行诊断,可以帮助我们从一个庞大的数据库里搜索并提取信息。

误诊最大的原因是武断。医生认为他们已经做出了正确的诊断——正如住院医生认为伊沙贝尔·莫德得了水痘——因此他们不再思考其他的可能性。"伊沙贝尔"就是要提醒医生其他的可能。它有一页会向医生提问,"你考虑过……了吗",就是在提醒其他的可能性,这可能会产生深远的影响。

2003年,一个来自乔治亚州乡下的4岁男孩被送入亚特兰大的一家儿童医院。这个男孩已经病了好几个月了,一直高烧不退。血液化验结果表明这个孩子患有白血病,医生决定进行强度较大的化疗,并打算第二天就开始实施。

约翰·博格萨格是这家医院的资深肿瘤专家,他观察到孩子皮肤上有褐色的斑点,这不怎么符合白血病的典型症状。当然,博格萨格仍需要进行大量研究来证实,而且很容易信赖血液化验的结果,因为化验结果清楚地表明是白血病。"一旦你开始用这些临床方法的一种,就很难再去测量。"博格萨格说。很巧合的是,博格萨格刚刚看过一篇关于"伊沙贝尔"的文章,并签约成为软件测试者之一。因此,博格萨格没有忙着研究下一个病例,而是坐在电脑前输入了这个男孩的症状。靠近"你考虑过……了吗"上面的地方显示这是一种罕见的白血病,化疗不会起作用。博格萨格以前从没听说过这种病,但是可以很肯定的是,这种病常常会使皮肤出现褐色斑点。

研究人员发现,在10%的情况下,"伊沙贝尔"能够帮助医生把他们本来没有考虑的主要诊断考虑进来。"伊沙贝尔"坚持不懈地进行试验。《新英格兰医学期刊》上"伊沙贝尔"的专版每周都有一个诊断难题。简单地剪切、粘贴病人的病史,输入到"伊沙贝尔"中,就可以得到10~30个诊断列表。这些列表中75%的情况下涵盖了经过《新英格兰医学期刊》(往往通过尸体解剖)证实为正确的诊断。如果再进一步手动把搜索结果输入到更精细的对话框中,"伊沙贝尔"的正确率就可以提高到96%。"伊沙贝尔"不会挑选出一种诊断结果。"'伊沙贝尔'不是万能的。"布里托说。"伊沙贝尔"甚至不能判断哪种诊断最有可能正确,或者给诊断结果排序。不过,把可能的病因从11 000种降低到30种未经排序的疾病,已经是重大的进步了。

5.5.3 大数据分析使数据决策崛起

大数据分析将使诊断预测更加准确。目前这些软件所分析的基本上仍是期刊文章。"伊沙贝尔"的数据库有成千上万的相关症状,但是它只不过是每天把医学期刊上的文章堆积起来而已。然后,一组配有像谷歌这样的语言引擎辅助的医生搜索与某个症状相关的已公布的症状,并把结果输入到诊断结果数据库中。

在传统医学诊疗下,如果去看病或者住院治疗,看病的结果决不会对集体治疗知识有帮助——除非在极个别的情况下,医生决定把你的病例写成文章投到期刊,或者你的病例恰好是一项特定研究的一部分。从信息的角度来看,患者当中大部分人都白白死掉了,其生死对后代起不到任何帮助。

医疗记录的迅速数字化意味着医生们可以利用包含在过去治疗经历中丰富的整体信息,这是前所未有的。未来一两年内,"伊沙贝尔"就能够针对你的特定症状、病史及化验结果给出患某种疾病的概率,而不仅仅是给出不加区分的一系列可能的诊断结果。

有了数字化医疗记录,医生们不再需要输入病人的症状,并向计算机求助。"伊沙贝尔"可以根据治疗记录自动提取信息,并做出预测。实际上,"伊沙贝尔"已经与NextGen(下一代)合作研发出一种结构灵活的输入区软件,以抓取最关键的信息。在传统的病历记录中,医生非系统地记下很多事后看来不太相关的信息,而NextGen系统地收集从头至尾的信息。从某种意义上来说,这使医生不再单纯地扮演记录数据的角色。医生得到的数据就比让他自己做病历记录所能得到的信息要丰富得多,因为医生自己记录得往往很简单。

对大量新数据的大数据分析能够使医生历史上第一次有机会即时判断出流行性疾病。诊断时不应该仅仅根据专家筛选过的数据,还根据使用该医疗保健体系的数百万民众的看病经历,数据分析最终的确可以更好地决定如何诊断。

大数据分析使数据决策崛起。它让你在回归方程的统计预测和随机试验的指导下进行决策——这是循证医学真正想要的。大多数医生(正如已经看过和即将看到的其他决策者一样)仍然固守成见,认为诊断是一门经验和直觉最为重要的艺术。但对于大数据技术来说,诊断只不过是另一种预测而已。

【作　　业】

1. 传统医学以个人经验、经验医学为主,即根据(　　)的临床经验、临床资料和对疾病基础知识的理解来诊治病人。

　　A. 实验性　　　　B. 经验性　　　　C. 非经验性　　　　D. 非实验性

2. 循证医学意为"遵循证据的医学",其核心思想是医疗决策(即病人的处理,治疗指南和医疗政策的制定等)应(　　)。

　　A. 重视医生个人的临床实践

　　B. 在现有的最好的临床研究依据基础上做出,同时也重视结合个人的临床经验

　　C. 在现有的最好的临床研究依据基础上做出

　　D. 根据医院X光、CT等医疗检测设备的检查

3. 医生应该特别重视统计数据的这种观点,直到今天( )。
   A. 仍颇受争议　　B. 被广泛认同　　C. 无人知晓　　D. 病人不欢迎

4. 在医疗保健方面的应用,除了分析并指出非自然死亡的原因之外,( )数据同样也可以增加医疗保健的机会、提升生活质量、减少因身体素质差造成的时间和生产力损失。
   A. 小　　B. 大　　C. 非结构化　　D. 结构化

5. 安妮·沃西基2006年创办了DNA测试和数据分析公司( )。公司并非仅限于个人健康信息的收集和分析,而是将眼光放得更远,将大数据应用到个人遗传学上。
   A. 23andMe　　　　　　　　B. 23andDNA
   C. 48andYou　　　　　　　D. GoogleAndDna

6. 值得一提的是,存储人类基因数据( )。
   A. 需要占据很大的空间　　　　B. 并不需要多少空间
   C. 几乎不占空间　　　　　　　D. 目前的计算技术无法承担

7. ( )使得健康信息的检测变得更简单易行。低成本的个人健康检测程序以及相关技术甚至"唤醒"了全民对个人健康的关注。
   A. 报纸上刊载的自我检测表格　　B. 手机上流传的健康保健段子
   C. 可穿戴的个人健康设备　　　　D. 现代化大医院的门诊检查

8. 电子健康档案、DNA测试和新的成像技术在不断产生大量数据。收集和存储这些数据对于医疗工作者而言是( )。
   A. 是容易实现的机遇　　　　　B. 是难以接受的挑战
   C. 是一件额外的工作　　　　　D. 既是挑战也是机遇

9. 儿科医生唐·博威克长期以来一直致力于减少医疗事故。博威克认为,医学护理在很多方面可以学习航空业,( )。
   A. 医生的自由度越大,病人就会越安全
   B. 医生的自由度越少,病人就会越安全
   C. 医生的自由度与病人无关
   D. 乘务员和空姐享有很大的自由度

10. 循证医学运动之前的医学实践受到了医学研究成果缓慢低效的传导机制的束缚,要使统计分析有影响力,就需要有一些能够将分析结果传达给决策制定者的传导机制。( )分析的崛起往往伴随着并受益于传播技术的改进。
    A. 算法　　B. 盈利　　C. 气候　　D. 大数据

11. 循证医学的倡导者们从最开始就意识到( )技术的重要性,它使得从业医生可以从数量巨大且时时变化的医学研究资料中提取出高质量的相关信息。
    A. 论文翻译　　B. 知识获取　　C. 信息追索　　D. 病历撰写

12. 牛津大学循证医学中心研发的( )使医生能够迅速地了解病案证据的质量。这种简洁标注证据质量很可能成为循证医学运动最有影响力的部分。从业医生评估统计研究提出的建议时,可以更好地了解自己能在多大程度上信赖这种建议。
    A. 论文收集追溯法　　　　　　B. 病历证据评价法

C. 信息追索验证法　　　　　　　　D. 15 等级分类法

13. 循证医学的成功就是(　　)的成功,它使决策的制定不仅基于数据或个人经验,而且基于系统的统计研究。

　　A. 色谱分析　　B. 数据决策　　C. 信息追索　　D. 数据积累

14. 迄今为止,医学的数据决策还主要限于治疗问题。几乎可以肯定的是,下一个高峰会出现在(　　)环节上。

　　A. 诊断　　B. 手术　　C. 化验　　D. 住院

15. 一个名叫"伊沙贝尔"的"(　　)"软件项目使医生可以在输入病人的症状后就得到一系列最可能的病因。大数据分析对于相关性的预测对"伊沙贝尔"的成功至关重要。

　　A. 录入-编辑-分析　　　　　　B. 诊断-决策支持
　　C. 信息追索-输出　　　　　　D. 配伍禁忌-预防

16. 在传统医学诊疗的情况下,如果你去看病或者住院治疗,你看病的结果一般不会对集体治疗知识有帮助——从(　　)的角度来看,患者中大部分人都白白死掉了,其生死对后代起不到任何帮助。

　　A. 信息　　B. 医药　　C. 个体　　D. 检验

17. (　　)意味着医生们不再需要输入病人的症状并向计算机求助,而可以利用包含在过去治疗经历中丰富的整体信息,这是前所未有的。

　　A. 借助于医学生助手　　　　　B. 更精确的化验手段
　　C. 数字化医疗记录　　　　　　D. 更先进的生化检测

18. 对大量新数据的(　　)能够使医生历史上第一次有机会即时判断出流行性疾病。

　　A. 数学运算　　B. 大数据分析　　C. 统计处理　　D. 随机获取

19. 如今,大多数医生仍然认为诊断是一门(　　)最为重要的艺术。但对于大数据技术来说,诊断只不过是另一种预测而已。

　　A. 经验和直觉　　B. 检测和实验　　C. 化验与分析　　D. 陈述与判断

20. 循证医学真正想要的,是大数据分析使(　　),让人们在回归方程的统计预测和随机试验的指导下进行决策。

　　A. 智慧应用普及　　　　　　　B. 医疗不再复杂
　　C. 诊断精确实现　　　　　　　D. 数据决策崛起

【实验与思考】　熟悉大数据在医疗健康领域的应用

1. 实验目的

(1) 了解传统医学与循证医学,理解大数据对循证医学的促进作用。

(2) 通过因特网搜索与浏览,了解更多大数据变革公共卫生的典型案例,加深理解大数据在医疗与健康领域的应用前景。

2. 工具/准备工作

在开始本实验之前,请认真阅读课程的相关内容。

需要准备一台带有浏览器,能够访问因特网的计算机。

3．实验内容与步骤

(1) 本章课文中例举了哪些大数据促进医疗与健康的典型案例,这些案例带给你哪些启发?

答：_____
_____
_____

(2) 请思考并分析：大数据环境下的医疗信息数字化与传统医学的医院管理信息系统(HMIS)有什么不同?

答：_____
_____
_____

(3) 为什么说在大数据时代,循证医学的成功就是数据决策的成功？请简述之。

答：_____
_____
_____

(4) "谷歌预测流感"是众多大数据相关文献中的经典案例,请认真阅读与分析此案例,并简单叙述你对这个案例的理解。

答：_____
_____
_____
_____

4．实验总结

_____
_____
_____

5．实验评价(教师)

_____
_____
_____

第 6 章

大数据激发创造力

【导读案例】

脸书的设计决策

脸书是全球第一大社交网络服务网站(图6-1),拥有约9亿用户,于2004年2月4日上线,主要创始人为美国人马克·扎克伯格。据说,网站的名字"脸书"来自传统的纸质"花名册",通常美国的大学和预科学校把这种印有学校社区所有成员的"花名册"发放给新来的学生和教职员工,帮助大家认识学校的其他成员。

图 6-1 脸书

这样一个公司,其任何设计决策都影响了很多人。因此,大多数情况下,当脸书改变其设计决策时,用户一般都不会接受这种改变。事实上,他们还会讨厌这种改变。

2006年,当脸书首次推出新闻供稿功能时,几十万名学生对这一举措提出了抗议,而当时,社交网站的用户仅有800万人。然而在后来,新闻供稿功能发展成为该网站最受欢迎的功能之一。脸书的产品总监亚当·莫瑟里曾这样说过,新闻供稿功能是网站流量和参与度的主要驱动力。这就解释了为什么脸书在做决策时会采取莫瑟里提到的数据启示方法,而不是数据驱动型方法。莫瑟里指出,许多竞争因素会启示产品的设计决策,并强调了6种因素:定量数据、定性数据、战略利益、用户利益、网络利益和商业利益。

定量数据揭示了人们实际上是如何使用脸书产品的。例如,上传照片用户的百分比,或一次上传多张照片的用户的百分比。

据莫瑟里称,85%的网站内容是由20%的脸书用户(每月登录时间超过25天的用户)生成的。因此,保证更多的用户会在网站上生成内容(例如上传照片)至关重要。

定性数据是类似于眼球追踪研究结果这类的数据。浏览网页时,眼球追踪研究会对眼球的运动情况进行观察。眼球追踪研究还会为产品设计师提供关键的信息,使他们了解网页元素是否可被发现以及发布的信息是否有用。这种研究会为观察者提供两种以上的不同设计,让他们看到哪种设计会产生更多的信息保留,这对数字书籍设计或新闻网站建设非常重要。

莫瑟里还强调了脸书的问答服务,即向好友提出问题并获得答案,它是战略利益的一个有效例子。这些利益可能会与其他利益竞争,或对其他利益造成强烈的冲击。在问答服务中,回答问题所需输入的字段将会对"用户在思考什么"造成强烈的冲击。

网络利益包含许多因素,如市场竞争以及私人群体或政府带来的监管问题。比如,脸书必须将欧盟的输入功能并入其地址功能中。最后,还要提到商业利益因素,这些因素会影响创收和赢利能力。

创收可能会与用户增长和参与度相互竞争。网站上发布的广告越多,在短期内可能会产生更多的收入,但是从长期来看,用户的参与度会下降。

莫瑟里指出,专门依靠数据驱动做决策所面临的挑战之一是局部最大化的优化风险。他举了两个例子来说明这一问题:脸书的照片和应用程序。

脸书上传原始照片的设备是一个可供下载的软件,用户必须将这种软件安装在他们的网页浏览器中。使用苹果计算机的 Safari 浏览器时,用户会接收到这样一个可怕的警告:"脸书的一个小程序请求访问您的计算机。"使用 IE 浏览器时,用户必须下载 Active X 控件,这是一种在浏览器内部运行的软件。但是,要想安装这种控件,他们必须首先找到一个 11 像素的黄色条形框——当控件存在时,这个黄色条形框会向他们发出提醒。

设计团队发现,大约有 120 万名用户收到安装上传软件的要求,但只有 37% 的用户会照做。一些用户已经安装了上传软件,但大多数用户没有安装。所以,脸书要尽可能地优化这种照片上传体验。设计团队不得不重新审视照片上传的整个过程,他们必须保证整个过程的操作更加便捷。在这种情况下,大数据可以帮助脸书实现增量改进,但它并不能为这个团队提供一种全新的设计,即一个基于全新上传工具的设计。

而随着脸书应用程序的出现,比如像《黑帮战争》和《边境小镇》这类广为人知的游戏,脸书在其网站上设置了导航栏,这种设计反而限制了这些应用程序的访问量。虽然设计团队在现有的布局中实现增量改进,但是这种改进的影响不是很大。

正如莫瑟里所言,"真正的创新通常会导致数据变差"。虽然数据变差往往会导致短期的不适应(新闻供稿功能就是这样的例子),但从长远来看,这些活动会带来深远的影响。脸书的设计不受这些短期数据的支配。在谈到脸书以往的设计时,莫瑟里强调说:"我们已经自主设计了很多产品。"如果你感觉这些话听起来有点耳熟,那是因为另一家知名的技术企业也是用这种方式来设计产品的。

阅读上文,请思考、分析并简单记录:

(1) 你怎么理解"大多数情况下,当脸书改变其设计决策时,用户一般都不会接受这种改变。事实上,他们还会讨厌这种改变"? 你还能举出类似这样的例子吗?(考虑 QQ、微信、网游、手游的发展。)

答：_____

_____

（2）哪 6 种因素会影响脸书的产品设计决策？

答：_____

_____

_____

（3）"真正的创新通常会导致数据变差"，那为什么还要创新设计？

答：_____

_____

_____

（4）请简单描述你所知道的上一周发生的国际、国内或者身边的大事。

答：_____

_____

_____

大数据帮助改善设计

6.1 大数据帮助改善设计

通常，设计师往往认为创造力与数据格格不入，甚至会阻碍创造力的发展。但实际情况是，数据在确定设计改变是否可以帮助更多的人完成他们的任务或实现更高的转换方面，可谓大有裨益。

数据可以帮助改善现有的设计，但数据并不能为设计者提供一种全新的设计。它可以改善网站，但它不能从无到有地创造出一个全新的网站。换句话说，在提到设计时，数据可能会有助于实现局部最大化，而不是全局最大化。当设计无法正常运作时，数据也会向你发布通知。

不管是游戏、汽车还是建筑物，这些不同领域的设计有一个共同的特点，就是其设计过程在不断变化。从设计研发到最终对这种设计进行测试，这一循环过程会随着大数据的使用而逐渐缩短。从现有的设计中获取数据，并搞清楚问题所在，或弄懂如何大幅度改善的过程也在逐渐加快。低成本的数据采集和计算机资源，在加快设计、测试和重新设计这一过程中发挥了很大的作用。反过来说，不仅人们自己研发的设计能够接受到启示，设计程序本身也会如此。

6.1.1 少而精是设计的核心

苹果公司的产品设计一向为世人所称道（图 6-2），其前任高级工程经理迈克尔·洛拍和约翰·格鲁伯曾谈到为什么苹果公司总是能够创造卓越的设计。

图 6-2　苹果早期产品原型的简约设计

第一，苹果认为良好的设计就像一件礼品。苹果不仅专注于产品的设计，还注重产品的包装。"预期的建立会使产品在现身时，为用户带来一种享受。"对于苹果公司来说，每个产品都是一个礼品，礼品内又包裹着层层惊喜：iPad、iPhone 或 MacBook 的包装、外观和触觉，乃至产品内部运行的软件都会给人一种惊喜。

第二，"拥有完美像素的样机至关重要"。苹果的设计师们会对潜在的设计进行模拟，甚至还会对像素进行模拟。这种方法打消了人们对产品外观的疑虑。不像多数样机中使用的拉丁文本 Lorem ipsum（注：印刷排版业中常用到的一个测试用的虚构词组，其主要目的是为测试文章或文字在不同字形、版型下看起来的效果），苹果的设计师们甚至还在样机上设计出了正式的文本。

第三，苹果的设计师们往往会为一种潜在的新功能研发出 10 种设计方案。之后，团队会从这 10 种方案中选出 3 种，然后再从中选出最终的设计。这就是所谓的 10∶3∶1 的设计方法。

第四，苹果的设计团队每周都会召开两次不同类型的会议。在头脑风暴会议上，所有人都能不受限制地发挥想象力，他们不会去考虑什么方法可行。生产会议则专注于结构和进度的实用性。除此之外，苹果还采取一些其他的措施，以保证自己的设计卓尔不群。

众所周知，苹果公司不做市场调查，相反，公司员工只专注于设计他们自己想要的产品。主管设计的高级副总裁乔纳森·伊夫曾说过，苹果大多数的核心产品都是由一个不到 20 人的小型设计团队设计出来的。苹果公司软硬件兼备，这就使得公司能够为用户提供集最佳体验于一身的产品。更重要的是，公司以少而精作为设计的核心，这就保证了公司能够提供精益求精的产品，公司"对完美有一种近乎疯狂的关注"。

苹果产品具有简单、优雅、易于使用等特征。该公司在产品设计上花费的心血并不比产品的功能设置要少。乔布斯曾说过，伟大的设计并不仅仅在于产品的唯美主义价值，还关注产品的功能。除了要保证产品的美观外，最基本的还是要使它们易于使用。

6.1.2　与玩家共同设计游戏

大数据在高科技的游戏设计领域中也发挥着至关重要的作用。通过分析，游戏设计者可以对新保留率和商业化机会进行评估，即使是在现有的游戏基础之上，也能为用户提供令人更加满意的游戏体验。通过对游戏费用等指标的分析,游戏设计师们能吸引游戏玩家,提高保留率、每日活跃用户和每月活跃用户数、每个游戏玩家支付的费用以及游戏玩家每次玩游戏花费的时间。Kontagent公司则为收集这类数据提供辅助工具。该公司曾与成千上万的游戏工作室合作过,以帮助它们测试和改进它们发明的游戏。游戏公司通过定制的组件来发明游戏。他们采用的是内容管道方法,其中的游戏引擎可以导入游戏要素,这些要素包括图形、级别、目标和挑战,以供游戏玩家攻克。这种管道方法意味着,游戏公司会区分不同种类的工作,比如对软件工程师的工作和图形艺术家及级别设计师的工作进行区分。通过设置更多的关卡,游戏设计者更容易对现有的游戏进行拓展,而无须重新编写整个游戏。

相反,设计师和图形艺术家只需创建新级别的脚本,添加新挑战,创造新图形和元素。这也就意味着,不仅游戏设计者可以添加新级别,游戏玩家也可以这么做,或者至少可以设计新图形。

游戏设计者斯科特·休梅克还表明,利用数据驱动来设计游戏,可以减少游戏创造过程中的相关风险。不仅是因为许多游戏很难通关成功,而且,就财务方面而言,通关成功的游戏往往并不成功。正如休梅克曾指出的,好的游戏不仅关乎良好的图形和级别设计,还与游戏的趣味性和吸引力有关。在游戏发行之前,游戏设计师很难对这些因素进行正确的评估,所以游戏设计的推行、测试和调整至关重要。通过将游戏数据和游戏引擎进行区分,很容易对这些游戏中的元素进行调整,如《吃豆人》游戏中小精灵吃豆的速度。

6.1.3 以人为本的汽车设计理念

福特汽车(图6-3)的首席大数据分析师约翰·金德认为,汽车企业坐拥海量的数据信息,"消费者、大众及福特自身都能受益匪浅。"2006年左右,随着金融危机的爆发以及新任首席执行官的就职,福特公司开始更加乐于接受基于数据得出的决策,而不再单纯凭直觉做出决策。公司在数据分析和模拟的基础上提出了更多新的方法。

福特公司的不同职能部门都会配备数据分析小组,如信贷部门的风险分析小组、市场营销分析小组、研发部门的汽车研究分析小组。数据在公司发挥了重大作用,因为数据和数据分析不仅可以解决个别战术问题,而且对公司持续战略的制定来说也是一笔重要的资产。公司强调数据驱动文化的重要性,这种自上而下的度量重点对公司的数据使用和周转产生了巨大的影响。

福特还在硅谷建立了一个实验室,以帮助公司发展科技创新。公司获取的数据主要来自于大约400万辆配备有车载传感设备的汽车。通过对这些数据进行分析,工程师能够了解人们驾驶汽车的情况、汽车驾驶环境及车辆响应情况。所有这些数据都能帮助改善车辆的操作性、燃油的经济性和车辆的排气质量。利用这些数据,公司对汽车的设计进行改良,降低了车内噪声(会影响车载语音识别软件),还能确定扬声器的最佳位置,以便接收语音指示。

设计师还能利用数据分析做出决策,如赛车改良决策和影响消费者购买汽车的决策。举例来说,潘世奇车队设计的赛车不断在比赛中失利。为了弄清失利的原因,工程师为该

图 6-3　福特汽车中国网站

车队的赛车配备了传感器,这种传感器能收集到 20 多种不同变量的数据,如轮胎温度和转向等。虽然工程师已对这些数据进行了两年的分析,他们仍然无法弄清楚赛车手在比赛中失利的原因。

而数据分析型公司 Event Horizon(视界)也收集了同样的数据,但其对数据的处理方式完全不同。该公司没有从原始数字入手,而是通过可视化模拟来重视赛车改装后在比赛中的情况。通过可视化模拟,他们很快就了解到,赛车手转动方向盘和赛车启动之间存在一段滞后时间。赛车手在这段时间内会做出很多微小的调整,所有这些微小的调整加起来就占据了不少时间。

由此可以看出,仅仅拥有真实的数据是远远不够的。就大数据的设计和其他方面而言,能够以正确的方式观察数据才是至关重要的。

6.1.4 寻找最佳音响效果

大数据还能帮助我们设计更好的音乐厅。20世纪末,哈佛大学的讲师 W. C. 萨宾开创了建筑声学这一新领域。

研究之初,萨宾将福格演讲厅(听众认为其声学效果不明显)和附近的桑德斯剧院(声学效果显著)进行了对比。在助手的协助下,萨宾将坐垫之类的物品从桑德斯剧院移到了福格演讲厅,以判断这类物品对音乐厅的声学效果会产生怎样的影响。萨宾和他的助手在夜间开始工作,经过仔细测量后,他们会在早晨到来之前将所有物品放回原位,从而不影响两个音乐厅的日间运作。

经过大量的研究,萨宾对混响时间(或称"回声效应")做出了这样一个定义:它是声音从其原始水平下降 60dB 所需的秒数。萨宾发现,声学效果最好的音乐厅的混响时间为 2~2.25s。混响时间太长的音乐厅会被认为过于"活跃",而混响时间太短的音乐厅会被认为过于"平淡"。混响时间的长短主要取决于两个因素:房间的容积和总吸收面积,或现有吸收面积。在福格演讲厅中,所听到的说话声大约能延长 5.5s,萨宾减少了其回音效果,并改善了它的声学效果。后来,萨宾还参与了波士顿音乐厅(图 6-4)的设计。

图 6-4 波士顿音乐厅

继萨宾之后,该领域开始呈现蓬勃的发展趋势。如今,借助模型,数据分析师不仅对现有音乐厅的声学问题进行评估,还能模拟新音乐厅的设计。同时,还能对具有可重新配置几何形状及材料的音乐厅进行调整,以满足音乐或演讲等不同的用途,这就是其创新所在。

具有讽刺意味的是,许多建于19世纪后期的古典音乐厅的音响效果可谓完美,而那些近期建造的音乐厅则达不到这种效果。这主要是因为如今的音乐厅渴望容纳更多的席位,同时还引进了许多新型建材以使建筑师设计出几乎任何形状和大小的音乐厅,而不再受限于木材的强度和硬度。现在建筑师正试图设计新的音乐厅,以期能与波士顿和维也纳音乐殿堂的音响效果匹敌。音质、音乐厅容量和音乐厅的形状可能会出现冲突。而通过利用大数据,建筑师可能会设计出跟以前类似的音响效果,同时还能使用现代化的建筑材料来满足当今的座席要求。

6.1.5 建筑,数据取代直觉

建筑师还在不断将数据驱动型设计推广至更广泛的领域。正如LMN建筑事务所的萨姆·米勒指出的,老建筑的设计周期是:设计、记录、构建和重复。只有经过多年的实践才能完全领会这一过程,一个拥有20多年设计经验的建筑师或许只见证过十几个这样的设计周期。随着数据驱动型架构的实现,建筑师已经可以用一种迭代循环过程来取代上述过程了,该迭代循环过程即模型、模拟、分析、综合、优化和重复。就像发动机设计人员可以使用模型来模拟发动机的性能一样,建筑师如今也可以使用模型来模拟建筑物的结构。

据米勒讲,他的设计组如今只需短短几天的时间就可以模拟成百上千种设计,他们还可以找出哪些因素会对设计产生最大的影响。米勒说:"直觉在数据驱动型设计程序中发挥的作用在逐渐减少。"而且,建筑物的性能要更加良好。

建筑师并不能保证研究和设计会花费多少时间,但米勒说,数据驱动型方法使这种投资变得更加有意义,因为它保证了公司的竞争优势。通过将数据应用于节能和节水的实践中,大数据也有助于绿色建筑的设计。通过评估基准数据,建筑师如今可以来判断出某个特定的建筑物与其他绿色建筑的区别所在。美国环保署的在线工具"投资组合经理"就应用了这一方法。它的主要功能是互动能源管理,它可以让业主、管理者和投资者对所有建筑物耗费的能源和用水进行跟踪和评估。

萨菲拉公司还设计了一种基于Web的软件,软件利用专业物理知识,能够提供设计分析、知识管理和决策支持。有了这种软件,用户就可以对不同战略设计中的能源、水、碳和经济利益进行测量和优化。

6.2 大数据操作回路

几十年来,理解数据是数据分析师、统计学家们的事情。业务经理要想提取数据,不仅要等IT部门收集到主要数据,还要等分析师们将数据汇聚并分析理解之后才能处理。大数据应用程序的前景不仅是收集数据的能力,还有利用数据的能力,而且对数据的利用不需要采用只有统计学家们才会使用的一系列工具。通过让数据变得更易获取,大数据应用程序将使组织机构一个产品线、一个产品线地变得更依赖于数据驱动。不过,即使我们有了数据和利用数据所需的相关工具,要做到数据化还是有相应的难度的。

数据驱动要求我们不仅要掌握数据,挑出数据,还必须基于相关数据来制定决策。这样,我们既要有信心,即相信数据;也要有足够的信念,即使大众的意见与之相左,也要基于数据进行决策。我们将其称为大数据操作回路(图6-5)。

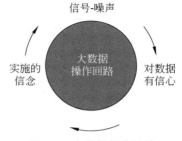

图6-5 大数据操作回路

6.2.1 信号与噪声

从历史的角度看,获取和处理数据都很麻烦,因为通常数据并不集中在一个地方。公司内部数据分布在一系列不同的数据库、数据存储器和文件服务器之中,而外部数据则分布在市场报告、网络以及其他难以获取数据的地方。

大数据的挑战和优势就在于,它通常会将所有数据集中到一个地方,这就意味着有可能通过处理更多相关数据,得到更丰富的内涵——工程师们将这些数据称为信号,当然,这也意味着有更多的噪声——与结论不相关的数据和甚至会导致错误结论的数据。

如果计算机或人不能理解数据,那么仅仅将数据集中到一块也起不了什么作用。大数据应用程序有助于从噪声中提取信号,以加强我们对数据的信心,提升基于数据进行决策的信念。

6.2.2 大数据反馈回路

在你第一次摸到滚烫的火炉的时候,第一次把手伸进电源盒的时候,或者第一次超速行驶的时候,会经历一次反馈回路。不管你是否意识到,都会进行测算并分析其结果,这个结果会影响未来的行为。我们把这称之为"大数据反馈回路",而这也是成功的大数据应用程序的核心所在(图 6-6)。

图 6-6 大数据反馈回路

通过测算,你会发现摸滚烫的火炉或者被电击会让你感到疼痛,超速行驶会给你招来昂贵的罚单或者车祸。不过,你要是侥幸逃过了这些,可能会觉得超速行驶很爽。

不管结果如何,所有的行为都会给你反馈。你会把这些反馈融入你的个人数据图书馆中,然后根据这些数据改变你未来的行为方式。你要是有过那么一次很爽的超速行驶的经历,在未来,可能会更多地选择超速行驶。如果你有过被火炉烫到的不爽的经历,可能以后在摸火炉之前会先确认它是否烫手。涉及大数据的时候,这种反馈回路至关重要。单纯动手收集和分析数据并不够,还必须有从数据中得出一系列结论的能力以及对这些结论的反馈,以确认这些结论的正误。模型融入的数据越相关,越能得到更多关于假设的反馈,因而见解也就越有价值。

过去运行这种反馈回路速度慢、时间长。比如,收集销售数据,然后试图总结出能促进消费者购买的定价机制或产品特征。调整价格、改变产品特征并再次进行试验。问题就在于,总结出分析结果,并调整了价格和产品的时候,情况又发生了变化。

大数据的好处在于,如今能够以更快的速度运行这种反馈回路。比如,广告界的大数据应用程序需要通过提供多种多样的广告才能得知哪个广告最奏效,这甚至能在细分基础上得以实现——他们能判断出哪个广告对哪种人群最奏效。人们没法做这种 A 或 B 的测算——展示不同的广告来知道哪个更好,或哪个见效更快。但是计算机能大量地进行这种测算,不仅在不同的广告中间进行选择,还能自行修订广告——不同的字体、颜色、尺寸或图片,以确定哪些最有效。这种实时反馈回路是大数据最具力量的一面,即大量收集数据并迅速就许多不同方法进行测算和行动的能力。

6.2.3 最小数据规模

随着大数据的不断推进,收集和存储数据不再是什么大问题了,相反,如何处理数据变成了一个棘手的问题。一个高效的反馈回路需要一个足够大型的测试装置——配有网站访问量、销售人员的号召力、广告的浏览量等。这种测试装置称为"最小数据规模",它是指要运行大数据反馈回路并从中得出有意义的洞悉所需要的最小数据量(图6-7)。

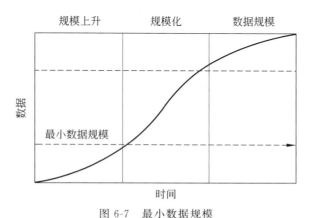

图6-7 最小数据规模

最小数据规模意味着公司有足够的网站访问量、足够的广告浏览量,或者足够的销售前景信息,使得决策者能基于这些测试得出有效的结论,并制定决策。当公司达到最小数据规模的要求时,就可以利用大数据应用程序告知销售人员下一步应该打电话给谁,或确定哪个广告有助于实现最高的折现率,或者给读者推荐正确的电影或书籍。当公司的数据集如此巨大,已经变成一项竞争优势的时候,就成为像亚马逊、谷歌、脸书这样的公司。

6.2.4 大数据应用程序优势与作用

大数据应用程序的优势就在于它负责运行大数据的部分或全部反馈回路。一些大数据应用程序,比如强大的分析和可视化应用,能把数据放在一个地方,并对其可视化,然后人们能决定下一步该做什么。还有一些大数据应用程序可以自动测试新方法,并决定下一步做什么,比如自动投放广告和网站优化。

现今的大数据应用程序在实现全球数据规模最大化的过程中所起的作用并不大。但它们可以最大限度地优化当地的数据规模,使之最大化。它们能投放合适的广告,优化网页,告知销售人员电话营销的对象,还能在销售人员打电话的过程中指点他,告诉他应该说些什么。

6.3 情感分析

情感分析是一种特殊的文本分析,侧重于确定个人的偏见或情绪。通过对自然语言语境中的文本进行分析来判断作者的态度。情感分析不仅提供关于个人感觉的信息,也提供感觉的强度。此信息可以被整合到决策阶段。常见的情感分析包括识别客户的满意或不满程度,测试产品的成功与失败和发现新趋势。

例如,一个冰激凌公司会想了解哪种口味的冰激凌最受小孩欢迎。仅有销量数据并不能提供此信息,因为消费冰激凌的小孩并不一定是冰激凌的买家。情感分析被用于存档客户在冰激凌公司网站留下的反馈来提取信息,尤其是关于小孩对于特定口味偏好的信息。

情感分析适用的样例问题可以如下:
- 如何测量客户对产品新包装的反应?
- 哪个选手最可能成为歌唱比赛的赢家?
- 顾客的流失量可以用社交媒体的评论来衡量吗?

6.3.1 数据情感和情感数据

情感和行为是交互的。周围的事物影响着你,决定了你的情感。如果你的客户取消了订单,你会感到失望。反过来,你的情感也会影响行为。你现在心情愉快,因此决定再给修理工一次机会来修好你的车。

情感有时并不在预测分析所考虑的范畴内。因为情感是变幻不定的因素,无法像事实或数据那样被轻易记录在表格中。情感主观且转瞬即逝。诚然,情感是人的一种重要的状态,但情感的微妙使得大部分科学都无法对其展开研究。

1. 从博客观察集体情感

2009 年,伊利诺伊大学的两位科学家试图将两个看似并不相关的科研领域联系起来,以求发现集体情感和集体行为之间的内在关系。他们不仅要观测个体的情感,还要观测集体情感,即人类作为整体所共有的情感。从事这项宏大研究的就是当时还在攻读博士学位的埃里克·吉尔伯特以及他的导师卡里·卡拉哈里奥斯。他们希望能实现重大的科研突破,因为人们从来不知该如何解读人类的整体情感。

此外,埃里克和卡里还想从真实世界人类的自发行为中去观测集体情感,而不仅仅是在实验室里做试验。那么,应该从哪些方面去观测这些集体情感?脑电波和传感器显然不合适。一种可能性是,我们的文章和对话会反映我们的情感。但报纸杂志上的文章主题可能太狭隘,在情感上也缺乏连贯性。为此,他们将目光集中在另一个公共资源上:博客。

博客记载了我们的各种情感。互联网上兴起的博客浪潮将此前私密、内省的日记写作变成了公开的情感披露。很多人在博客上自由表达自己的情感,没有预先的议程设置,也没有后续的编辑限制。每天互联网上大约会增添 86.4 万篇新的博客,作者在博客中袒露着各类情感,或疾呼,或痛楚,或狂喜,或惊奇,或愤怒,在互联网上自愿吐露自己的心声。从某种意义上说,博客的情感也代表着普罗大众的情感,因此,我们可以从博客上读到人类的整体情感。

2. 预测分析博客中的情绪

在设计如何记录博客中的情绪时,两位科学家选择了恐惧和焦虑两种情绪。在所有情绪中,焦虑对人们的行为有很重要的影响。心理学研究指出:恐惧会让人规避风险,而镇静则能让人自如行事。恐惧会让人以保守姿态采取后撤行为,不敢轻易涉险。

要想记录这些情感,第一步就是要发现博客中的焦虑情绪。要想研发出能探测到焦虑情绪的预测分析系统,首先就要有充分的含有焦虑情绪的博客样本,这将为预测模型的研发提供所需的数据,帮助区分哪些博客中蕴含着焦虑情绪,哪些博客中蕴含着镇静情绪。

埃里克和卡里决定从综合型交友博客网站 LiveJournal 入手。在这家网站上,作者发表博文之后,可从 132 项"情绪"选项中选择文章的对应标签(图 6-8),这些情绪包括愤怒、忙碌、醉酒、轻佻、饥渴以及劳累等。如果每次作者都能输入情绪标签,他就能获得若干情绪图标,这是代表某种情绪的有趣的表情符号。例如,"害怕"的表情符号就是惊恐的表情和睁大双眼。有了这些情绪标签后,内容各异的博客就与作者的情感构建了联系。语言是模糊和间接的情感表达方式,而我们通常都无法直接看到作者的主观内在情感。

图 6-8　QQ 的情绪图标

两位研究者以从 2004 年开始的 60 万篇博客为研究对象,从中选择那些被作者打上"焦虑""担忧""紧张"和"害怕"标签的文章,大约有 1.3 万篇,有这些标签的文章被认定是在表达焦虑情绪。这些文章被当作样本,并在此基础上建立了预测模型,由此来预测某博客是否在表达焦虑情绪。

大部分在 LiveJournal 上发表的博客都没有对应的情绪标签,其他网站发表的博客也大都没有情绪标签,因此需要研发出预测模型来探知人类博客中的情感。大部分博客都不会直接谈论情感,因此只能通过博主所写的内容来分析推导出其主观情感。预测模型就是要发挥这样的分析作用。与其他预测模型一样,博客情绪预测模型的主要功能也是对那些此前没有经过分析的文章给出焦虑情绪分数。

这次,预测模型应对的是复杂多变的人类语言,为此,焦虑情绪预测模型的预测流程相对要简单和直接一些,即看文章里是否出现某些关键词,然后加以运算。这些预测模型并不是要完全理解博客的内容。例如,预测模型的某项参考指标是看博客内容里表达焦虑的词汇,如"紧张""害怕""面试""医院"等,以及文章里面是否缺乏那些非焦虑博客中常见的词汇,如"太好了""真棒""爱"等。

尽管焦虑情绪预测模型并不能做到尽善尽美,但至少这样的模型可大致分析出集体情感。它每天只能发现28%~32%的焦虑情绪文章,但假设某天表达焦虑情绪的博客忽然比前一天翻了一倍,那么这一变化就不会被忽略。对那些被打上了焦虑情绪标签的博客,其识别是相对精确的,将非焦虑文章错认为焦虑文章的差错率仅在3%~6%。

埃里克和卡里根据当天蕴含焦虑情绪的博客数量的变化得出了焦虑指数,该指数大致上衡量了当天大众的焦虑程度。采用这种方法,人类整体情绪被视为一项可观测的指标,这两位研究者研发的系统通过解读大众的焦虑而得以反映集体情绪。有时,我们会相对镇静和放松;有时,我们则变得很焦虑。

LiveJournal网站作为大众的焦虑指数数据来源是合适的。埃里克和卡里说,这家博客网站"是公认的公共空间,人们在上面记录自己的个人思想和日常生活"。这家网站并不针对某些特定群体,而是向"从家庭主妇到高中学生"等各类人群开放。

继埃里克和卡里的研究后,很多后续研究都显示了人类集体情绪是如何波动的。例如,印第安纳大学的研究人员研发了一套相似的通过考察关键词观测情绪的系统,通过"镇静—焦虑"(与焦虑指数相似,但增加了镇静指数。例如,指数为正表示镇静,指数为负则表示焦虑)以及"幸福—痛苦"指数来描绘公众情绪。图6-9就是根据推特上的内容画出的2008年10~12月期间大众情绪波动图。该图显示,我们会在狂喜与绝望之间摇摆,这些剧烈波动的曲线表明我们是高度情绪化的。这段时间包括了美国总统大选和感恩节等重要日子,当选举日投票结束后,我们开始变得镇静,而感恩节当天,我们的幸福指数骤然飙升。

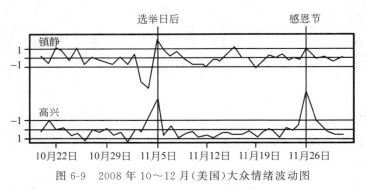

图6-9 2008年10~12月(美国)大众情绪波动图

但这种只针对几个重点日子的研究显然是不够的。尽管埃里克和卡里的焦虑指数很有创新性,但这并不能证明该指数的价值,也无法获得研究界广泛的认可。如果焦虑指数无法印证其价值,它可能会随着时间的推移而被湮没,为此,埃里克和卡里进行了进一步研究,要证明这个衡量主观情绪的指数与现实世界的实践存在客观联系。否则,我们就无法真正证明该系统成功把握了人类的集体情绪,那么,该研究项目的价值仅仅是"形成了一堆数字而已"。

3. 影响情绪的重要因素——金钱

埃里克和卡里将希望押在了情绪的重要影响因素上：金钱。显然，金钱足以影响我们的情绪。钱是衡量人过得如何的重要标准。因此，为何不观察我们的情感与财务状况之间的紧密关系呢？1972年的一个经典心理学实验表明，哪怕我们在公用电话亭发现有一块钱余额可用，心理也会产生莫大的满足感，进而使得幸福感陡增。"捡钱啦！"听到这句话时，每个人都会血脉贲张。无论如何，金钱与情感之间肯定存在某种联系，这将给埃里克和卡里的研究提供充分的证明。

股市是验证焦虑指数的理想场所（图6-10）。只有真正看到人们采取了集体行动，才能验证集体情绪指标确实有效，经济活动将是观测社会整体乐观和悲观情绪起伏的重要标准。除了科学意义上的验证之外，这项预测还带来了充满诱惑的应用前景：股市预测。如果集体情感能够影响到后续的股票走势，那么通过剖析博客中的大众情绪将有助于预测股价，这种新型的预测模型有可能带来巨额财富。

图6-10 股市是验证焦虑指数的理想场所

埃里克和卡里继续深入研究。埃里克选择了2008年几个月内的美国标准普尔股指[①]（美国股市的晴雨表）的每日收盘值，看看在这短短几个月中股指的无序涨跌是否与相同时期内焦虑指数的涨跌走势吻合。

要想证明焦虑指数的效力很难。刚开始时，两位研究者认为，只要一个月就能获得肯定结论，但他们无数次的尝试都以失败而告终。为此，他们与大学其他学科的专家讨论，包括数学、统计学和经济学的同事，也跟华尔街的金融工程师们讨论。但是，在他们正在摸索前行的科学领域，没有人能为他们指点迷津。卡里说："我们在黑暗中摸索了很长时间，当时并没有任何公认的研究方法。"经过一年半的尝试和挫折后，埃里克和卡里还是得不出结论。他们没有获取确凿的证据来证明其猜想。

这样的实验要耗费许多资源，埃里克和卡里也开始对研究项目的可行性提出了质疑。此时，他们必须思考何时放弃项目，并将损失控制在一定范围内。即便整体理论成立，大众情绪确实能影响到股市，那么焦虑指数是否能精确跟踪大众情绪的波动呢？

但新的希望又开始出现。当他们重新观察这些数据时，忽然又想到了新的方法。

4. 情感的因果关系

埃里克·吉尔伯特和卡里·卡拉哈里奥斯想要证明的是博客与大众情感是否存在联系，而不是探究这两者之间是否存在因果关系。"显然，我们不是在寻找因果关系。"他们

[①] 标准普尔500指数是由标准普尔公司1957年开始编制的。最初由425种工业股票、15种铁路股票和60种公用事业股票组成。从1976年7月1日开始，其成份股改由400种工业股票、20种运输业股票、40种公用事业股票和40种金融业股票组成。与道·琼斯工业平均股票指数相比，标准·普尔500指数具有采样面广、代表性强、精确度高、连续性好等特点，被普遍认为是一种理想的股票指数期货合约的标的。

在发表的某篇研究文章中写道。他们不需要去建立因果关系,他们想要证明的仅仅是焦虑指数每日波动与经济活动日常起落之间存在某种联系。如果这种联系存在,就足以证明焦虑指数能够反映现实而不是纯粹的主观臆想。为了寻求这种抽象联系,埃里克和卡里打破了常规。

6.3.2 焦虑指数与标普500指数

在普通的研究项目中,如果要证明两个事物之间存在联系,首先要假定两者之间存在某种确定的关系。有人认为埃里克和卡里的研究缺乏"可接受的研究方法",很难证明这种联系是真实的。当研究领域从个体的心理活动转向人类集体的情感变化时,摆在我们面前的是各种可能存在的因果关系。是艺术反映了现实,还是现实反映了艺术?博客反映了世界现象,还是推动了世界现象?人类的整体情感如何强化升级?情感是否会像涟漪那样在人群间传递?谈到集体心理时,弗洛伊德曾说:"组建团队最为明显也是最为重要的后果就是每个成员的'情感升华与强化'。"2008年,哈佛大学和其他一些研究机构的研究证明了这个观点,因为幸福感可以像"传染病"那样在社交网站上蔓延。博客中所表现出来的焦虑是否会影响到股市呢?

埃里克和卡里的研究没有预先设定任何假设。尽管集体心理和情绪具有不可捉摸的复杂性,但这两位研究人员也接受了宽泛的假设,即焦虑象征着经济无活力。如果投资者某天感到焦虑,那么他所采取的策略就是利用套现来抵御市场波动,当投资者重新变得冷静自信时,他就会愿意承担风险而选择买入。买入越多,股价越高,标普500指数也就越高。

但从某种意义上说,情绪与股价之间的关系变幻莫测,令人着迷。大千世界中的芸芸众生认为,情绪和行动之间、人与人之间以及表达情感者和最终行动者之间存在着因果关系。数据显示,这些因果关系会相互作用,我们可通过预测技术来发现数据中隐藏的规律。

埃里克和卡里做了无数的尝试,但需要验证的内容实在是太复杂了。如果说公众的焦虑情绪指数确实能预测股价,那么它能提前多久预测到呢?公众的焦虑情绪需要多少天才会对经济产生影响?大家应该在晚一天还是晚一个月来看待焦虑对股价的影响呢?影响到底会表现在哪里呢,是市场总的运行趋势还是股市绝对值或交易量呢?最初的发现让这两位研究者欲罢不能,但他们又无法得出清晰的结论。实验的结果并不足以支持他们得出结论。

直到某天他们将数据视图化之后,其研究才出现了转机。通过图表,肉眼立刻发现其中存在的预测模型。请看图6-11中焦虑指数和标普500指数的走势对照。其中,焦虑指数(虚线)和标普500指数走势(实线)交错产生了诸多的菱形空间。焦虑指数大概落后两天。

这两条线呈犬牙状交错,由此产生了诸多的菱形方格。这些菱形方格之所以会出现,是因为当一条线上升时,另一条线会下降,两者仿佛互成镜像。这种对立构成了两者关系可预测性的重要依据,原因有二:

(1) 用虚线表示的焦虑指数与标普500指数呈反相关关系。"焦虑程度越高,对市场

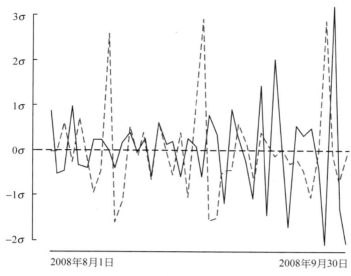

图 6-11　焦虑指数与标普 500 指数的走势对照

的负面影响越大。"

（2）在此图像中，用虚线表示的焦虑指数是以两天为单位的，因此其走势是在对应的标普 500 指数走势的两天之前，由此可预见市场的走势。这是可预测的。

通过移动这些重复部分的时间轴，再通过调整设置，埃里克和卡里用视图化的方式查看其他时间段是否存在相似的菱形方格，这些方格中就有可能蕴含着预测模型。上面的菱形方格并不完全规范，但两条线所呈现的反相关关系依然存在，这就为预测提供了基础。

调整这些菱形方格的关键是对情感形成正确解读。尤其需要指出的是，情感强度都是相对的，正是它的变化让我们发现了其中的规律。焦虑指数并不是指焦虑水平的绝对值，而是从第一天到第二天的整体焦虑变化程度。当博主们的焦虑情绪增多时，该指数就会上涨；当博主们的焦虑情绪减少时，该指数就会下跌。焦虑指数是从含焦虑情绪和不含焦虑情绪的博客中获取的。

计算焦虑指数指的是"引发焦虑"的运算，但这种运算相对简单，即选定同一批文章，观测其在第一天中表现出的焦虑情绪和在第二天中表现出的焦虑情绪。

6.3.3　验证情感和被验证的情感

尽管直观图形让人们进一步理解了这种假设关系，但它并不能证明这种假设是成立的。接下来，埃里克和卡里要"正式测试焦虑、恐惧和担忧……与股市之间的关系"。他们计算了 2008 年 174 个交易日的焦虑指数，并查看了这段时间 LiveJournal 网站上的超过 2 000 万篇的博客，然后将每日的博客所表现出的情绪与当天的标普 500 指数进行对照。然后，他们用诺贝尔经济学奖获得者克莱夫·格兰杰研发的模型进行预测关系统计测试。

结果证明，这一假设是正确的！其研究表明，通过公众情绪可预测股市走势。埃里克和卡里极其兴奋,立刻将此发现写成了论文,提交给某大会:"焦虑情绪的增加……预示着标普500指数的下降"(图6-12)。

统计测试发现,焦虑指数"具有与股市相关的新型预测信息"。这说明,焦虑指数具有创新性、独创性和预测性,该指数更能预测股价的走势,而不是去分析股市变动的原因。此外,该指数还能帮助人们通过近期市场活动来预测未来市场走势,由此也进一步证明了该指数的创新性。

这不是预测标普500指数的具体涨跌,而是预测其变动的速率(是加速上涨还是加速下跌)。对此,研究人员指出,焦虑可让股价减缓上涨,却可让其加速下跌。

这个发现具有开创性的意义,因为人们第一次确立了大众情绪与经济之间的关系。事实上,其创新意义远超于此,这是在集体情感状态与可测量行动之间建立了科学关系,是历史上人们首次从随机自发的人类行为中总结出可测量的大众情感指标,它使这一领域的研究跨出了实验室的门槛,而走入了现实世界。

图6-12　情感与股市行情

情绪是会下金蛋的鹅,大众情绪的波动影响着股市的走势,但股市却无法影响大众情绪。在这里,并不存在"鸡生蛋、蛋生鸡"的繁复关系。当埃里克和卡里试着通过股市表现来判断大众情绪时,他们发现,这种反向的对应关系并不成立。他们完全找不着规律。或许经济活动只是影响大众情绪的诸多因素之一,而大众情绪却能在很大程度上决定经济活动。它们之间只存在单向关系。

6.3.4　情绪指标影响金融市场

埃里克和卡里发现,最关心他们研究成果的并不是学术圈的同行,而是那些正在对冲基金①工作或准备创立对冲基金的人。股市交易员对此发现垂涎三尺,有些人甚至开始在他们的研究基础上构建和拓展交易系统。越来越多的人意识到,必须要掌握博客等互联网文本中所隐含的情绪和动机,对于投资决策者而言,这与传统的经济指标几乎同样重要(图6-13)。

---

①　对冲基金:采用对冲交易手段的基金,也称避险基金或套期保值基金。是指金融期货和金融期权等金融衍生工具与金融工具结合后以营利为目的的金融基金。它是投资基金的一种形式,意为"风险对冲过的基金"。

图 6-13　情绪影响股市

小型新锐投资公司 AlphaGenius（α天才）的首席执行官兰迪·萨夫曾在 2012 年旧金山文本分析世界大会上表示："我们将'情绪'视为一种资产，与外国市场、债券和黄金市场类似。"他说，自己的公司"每天都在关注数以千计的推特发言和互联网评论，来发现某证券品种是否出现了买入或卖出信号。如果这些信号显示某证券价格波动超过了合理区间，我们就会马上交易"。另一家对冲基金公司"德温特资本市场"则公开了所有依据公众情绪进行投资的举措，荷兰公司 SNTMNT 则为所有人提供了基于推特上的公众情绪来进行交易的 API（应用程序界面）。现在，许多聪明人士开始悄悄利用新闻和推特上表露出的情绪做交易。

实际上，现实生活中并没有公开的充分证据表明通过情绪就能精准预测市场并大发其财。焦虑指数的预测性在 2008 年得到了验证，但 2008 年正是金融危机深化、经济状况恶化的特殊年份。因此，在其他年份，博客上可能不会出现那么多关于经济的、表现出某种情绪的文章。关于对冲基金通过把握大众情绪取得成功的故事，虽然常有耳闻，但这些故事往往都语焉不详。

在埃里克和卡里之后，许多研究都宣称能精准预测市场走势，但这些论断都有待科学验证和观察。而且，这一模式也不见得会持续下去。正如某投资公司在谈到风险时经常说的，"过去的投资表现并不是对未来收益的担保"，因此我们从来不能完全保证历史模式必然会重现。

金融界似乎一直都在绞尽脑汁地寻找赚钱良方，因此任何包含预测性信息的创新源泉都不会逃过其法眼。"情绪数据"的非凡之处决定了其应用价值空间。只有当指标具有预测性，并且不在既有的数据来源内，它才能改善预测效果。这样的优势足以带来上百万美元的收益。

焦虑指数预示着不可遏制的潮流：性质不同的各类数据，其数量在不断膨胀，而各组织机构正努力创新，从中汲取精华。正如其他数据来源一样，要想充分利用其预测功能，情绪指标也必须配合其他来源的数据使用。预测分析就仿佛是一个面缸，所有的原材料都必须经过充分"搅拌"后才能改善决策。要想实现这一目标，必须应对最核心的科学挑战：将各种数据流有序地结合起来，以此改善决策。

【作　　业】

1. 不管是游戏、汽车还是建筑物,不同领域的设计有一个共同的特点,就是其设计过程在不断变化。从设计研发到最终测试,这一循环过程会随着大数据的使用而(　　)。

    A. 不断延长　　　　B. 变化莫测　　　　C. 完全消失　　　　D. 逐渐缩短

2. 苹果公司的产品设计一向为世人所称道,具有简单、优雅、易于使用等特征。但(　　)不是苹果公司创造卓越的设计理由。

    A. 苹果认为良好的设计就像一件礼品,不仅专注于产品的设计,还注重产品的包装

    B. "拥有完美像素的样机至关重要"。苹果的设计师们会对潜在的设计进行模拟,甚至还会对像素进行模拟,这种方法打消了人们对产品外观的疑虑

    C. 苹果的设计团队充分发挥设计师的个人作用,几乎不进行群体性研究(如召开头脑风暴会议)

    D. 苹果的设计师们往往会为一种潜在的新功能研发出 10 种设计方案,之后从这 10 种方案中选出 3 种,然后再从中选出最终的设计(即 10∶3∶1 设计方法)

3. 利用数据驱动来设计游戏,可以减少游戏创造过程中的相关风险。大数据在高科技的游戏设计领域中(　　)。

    A. 发挥着至关重要的作用　　　　　　B. 没有明显作用

    C. 有点作用,但不重要　　　　　　　　D. 会起到反作用

4. 汽车制造及其他相关领域的实践表明:(　　)。

    A. 拥有真实数据是大数据设计和其他方面的根本保证

    B. 仅仅拥有真实的数据是远远不够的,就大数据的设计和其他方面而言,能够以正确的方式观察数据才是至关重要的

    C. 是否拥有真实的数据并不重要,就大数据的设计和其他方面而言,能够以正确的方式观察数据才是至关重要的

    D. 应该采取足够措施,在少而精的数据基础上,以正确的方式观察数据

5. 在建筑声学研究中,借助模型,数据分析师不仅对现有音乐厅的声学问题进行评估,还能模拟新音乐厅的设计,对具有可重新配置几何形状及材料的音乐厅进行调整,以满足音乐或演讲等不同的用途,这说明:(　　)。

    A. 大数据能帮助我们设计更好的音乐厅

    B. 大数据对设计音乐厅关系不大

    C. 建筑声学是 W. C. 萨宾顿悟之后的天才创造

    D. 设计更好的音乐厅需要精确的算法模型

6. 随着数据驱动型架构的实现,建筑师已经可以用一种迭代循环过程来取代上述过程,该迭代循环过程即(　　)。建筑师如今只需短短几天的时间就可以模拟成百上千种设计,找出哪些因素会对设计产生最大的影响。

    A. 模型、模拟、分析、优化和重复

B. 模型、模拟、分析、综合、优化和重复

C. 模型、模拟、分析和重复

D. 模型、模拟、综合、优化和重复

7. 数据驱动要求我们不仅要掌握数据,挑出数据,还必须基于相关数据来(　　)。
   A. 分析结果　　　B. 制定决策　　　C. 回归分析　　　D. 建立联系

8. 公司(　　)通常分布在一系列不同的数据库、数据存储器和文件服务器之中。
   A. 内部数据　　　B. 核心数据　　　C. 分析原则　　　D. 外部数据

9. 公司(　　)通常分布在市场报告、网络以及其他难以获取数据的地方。
   A. 内部数据　　　B. 核心数据　　　C. 分析原则　　　D. 外部数据

10. 大数据的挑战和优势就在于,它通常会将所有数据集中到一个地方,这就意味着有可能通过处理更多相关数据得到更丰富的内涵,当然也意味着有更多的噪声。大数据应用程序(　　)从噪声中提取信号。
    A. 不可以　　　B. 可以　　　C. 无助于　　　D. 有助于

11. 单纯动手收集和分析数据并不够,还必须有从数据中得出一系列结论的能力以及对这些结论的反馈,以确认这些结论的正误。模型融入的数据越相关,就越能得到更多关于你的假设的反馈,因而你的见解也就(　　)。
    A. 越有价值　　　B. 越有问题　　　C. 愈加烦琐　　　D. 越没效果

12. 随着不断推进大数据,收集和存储数据不再是什么大问题了,相反,如何(　　)数据变成了一个棘手的问题。
    A. 维护　　　B. 处理　　　C. 检索　　　D. 删除

13. 最小数据规模意味着公司有(　　),使得决策者能基于这些测试得出有效的结论,并制定决策。
    A. 足够的广告浏览量或者足够的销售前景信息
    B. 足够的网站访问量或者足够的销售前景信息
    C. 足够的网站访问量、足够的广告浏览量或者足够的销售前景信息
    D. 足够的网站访问量或者足够的广告浏览量

14. 大数据应用程序的优势就在于它负责运行大数据的部分或全部(　　)。
    A. 结构化表达　　　B. 统计运算　　　C. 反馈回路　　　D. 随机抽样

15. 情感是人的一种重要的状态,但情感有时并不在预测分析所考虑的范畴内。因为它是(　　)的因素,无法被轻易记录在表格中。
    A. 虚无缥缈　　　B. 变幻不定　　　C. 稳定不变　　　D. 反复无常

16. 情感分析是一种特殊的文本分析,它侧重于确定个人的(　　)。通过对自然语言语境中的文本进行分析,来判断作者的态度。
    A. 高兴与难过　　　　　　　B. 看法与见解
    C. 偏见或情绪　　　　　　　D. 兴奋与沮丧

17. 2009 年,伊利诺伊大学的两位科学家试图将两个看似并不相关的科研领域联系起来,以求发现集体情感和集体行为之间的内在关系。为此,他们将目光集中在一个公共资源上:(　　)。

A. 脸书　　　　　B. 微信　　　　　C. BBS　　　　　D. 博客

18. 埃里克和卡里的研究结果证明,通过(　　)可预测股市走势。"焦虑情绪的增加……预示着标普500指数的下降"。

A. 气候变化　　　B. 公众情绪　　　C. 市场行情　　　D. 网站流量

19. (　　)预示着不可遏制的潮流:性质不同的各类数据,其数量在不断膨胀,而各组织机构正努力创新,从中汲取精华。

A. 焦虑指数　　　B. 民众关注　　　C. 紧张情绪　　　D. 幸福情绪

20. 越来越多的人意识到,必须要掌握博客等(　　)中所隐含的情绪和动机,对于投资决策者而言,这与传统的经济指标几乎同样重要。

A. 结构化数据　　B. 视频流量　　　C. 互联网文本　　D. 多媒体数据

【实验与思考】 大数据如何激发创造力

1. 实验目的

(1) 熟悉大数据改善设计的主要途径和方法。
(2) 了解大数据催生崭新应用程序所带来的市场与商机。
(3) 熟悉大数据操作回路和反馈回路的概念,掌握数据驱动的设计方法。

2. 工具/准备工作

在开始本实验之前,请认真阅读课程的相关内容。
需要准备一台带有浏览器,能够访问因特网的计算机。

3. 实验内容与步骤

(1) 在大数据时代,数据是如何激发设计创造力的?
答:

(2) "大数据为创业和投资开辟了一些新的领域",请思考与分析,你能例举出这样的成功案例吗?
答:

(3) 什么是"数据反馈回路",大数据时代的数据反馈回路有什么特点?

答:＿＿＿＿＿＿＿＿＿＿＿＿＿＿＿＿＿＿＿＿＿＿＿＿＿＿＿＿＿＿＿＿＿＿
＿＿＿＿＿＿＿＿＿＿＿＿＿＿＿＿＿＿＿＿＿＿＿＿＿＿＿＿＿＿＿＿＿＿＿＿
＿＿＿＿＿＿＿＿＿＿＿＿＿＿＿＿＿＿＿＿＿＿＿＿＿＿＿＿＿＿＿＿＿＿＿＿
＿＿＿＿＿＿＿＿＿＿＿＿＿＿＿＿＿＿＿＿＿＿＿＿＿＿＿＿＿＿＿＿＿＿＿＿

(4) 请通过网络搜索与文献阅读,思考与分析"什么是数据驱动",请举例说明。

答:＿＿＿＿＿＿＿＿＿＿＿＿＿＿＿＿＿＿＿＿＿＿＿＿＿＿＿＿＿＿＿＿＿＿
＿＿＿＿＿＿＿＿＿＿＿＿＿＿＿＿＿＿＿＿＿＿＿＿＿＿＿＿＿＿＿＿＿＿＿＿
＿＿＿＿＿＿＿＿＿＿＿＿＿＿＿＿＿＿＿＿＿＿＿＿＿＿＿＿＿＿＿＿＿＿＿＿
＿＿＿＿＿＿＿＿＿＿＿＿＿＿＿＿＿＿＿＿＿＿＿＿＿＿＿＿＿＿＿＿＿＿＿＿

4. 实验总结

＿＿＿＿＿＿＿＿＿＿＿＿＿＿＿＿＿＿＿＿＿＿＿＿＿＿＿＿＿＿＿＿＿＿＿＿
＿＿＿＿＿＿＿＿＿＿＿＿＿＿＿＿＿＿＿＿＿＿＿＿＿＿＿＿＿＿＿＿＿＿＿＿
＿＿＿＿＿＿＿＿＿＿＿＿＿＿＿＿＿＿＿＿＿＿＿＿＿＿＿＿＿＿＿＿＿＿＿＿
＿＿＿＿＿＿＿＿＿＿＿＿＿＿＿＿＿＿＿＿＿＿＿＿＿＿＿＿＿＿＿＿＿＿＿＿

5. 实验评价(教师)

＿＿＿＿＿＿＿＿＿＿＿＿＿＿＿＿＿＿＿＿＿＿＿＿＿＿＿＿＿＿＿＿＿＿＿＿
＿＿＿＿＿＿＿＿＿＿＿＿＿＿＿＿＿＿＿＿＿＿＿＿＿＿＿＿＿＿＿＿＿＿＿＿

大数据预测分析

【导读案例】

葡萄酒的品质

奥利·阿什菲尔特是普林斯顿大学的一位经济学家,他的日常工作就是琢磨数据,利用统计学,他从大量的数据资料中提取出隐藏在数据背后的信息。

奥利非常喜欢喝葡萄酒(图 7-1),他说:"当上好的红葡萄酒有了一定的年份时,就会发生一些非常神奇的事情。"当然,奥利指的不仅仅是葡萄酒的口感,还有隐藏在好葡萄酒和一般葡萄酒背后的力量。

图 7-1 波尔多葡萄酒

"每次你买到上好的红葡萄酒时,"他说,"其实就是在进行投资,因为这瓶酒以后很有可能会变得更好。而且你想知道的不是它现在值多少钱,而是将来值多少钱。即使你并不打算卖掉它,而是喝掉它。如果你想知道把从当前消费中得到的愉悦推迟,将来能从中得到多少愉悦,那么这将是一个永远也讨论不完的、吸引人的话题。"而这个话题奥利已研究了 25 年。

奥利身材高大,头发花白而浓密,声音友善,总是能成为人群中的主角。他曾花费心思研究的一个问题是,如何通过数字评估波尔多葡萄酒的品质。与品酒专家通常所使用的"品哑并吐掉"的方法不同,奥利用数字指标来判断能拍出高价的酒所应该具有的品质特征。

"其实很简单,"他说,"酒是一种农产品,每年都会受到气候条件的强烈影响。"因此,奥利收集了法国波尔多地区的气候数据加以研究,他发现如果收割季节干旱少雨且整个夏季的平均气温较高,该年份就容易生产出品质上乘的葡萄酒。正如彼得·帕塞尔在《纽约时报》中报告的那样,奥利给出的统计方程与数据高度吻合。

当葡萄熟透、汁液高度浓缩时,波尔多葡萄酒是最好的。在夏季特别炎热的年份,葡萄很容易熟透,酸度就会降低。在炎热少雨的年份,葡萄汁也会高度浓缩。因此,天气越炎热干燥,越容易生产出品质一流的葡萄酒。熟透的葡萄能生产出口感柔润(即低敏度)的葡萄酒,而汁液高度浓缩的葡萄能够生产出醇厚的葡萄酒。

奥利把这个葡萄酒的理论简化为下面的方程式:

葡萄酒的品质 $= 12.145 + 0.00117 \times$ 冬天降雨量 $+ 0.0614 \times$ 葡萄生长期平均气温 $- 0.00386 \times$ 收获季节降雨量

把任何年份的气候数据代入这个式子,奥利就能够预测出任意一种葡萄酒的平均品质。如果把这个式子变得再稍微复杂精巧一些,还能更精确地预测出100多个酒庄的葡萄酒品质。他承认"这看起来有点太数字化了","但这恰恰是法国人把他们葡萄酒庄园排成著名的1855个等级时所使用的方法"。

然而,当时传统的评酒专家并未接受奥利利用数据预测葡萄酒品质的做法。英国的《葡萄酒》杂志认为,"这条公式显然是很可笑的,我们无法重视它。"纽约葡萄酒商人威廉姆·萨科林认为,从波尔多葡萄酒产业的角度来看,奥利的做法"介于极端和滑稽可笑之间"。因此,奥利常常被业界人士取笑。当奥利在克里斯蒂拍卖行酒品部做关于葡萄酒的演讲时,坐在后排的交易商嘘声一片。

发行过《葡萄爱好者》杂志的罗伯特·帕克大概是世界上最有影响力的以葡萄酒为题材的作家了。他把奥利形容为"一个彻头彻尾的骗子",尽管奥利是世界上最受敬重的数量经济学家之一,但是他的方法对于帕克来说,"其实是在用尼安德特人的思维(讽刺其思维原始)来看待葡萄酒。这是非常荒谬甚至非常可笑的。"帕克完全否定了数学方程式有助于鉴别出口感真正好的葡萄酒,"如果他邀请我去他家喝酒,我会感到恶心。"帕克说奥利"就像某些影评一样,根据演员和导演来告诉你电影有多好,实际上却从没看过那部电影"。

帕克的意思是,人们只有亲自去看过了一部影片,才能更精准地评价它,如果要对葡萄酒的品质评判得更准确,也应该亲自去品呷一下。但是有这样一个问题:在好几个月的时间里,人们是无法品尝到葡萄酒的。波尔多和勃艮第的葡萄酒在装瓶之前需要盛放在橡木桶里发酵18~24个月(图7-2)。像帕克这样的评酒专家需要将酒装在桶里4个月以后才能第一次品尝,在这个阶段,葡萄酒还只是臭臭的、发酵的葡萄而已。不知道此时这种无法下咽的"酒"是否能够使品尝者得出关于酒的品质的准确信息。例如,巴特菲德拍卖行酒品部的前经理布鲁斯·凯泽曾经说过:"发酵初期的葡萄酒变化非常快,没有人,我是说不可能有人,能够通过品尝来准确地评估酒的好坏。至少要放上10年,甚至更久。"

与之形成鲜明对比的是,奥利从对数字的分析中能够得出气候与酒价之间的关系。他发现冬季降雨量每增加1毫米,酒价就有可能提高0.00117美元。当然,这只是"有可能"而已。不过,对数据的分析使奥利可以在葡萄酒的未来品质——这是品酒师有机会尝到第一口酒的数月之前,更是在葡萄酒卖出的数年之前。在葡萄酒期货交易活跃的今天,

图 7-2 葡萄酒窖藏

奥利的预测能够给葡萄酒收集者极大的帮助。

20 世纪 80 年代后期,奥利开始在半年刊的简报《流动资产》上发布他的预测数据。最初,他在《葡萄酒观察家》上给这个简报做小广告;随之有 600 多人开始订阅。这些订阅者的分布很广泛,包括很多百万富翁以及痴迷葡萄酒的人——这是一些可以接受计量方法的葡萄酒收集爱好者。与每年花 30 美元来订阅罗伯特·帕克的简报《葡萄酒爱好者》的 30 000 人相比,《流动资产》的订阅人数确实少得可怜。

20 世纪 90 年代初期,《纽约时报》在头版头条登出了奥利的最新预测数据,这使得更多人了解了他的思想。奥利公开批判了帕克对 1986 年波尔多葡萄酒的估价。帕克对 1986 年波尔多葡萄酒的评价是"品质一流,甚至非常出色"。但是奥利不这么认为,他认为由于生产期内过低的平均气温以及收获期过多的雨水,这一年葡萄酒的品质注定平平。

当然,奥利对 1989 年波尔多葡萄酒的预测才是这篇文章中真正让人吃惊的地方,尽管当时这些酒在木桶里仅仅放置了 3 个月,还从未被品酒师品尝过,奥利预测这些酒将成为"世纪佳酿"。他保证这些酒的品质将会"令人震惊地一流"。根据他自己的评级,如果 1961 年的波尔多葡萄酒评级为 100 的话,那么 1989 年的葡萄酒将会达到 149。奥利甚至大胆地预测,这些酒"能够卖出过去 35 年中所生产的葡萄酒的最高价"。

看到这篇文章,评酒专家非常生气。帕克把奥利的数量估计描述为"愚蠢可笑"。萨科林说当时的反应是"既愤怒又恐惧。他确实让很多人感到恐慌。"在接下来的几年中,《葡萄酒观察家》拒绝为奥利(以及其他人)的简报做任何广告。

评酒专家们开始辩解,极力指责奥利本人以及他所提出的方法。他们说他的方法是错的,因为这一方法无法准确地预测未来的酒价。例如,《葡萄酒观察家》的品酒经理托马斯·马休斯抱怨说,奥利对价格的预测,"在 27 种酒中只有 3 次完全准确"。即使奥利的公式"是为了与价格数据相符而特别设计的",他所预测的价格却"要么高于、要么低于真实的价格"。然而,对于统计学家(以及对此稍加思考的人)来说,预测有时过高、有时过低是件好事,因为这恰好说明估计量是无偏的。因此,帕克不得不常常降低自己最初的评级。

1990 年,奥利更加陷于孤立无援的境地。在宣称 1989 年的葡萄酒将成为"世纪佳酿"之后,数据告诉他 1990 年的葡萄酒将会更好,而且他也照实说了。现在回头再看,我们可以发现当时《流动资产》的预测惊人地准确。1989 年的葡萄酒确实是难得的佳酿,而

1990年的也确实更好。

怎么可能在连续两年中生产出两种"世纪佳酿"呢？事实上，自1986年以来，每年葡萄生长期的气温都高于平均水平。法国的天气连续20多年温暖和煦。对于葡萄酒爱好者们而言，这显然是生产柔润的波尔多葡萄酒的最适宜的时期。

传统的评酒专家们现在才开始更多地关注天气因素。尽管他们当中很多人从未公开承认奥利的预测，但他们自己的预测也开始越来越密切地与奥利那个简单的方程式联系在一起。此时奥利依然在维护自己的网站，但他不再制作简报。他说："和过去不同的是，品酒师们不再犯严重的错误了。坦率地说，我有点儿自绝前程，我不再有任何附加值了。"

指责奥利的人仍然把他的思想看作是异端邪说，因为他试图把葡萄酒的世界看得更清楚。他从不使用华丽的辞藻和毫无意义的术语，而是直接说出预测的依据。

整个葡萄酒产业毫不妥协不仅仅是在做表面文章。"葡萄酒经销商及专栏作家只是不希望公众知道奥利所做出的预测。"凯泽说，"这一点从1986年的葡萄酒就已经显现出来了。奥利说品酒师们的评级是骗人的，因为那一年的气候对于葡萄的生长来说非常不利，雨水泛滥，气温也不够高。但是当时所有的专栏作家都言辞激烈地坚持认为那一年的酒会是好酒。事实证明，奥利是对的，但是正确的观点不一定总是受欢迎的。"

葡萄酒经销商和专栏评论家们都能够从维持自己在葡萄酒品质方面的信息垄断者地位中受益。葡萄酒经销商利用长期高估的最初评级来稳定葡萄酒价格。《葡萄酒观察家》和《葡萄酒爱好者》能否保持葡萄酒品质的仲裁者地位，决定着上百万资金的生死。很多人要谋生，就只能依赖于喝酒的人不相信这个方程式。

也有迹象表明事情正在发生变化。伦敦克里斯蒂拍卖行国际酒品部主席迈克尔·布罗德本特委婉地说："很多人认为奥利是个怪人，我也认为他在很多方面的确很怪。但是我发现，他的思想和工作会在多年后依然留下光辉的痕迹。他所做的努力对于打算买酒的人来说非常有帮助。"

阅读上文，请思考、分析并简单记录：

（1）请通过网络搜索详细了解法国城市波尔多，了解其地理特点和波尔多葡萄酒，并就此做简单介绍。

答：＿＿＿＿＿＿＿＿＿＿＿＿＿＿＿＿＿＿＿＿＿＿＿＿＿＿＿＿＿＿＿＿＿

＿＿＿＿＿＿＿＿＿＿＿＿＿＿＿＿＿＿＿＿＿＿＿＿＿＿＿＿＿＿＿＿＿＿＿

（2）对葡萄酒品质的评价，传统方法的主要依据是什么？而奥利的预测方法是什么？

答：＿＿＿＿＿＿＿＿＿＿＿＿＿＿＿＿＿＿＿＿＿＿＿＿＿＿＿＿＿＿＿＿＿

＿＿＿＿＿＿＿＿＿＿＿＿＿＿＿＿＿＿＿＿＿＿＿＿＿＿＿＿＿＿＿＿＿＿＿

＿＿＿＿＿＿＿＿＿＿＿＿＿＿＿＿＿＿＿＿＿＿＿＿＿＿＿＿＿＿＿＿＿＿＿

（3）虽然后来的事实肯定了奥利的葡萄酒品质预测方法，但这是否就意味着传统品酒师的职业就没有必要存在了？你认为传统方法和大数据方法的关系应该如何处理？

答：_____

(4) 请简单描述你所知道的上一周发生的国际、国内或者身边的大事。

答：_____

7.1 什么是预测分析

什么是预测分析

大数据分析结合了传统统计分析方法和计算分析方法。

在典型的传统批处理场景中，当整个数据集准备好时，通常采用从整体中统计抽样的方法。然而，出于理解流式数据的需求，大数据可以从批处理转换成实时处理。这些流式数据、数据集不停地积累，并且以时间顺序排序。由于分析结果有存储期（保质期），流式数据强调及时处理，无论是识别向当前客户继续销售的机会，还是在工业环境中发觉异常情况后需要进行干预，以保护设备或保证产品质量，时间都是至关重要的。

预测分析是一种确定未来结果的算法和技术的统计或数据挖掘解决方案，可以用在结构化和非结构化数据中，用于预测、优化、预报和模拟等许多用途。作为大数据时代的核心内容，预测分析在商业和社会中得到广泛应用。随着越来越多的数据被记录和整理，未来预测分析必定会成为所有领域的关键技术。

7.1.1 预测分析的作用

预测分析和假设情况分析可帮助用户评审和权衡潜在决策的影响力，用来分析历史模式和概率，以预测未来业绩，并采取预防措施。

1. 决策管理

决策管理是用来优化并自动化业务决策的一种卓有成效的成熟方法。它通过预测分析，让组织能够在制定决策以前有所行动，以便预测哪些行动在将来最有可能获得成功，优化成果并解决特定的业务问题。

决策管理包括管理自动化决策设计和部署的各个方面，供组织管理其与客户、员工和供应商的交互。从本质上讲，决策管理使优化的决策成为企业业务流程的一部分。由于闭环系统不断将有价值的反馈纳入到决策制定过程中，所以，对于希望对变化的环境做出即时反应并最大化每个决策的组织来说，它是非常理想的方法。

当今世界，竞争的最大挑战之一是组织如何在决策制定过程中更好地利用数据。可用于企业以及由企业生成的数据量非常高且以惊人的速度增长，而与此同时，基于此数据制定决策的时间段却非常短，且有日益缩短的趋势。虽然业务经理可能以利用大量报告和仪表板来监控业务环境,但是使用此信息来指导业务流程和客户互动的关键步骤通常是手动的,因而不能及时响应变化的环境。希望获得竞争优势的组织必须寻找更好的方式。

决策管理使用决策流程框架和分析来优化并自动化决策,通常专注于大批量决策,并使用基于规则和基于分析模型的应用程序实现决策。对于传统上使用历史数据和静态信息作为业务决策基础的组织来说,这是一个突破性的进展。

2. 滚动预测

预测是定期更新对未来绩效的当前观点,以反映新的或变化中的信息的过程,是基于分析当前和历史数据来决定未来趋势的过程。为应对这一需求,许多公司正在逐步采用滚动预测方法。

7×24小时的业务运营影响造就了一个持续而又瞬息万变的环境,风险、波动和不确定性持续不断。并且,任何经济动荡都具有近乎实时的深远影响。毫无疑问,对于这种变化,感受最深的是CFO(财务总监)和财务部门。虽然业务战略、产品定位、运营时间和产品线改进的决策可能是在财务部门外部做出,但制定这些决策的基础是财务团队使用绩效报告和预测提供的关键数据和分析。具有前瞻性的财务团队意识到传统的战略预测不能完成这一任务,他们正在迅速采用更加动态的、滚动的和基于驱动因子的方法。

在这种环境中,预测变为一个极其重要的管理过程。为了抓住正确的机遇,满足投资者的要求,以及在风险出现时对其进行识别,很关键的一点就是深入了解潜在的未来发展,管理不能再依赖于传统的管理工具。在应对过程中,越来越多的企业已经或者正准备从静态预测模型转型到一个利用滚动时间范围的预测模型。

采取滚动预测的公司往往有更高的预测精度、更快的循环时间、更好的业务参与度和更多明智的决策制定。滚动预测可以对业务绩效进行前瞻性预测;为未来计划周期提供一个基线;捕获变化带来的长期影响;与静态年度预测相比,滚动预测能够在觉察到业务决策制定的时间点得到定期更新,并减轻财务团队巨大的行政负担。

3. 预测与自适应管理

与过去稳定、持续变化的工业时代不同,现在是一个不可预测、非持续变化的信息时代。企业员工需要具备更高的技能,创新的步伐将进一步加快,顾客将拥有更多的话语权。

为了应对这些变化,CFO(财务总监)们需要一个能让各级管理者快速做出明智决策的系统。他们必须将年度计划周期替换为更加常规的业务审核,通过滚动预测提供支持,让管理者能够看到趋势和模式,在竞争对手之前取得突破,在产品与市场方面做出更明智决策。具体来说,CFO需要通过持续计划周期进行管理,让滚动预测成为主要的管理工具,每天和每周报告关键指标。同时需要注意使用滚动预测改进短期可见性,并将预测作为管理手段,而不是度量方法。

大数据预测分析的行业应用如下。

(1)预测分析帮助制造业高效维护运营并更好地控制成本。一直以来,制造业面临的挑战是在生产优质商品的同时在每一步流程中优化资源。多年来,制造商已经制定了一系列成熟的方法来控制质量、管理供应链和维护设备。如今,面对着持续的成本控制工作,工厂管理人员、维护工程师和质量控制的监督执行人员都希望知道,如何在维持质量标准的同时避免昂贵的非计划停机时间或设备故障,以及如何控制维护、修理和大修业务的人力和库存成本。此外,财务和客户服务部门的管理人员,以及最终的高管级别的管理人员,与生产流程能否很好地交付成品息息相关。

(2)犯罪预测与预防,预测分析利用先进的分析技术营造安全的公共环境。为确保公共安全,执法人员一直主要依靠个人直觉和可用信息来完成任务。为了能够更加智慧地工作,许多警务组织正在充分合理地利用他们获得和存储的结构化信息(如犯罪和罪犯数据)和非结构化信息(在沟通和监督过程中取得的影音资料)。汇总、分析这些庞大的数据,得出的信息不仅有助于了解过去发生的情况,还能够帮助预测将来可能发生的事件。

利用历史犯罪事件、档案资料、地图和类型学以及诱发因素(如天气)和触发事件(如假期或发薪日)等数据,警务人员将可以:确定暴力犯罪频繁发生的区域;将地区性或全国性流氓团伙活动与本地事件进行匹配;剖析犯罪行为,以发现相似点,将犯罪行为与有犯罪记录的罪犯挂钩;找出最可能诱发暴力犯罪的条件,预测将来可能发生这些犯罪活动的时间和地点;确定重新犯罪的可能性。

(3)预测分析帮助电信运营商更深入了解客户。受技术和法规要求的推动,以及基于互联网的通信服务提供商和模式的新型生态系统的出现,电信提供商要想获得新的价值来源,需要对业务模式做出根本性的转变,并且必须有能力将战略资产和客户关系与旨在抓住新市场机遇的创新相结合。预测和管理变革的能力将是未来电信服务提供商的关键能力。

7.1.2　数据具有内在预测性

大部分数据的堆积都不是为了预测,但预测分析系统能从这些庞大的数据中学到预测未来的能力,正如人们可以从自己的经历中汲取经验教训那样。

数据最激动人心的不是其数量,而是其增长速度。我们会敬畏数据的庞大数量,今天的数据必然比昨天多。但规模是相对的,而不是绝对的。数据规模并不重要,重要的是其膨胀速度。

世上万物均有关联,这在数据中也有反映。例如:

(1)你的购买行为与你的消费历史、在线习惯、支付方式以及社会交往人群相关。数据能从这些因素中预测出消费者的行为。

(2)你的身体健康状况与生命选择和环境有关,因此数据能通过社区以及家庭规模等信息来预测你的健康状态。

(3)你对工作的满意程度与你的工资水平、表现评定以及升职情况相关,而数据则能反映这些现实。

(4)经济行为与人类情感相关,因此数据也将反映这种关系。

数据科学家通过预测分析系统不断地从数据堆中找到规律。如果将数据整合在一起,尽管你不知道自己将从这些数据里发现什么,但至少能通过观测解读数据语言来发现某些内在联系。数据效应就是这么简单。

预测常常是从小处入手。预测分析是从预测变量开始的,这是对个人单一值的评测。近期性就是一个常见的变量,表示某人最近一次购物、最近一次犯罪或最近一次发病到现在的时间,近期值越接近现在,观察对象再次采取行动的概率就越高。许多模型的应用都是从近期表现最积极的人群开始的,无论是试图建立联系、开展犯罪调查还是进行医疗诊断。

与此相似,频率——描述某人做出相同行为的次数也是常见且富有成效的指标。如果有人此前经常做某事,那么他再次做这件事的概率就会很高。实际上,预测就是根据人的过去行为来预见其未来行为。因此,预测分析模型不仅要靠那些枯燥的基本人口数据,如住址、性别等,也要涵盖近期性、频率、购买行为、经济行为以及电话和上网等产品使用习惯之类的行为预测变量。这些行为通常是最有价值的,因为我们要预测的就是未来是否还会出现这些行为,这就是通过行为来预测行为的过程。正如哲学家萨特所言:"人的自我由其行为决定。"

预测分析系统会综合考虑数十项甚至数百项预测变量。你要把个人的全部已知数据都输入系统,然后等着系统运转。系统内综合考量这些因素的核心学习技术正是科学的魔力所在。

7.1.3 定量分析与定性分析

定量分析与定性分析都是一种数据分析技术。其中,定量分析专注于量化从数据中发现的模式和关联。基于统计实践,这项技术涉及分析大量从数据集中所得的观测结果。因为样本容量极大,其结果可以被推广,在整个数据集中都适用。定量分析结果是绝对数值型的,因此可以被用在数值比较上。例如,对于冰激凌销量的定量分析可能发现:温度上升5°,冰激凌销量提升15%。

定性分析专注于用语言描述不同数据的质量。与定量分析相对比,定性分析涉及分析相对小而深入的样本。由于样本很小,这些分析结果不能被适用于整个数据集中。它们也不能测量数值或用于数值比较。例如,冰激凌销量分析可能揭示了五月份销量图不像六月份一样高。分析结果仅仅说明了"不像它一样高",而并未提供数字偏差。定性分析的结果是描述性的,即用语言对关系的描述,这个定性结果不能适用于整个数据集。

7.2 统 计 分 析

统计分析

统计分析用以数学公式为手段的统计方法来分析数据。统计方法大多是定量的,但也可以是定性的。这种分析通常通过概述来描述数据集,比如提供与数据集相关的统计数据的平均值、中位数或众数。它也可以被用于推断数据集中的模式和关系,例如回归性分析和相关性分析。

7.2.1 A/B 测试

A/B 测试,也被称为分割测试或木桶测试,是指在网站优化的过程中同时提供多个版本(如版本 A 和版本 B,图 7-3),并对各自的好评程度进行测试的方法。每个版本中的页面内容、设计、布局、文案等要素都有所不同,通过对比实际的单击量和转化率就可以判断哪一个更加优秀。

图 7-3 A/B 测试

A/B 测试根据预先定义的标准,比较一个元素的两个版本,以确定哪个版本更好。这个元素可以有多种类型,它可以是具体内容,例如网页,或者是提供的产品或者服务,例如电子产品的交易。现有元素版本叫作控制版本,反之,改良的版本叫作处理版本。两个版本同时进行一项实验,记录观察结果来确定哪个版本更成功。

尽管 A/B 测试几乎适用于任何领域,但它最常被用于市场营销。通常,目的是用增加销量的目标来测量人类行为。例如,为了确定 A 公司网站上冰激凌广告可能的最好布局,使用两个不同版本的广告。版本 A 是现存的广告(控制版本),版本 B 的布局被做了轻微的调整(处理版本)。然后将两个版本同时呈献给不同的用户:

- A 版本给 A 组。
- B 版本给 B 组。

结果分析揭示了相比于 A 版本的广告,B 版本的广告促进了更多的销量。

在其他领域,如科学领域,目标可能仅仅是观察哪个版本运行得更好,用来提升流程或产品。A/B 测试适用的样例问题可以为:

- 新版药物比旧版更好吗?
- 用户会对邮件或电子邮件发送的广告有更好的反响吗?
- 网站新设计的首页会产生更多的用户流量吗?

虽然都是大数据,但传感器数据和社交网络服务(Social Networking Services,SNS)数据在各自数据的获取方法和分析方法上是有所区别的。SNS 需要从用户发布的庞大文本数据中提炼出自己需要的信息,并通过文本挖掘和语义检索等技术,由机器对用户要表达的意图进行自动分析。

在支撑大数据的技术中,虽然 Hadoop、分析型数据库等基础技术是不容忽视的,但即便这些技术对提高处理的速度作出了很大的贡献,仅靠其本身并不能产生商业上的价值。从在商业上利用大数据的角度来看,像自然语言处理、语义技术、统计分析等,能够从个别数据总结出有用信息的技术,也需要重视起来。

7.2.2 相关性分析

相关性分析是一种用来确定两个变量是否互相有关系的技术。如果发现它们有关,下一步是确定它们之间是什么关系。例如,变量B无论何时增长,变量A都会增长,更进一步,可能会探究变量A与变量B的关系到底如何,这就意味着我们也想分析变量A增长与变量B增长的相关程度。

利用相关性分析可以帮助形成对数据集的理解,并且发现可以帮助解释一个现象的关联。因此相关性分析常被用来做数据挖掘,也就是识别数据集中变量之间的关系来发现模式和异常。这可以揭示数据集的本质或现象的原因。

当两个变量被认为有关时,基于线性关系时它们保持一致。这就意味着当一个变量改变,另一个变量也会恒定地成比例地改变。相关性用一个-1到+1之间的十进制数来表示,它也被叫作相关系数。当数字从-1到0或从+1到0改变时,关系程度由强变弱。

图7-4描述了+1的相关性,表明两个变量之间呈正相关关系。

图7-5描述了0的相关性,表明两个变量之间没有关系。

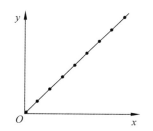

图7-4 当一个变量增大,另一个也增大,反之亦然

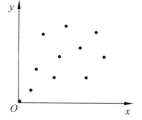

图7-5 当一个变量增大,另一个保持不变或者无规律地增大或者减少

图7-6描述了-1的相关性,表明两个变量之间呈负相关关系。

例如,销售经理认为冰激凌商店需要在天气热的时候存储更多的冰激凌,但是不知道要多存多少。为了确定天气和冰激凌销量之间是否存在关系,分析师首先对出售的冰激凌数量和温度记录用了相关性分析,得出的值为+0.75,表明两者之间确实存在正相关,这种关系表明当温度升高,冰激凌卖得更好。

相关性分析适用的样例问题可以是:
- 离大海的距离远近会影响一个城市的温度高低吗?
- 在小学表现好的学生在高中也会同样表现很好吗?
- 肥胖症和过度饮食有怎样的关联?

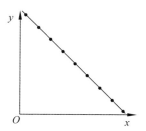

图7-6 当一个变量增大,另一个减小,反之亦然

7.2.3 回归性分析

回归性分析技术旨在探寻在一个数据集内一个因变量与自变量的关系。在一个示例场景中,回归性分析可以帮助确定温度(自变量)和作物产量(因变量)之间存在的关系类型。利用此项技术帮助确定自变量变化时,因变量的值如何变化。例如,当自变量增加,因变量是否会增加?如果是,增加是线性的还是非线性的?

例如,为了决定冰激凌店要多备多少库存,分析师通过插入温度值来进行回归性分析。将这些基于天气预报的值作为自变量,将冰激凌出售量作为因变量。分析师发现,温度每上升5°,就需要15%的附加库存。

多个自变量可以同时被测试。然而,在这种情况下,只有一个自变量可能改变,其他的保持不变。回归性分析可以帮助更好地理解一个现象是什么以及现象是怎么发生的。它也可以用来预测因变量的值。

如图7-7所示,线性回归表示一个恒定的变化速率。

如图7-8所示,非线性回归表示一个可变的变化速率。

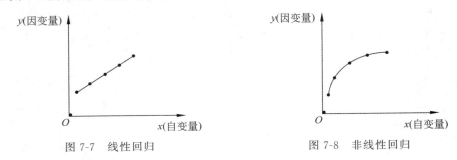

图7-7 线性回归　　　　　　　图7-8 非线性回归

其中,回归性分析适用的样例问题可以是:
- 一个离海250英里的城市的温度会是怎样的?
- 基于小学成绩,一个学生的高中成绩会是怎样的?
- 基于食物的摄入量,一个人肥胖的概率是怎样的?

回归性分析和相关性分析相互联系,而又有区别。相关性分析并不意味着因果关系。一个变量的变化可能并不是另一个变量变化的原因,虽然两者可能同时变化。这种情况的发生可能是由于未知的第三变量,也被称为混杂因子。相关性假设这两个变量是独立的。

然而,回归性分析适用于之前已经被识别作为自变量和因变量的变量,并且意味着变量之间有一定程度的因果关系。可能是直接或间接的因果关系。在大数据中,相关性分析可以首先让用户发现关系的存在。回归性分析可以用于进一步探索关系,并且基于自变量的值来预测因变量的值。

7.3　数据挖掘

数据挖掘,也叫作数据发现,是一种针对大型数据集的数据分析的特殊形式。当提到与大数据的关系时,数据挖掘通常指的是自动的、基于软件技术的、筛选海量数据集来识别模式和趋势的技术。

特别是为了识别以前未知的模式,数据挖掘涉及提取数据中的隐藏或未知模式。数据挖掘形成了预测分析和商务智能的基础。

所谓链接挖掘,是对 SNS、网页之间的链接结构、邮件的收发件关系、论文的引用关系等各种网络中的相互联系进行分析的一种挖掘技术。特别是最近,这种技术被应用在 SNS 中,如"你可能认识的人"推荐功能,以及用于找到影响力较大的风云人物。

所谓六度理论,是指任何两个陌生人之间所间隔的人不会超过六个,也就是说,最多通过六个人你就能够认识任何一个陌生人(图 7-9)。依据六度理论,SNS 采用分布式技术,用点对点方式构建基于个人的网络软件。SNS 统筹安排分散在个人设备上的 CPU、硬盘、带宽,并赋予这些相对服务器来说很渺小的设备以更强大的能力,包括计算速度、通信速度、存储空间。

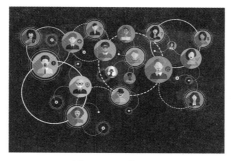

图 7-9 六度理论

在互联网中,个人计算机、智能手机都没有强大的计算及带宽资源,它们依靠网络服务器才能浏览发布信息。如果将每个设备的计算及带宽资源进行重新分配与共享,这些设备就有可能具备比那些服务器更为强大的能力。这就是分布计算理论诞生的根源,是 SNS 技术诞生的理论基础。

7.4 大数据分析生命周期

从组织上讲,采用大数据会改变商业分析的途径。

大数据分析的生命周期从大数据项目商业案例的创立开始,到保证分析结果部署在组织中,并最大化地创造价值时结束。在数据识别、获取、过滤、提取、清理和聚合过程中有许多步骤,这些都是在数据分析之前所必需的。生命周期的执行需要让组织内培养或者雇佣新的具有相关能力的人。

由于被处理数据的容量、速率和多样性的特点,大数据分析不同于传统的数据分析。为了处理大数据分析需求的多样性问题,需要一步步地使用采集、处理、分析和重用数据等方法。大数据分析生命周期可以组织和管理与大数据分析相关的任务和活动。从大数据的采用和规划的角度来看,除了生命周期以外,还必须考虑数据分析团队的培训、教育、工具和人员配备的问题。

大数据分析
生命周期

大数据分析的生命周期可以分为九个阶段(图7-10)。

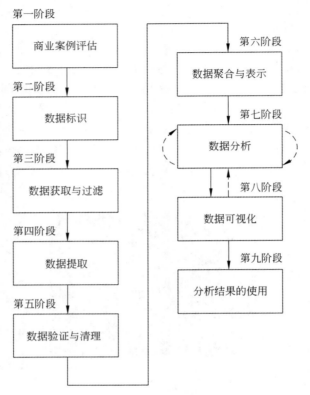

图 7-10　大数据分析生命周期的九个阶段

7.4.1　商业案例评估

每一个大数据分析生命周期都必须起始于一个被很好定义的商业案例,它有着清晰的执行分析的理由、动机和目标。在商业案例分析阶段中,一个商业案例应该在着手分析任务之前被创建、评估和改进。

大数据分析商业案例的评估能够帮助决策者了解需要使用哪些商业资源,面临哪些挑战。另外,在这个环节中深入区分关键绩效指标能够更好地明确分析结果的评估标准和评估路线。如果关键绩效指标不容易获取,则需要努力使这个分析项目变得 SMART,即 Specific(具体的)、Measurable(可衡量的)、Attainable(可实现的)、Relevant(相关的)和 Timely(及时的)。

基于商业案例中记录的商业需求,可以确定定位的商业问题是否是真正的大数据问题。为此,这个商务问题必须直接与一个或多个大数据的特点相关,这些特点主要包括数据量大、周转迅速、种类众多。

同样还要注意的是,本阶段的另一个结果是确定执行这个分析项目的基本预算。任何如工具、硬件、培训等需要购买的东西都要提前确定,以保证可以对预期投入和最终实现目标所产生的收益进行衡量。比起能够反复使用前期投入的后期迭代,大数据分析生命周期的初始迭代需要更多的前期投入在大数据技术、产品和训练上。

7.4.2 数据标识

数据标识阶段主要是用来标识分析项目所需要的数据集和所需的资源。

标识种类众多的数据资源可能会提高找到隐藏模式和相互关系的可能性。例如，为了提供洞察能力，尽可能多地标识出各种类型的相关数据资源非常有用，尤其是当探索的目标并不是那么明确的时候。

根据分析项目的业务范围和正在解决的业务问题的性质，需要的数据集和它们的来源可能是企业内部和/或企业外部的。在内部数据集的情况下，像数据集市和操作系统等一系列可供使用的内部资源数据集往往靠预定义的数据集规范来进行收集和匹配。在外部数据集的情况下，像数据市场和公开可用的数据集一系列可能的第三方数据提供者的数据集会被收集。一些外部数据的形式则会内嵌到博客和一些基于内容的网站中，这些数据需要通过自动化工具来获取。

7.4.3 数据获取与过滤

在数据获取和过滤阶段，前一阶段标识的数据已经从所有的数据资源中获取。这些数据接下来会被归类并进行自动过滤，以去除掉所有被污染的数据和对分析对象毫无价值的数据。

根据数据集的类型，数据可能会是档案文件，如从第三方数据提供者处购入的数据；可能需要 API 集成，像推特上的数据。在许多情况下，得到的数据常常是并不相关的数据，特别是外部的非结构化数据，这些数据会在过滤程序中被丢弃。

被定义为"坏"数据的，是包括遗失或毫无意义的值或无效的数据类型。但是，被一种分析过程过滤掉的数据集还有可能对于另一种不同类型的分析过程具有价值。因此，在执行过滤之前存储一份原文拷贝是个不错的选择。为了节省存储空间，可以对原文拷贝进行压缩。

内部数据或外部数据在生成或进入企业边界后都需要继续保存。为了满足批处理分析的要求，数据必须在分析之前存储在磁盘中。而在实时分析时，数据需要先进行分析，然后再存储在磁盘中。

元数据会通过自动化操作添加到来自内部和外部的数据资源中，来改善分类和查询。扩充的元数据例子主要包括数据集的大小和结构、资源信息、日期、创建或收集的时间、特定语言的信息等。确保元数据能够被机器读取并传送到数据分析的下一个阶段是至关重要的，这能够帮助我们在贯穿大数据分析的生命周期中保留数据的起源信息，保证数据的精确性和高质量。

7.4.4 数据提取

为分析而输入的一些数据可能会与大数据解决方案产生格式上的不兼容，这样的数据往往来自于外部资源。数据提取阶段主要是提取不同的数据，并将其转化为大数据解决方案中可用于数据分析的格式。

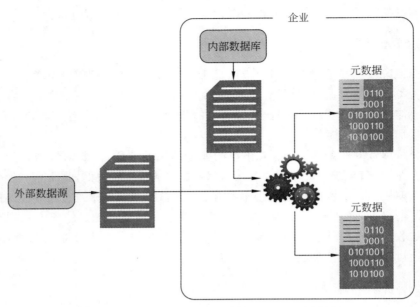

图 7-11 元数据从内部资源和外部资源被添加到数据中

需要提取和转化的程度取决于分析的类型和大数据解决方案的能力。例如,如果相关的大数据解决方案已经能够直接加工文件,那么从有限的文本数据(如网络服务器日志文件)中提取需要的域,可能就不必要了。类似地,如果大数据解决方案可以直接以本地格式读取文稿,对于需要总览整个文稿的文本分析而言,文本的提取过程就会简化许多。

图 7-12 显示了从没有更多转化需求的 XML 文档中提取注释和内嵌用户 ID。

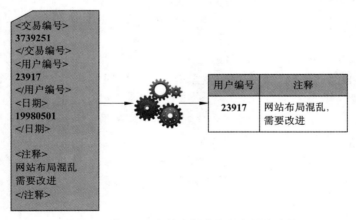

图 7-12 从 XML 文档中提取注释和用户编号

图 7-13 显示了从单个 JSON 字段中提取用户的经纬度坐标。为了满足大数据解决方案的需求,将数据分为两个不同的域,这就需要做进一步的数据转化。

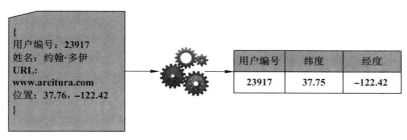

图 7-13　从单个 JSON 文件中提取用户编号和相关信息

7.4.5　数据验证与清理

无效数据会歪曲和伪造分析的结果。和传统的企业数据那种数据结构被提前定义好、数据也被提前校验的方式不同，大数据分析的数据输入往往没有任何的参考和验证来进行结构化操作，其复杂性会进一步使数据集的验证约束变得困难。

数据验证和清理阶段是为了整合验证规则，并移除已知的无效数据。大数据经常会从不同的数据集中接收到冗余的数据。这些冗余数据往往会为了整合验证字段、填充无效数据而被用来探索有联系的数据集。数据验证会被用来检验具有内在联系的数据集，填充遗失的有效数据。

对于批处理分析，数据验证与抽取可以通过离线 ETL（抽取转换加载）来执行。对于实时分析，则需要一个更加复杂的在内存中的系统来对从资源中得到的数据进行处理，在确认问题数据的准确性和质量时，来源信息往往扮演着十分重要的角色。有的时候，看起来无效的数据（图 7-14）可能在其他隐藏模式和趋势中具有价值，在新的模式中可能有意义。

图 7-14　无效数据的存在造成了一个峰值

7.4.6　数据聚合与表示

数据可以在多个数据集中传播，这要求这些数据集通过相同的域被连接在一起，就像日期和 ID。在其他情况下，相同的数据域可能会出现在不同的数据集中，如出生日期。无论哪种方式，都需要对数据进行核对的方法，或者需要确定表示正确值的数据集。

数据聚合和表示阶段是专门为了将多个数据集进行聚合，从而获得一个统一的视图。在这个阶段，会因为以下两种不同情况变得复杂：

- 数据结构——尽管数据格式是相同的，数据模型则可能不同。
- 语义——在两个不同的数据集中，具有不同标记的值可能表示同样的内容，比如"姓"和"姓氏"。

通过大数据解决方案处理的大量数据能够使数据聚合变成一个时间和劳动密集型的操作。调和这些差异需要的是可以自动执行的无须人工干预的复杂逻辑。

在此阶段，需要考虑未来的数据分析需求，以帮助数据的可重用性。是否需要对数据进行聚合，了解同样的数据是否能以不同形式来存储十分重要。一种形式可能比另一种更适合特定的分析类型。例如，如果需要访问个别数据字段，以二进制大对象（Binary Large Object，BLOB[①]）存储的数据就会变得没有多大用处。

由大数据解决方案进行标准化的数据结构，可以作为一个标准的共同特征被用于一系列的分析技术和项目。这可能需要建立一个像非结构化数据库一样的中央标准分析仓库（图7-15）。

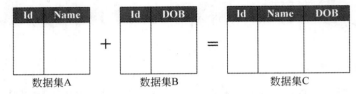

图 7-15 使用 ID 域聚集两个数据域的简单例子

图7-16展示了存储在两种不同格式中的相同数据块。数据集 A 包含所需的数据块，但是由于它是 BLOB 的一部分而不容易访问。数据集 B 包含有相同的以列为基础来存储的数据块，使得每个字段都可以被单独查询到。

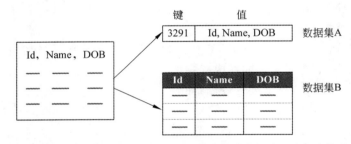

图 7-16 数据集 A 和 B 能通过大数据解决方案结合起来创建一个标准化的数据结构

7.4.7 数据分析

数据分析阶段致力于执行实际的分析任务，通常会涉及一种或多种类型的数据分析。在这个阶段，数据可以自然迭代，尤其是在数据分析是探索性分析的情况下，分析过程会一直重复，直到适当的模式或者相关性被发现。

根据所需的分析结果的类型，这个阶段可以被尽可能地简化为查询数据集，以实现用于比较的聚合。另一方面，它可以像结合数据挖掘和复杂统计分析技术一样来发现各种模式和异常，生成一个统计或数据模型来描述变量关系一样具有挑战性。

数据分析可以分为验证分析和探索分析两类，后者常常与数据挖掘相联系。

验证性数据分析是一种演绎方法，即先提出被调查的现象的原因，这种被提出的原因

[①] BLOB 是一个可以存储二进制文件的容器。在计算机中，BLOB 常常是数据库中用来存储二进制文件的字段类型。BLOB 是一个大文件，典型的 BLOB 是一张图片或一个声音文件，由于它们的尺寸特殊，因此必须使用特殊的方式来处理（如上传、下载或存放到一个数据库）。在 MySQL 中，BLOB 是个类型系列，例如 TinyBlob 等。

或者假说称为一个假设。接下来使用数据分析,以验证和反驳这个假设,并为这些具体的问题提供明确的答案。我们常常会使用数据采样技术,意料之外的发现或异常经常会被忽略,因为预定的原因是一个假设。

探索性数据分析是一种与数据挖掘紧密结合的归纳法。在该过程中没有假想的或预定的假设产生。相反,数据会通过分析探索来发展一种对于现象起因的理解。尽管它可能无法提供明确的答案,但这种方法会提供一个大致的方向,以便发现模式或异常。

7.4.8 数据可视化

如果只有分析师才能解释数据分析结果,那么分析海量数据并发现有用的见解的能力就没有什么价值了。

数据可视化阶段致力于使用数据可视化技术和工具,并通过图形表示有效的分析结果。为了从分析中获取价值,并在随后拥有从第八阶段(数据可视化)向第七阶段(数据分析)提供反馈的能力,用户必须充分理解数据分析的结果。

完成数据可视化阶段得到的结果能够为用户提供执行可视化分析的能力,这能够让用户去发现一些未预估到的问题的答案。可视化分析技术会在后续章节介绍。相同的结果可能会以许多不同的方式呈现,这会影响最终结果的解释。因此,重要的是保证在相应环境中使用最合适的可视化技术。

另一个必须要记住的方面是:为了让用户了解最终的积累或汇总结果是如何产生的,提供一种相对简单的统计方法也是至关重要的。

7.4.9 分析结果的使用

大数据分析结果可以用来为商业使用者提供商业决策支持,像是使用图表之类的工具,可以为使用者提供更多使用这些分析结果的机会。在分析结果的使用阶段,人们致力于确定如何以及在哪里处理分析数据能保证产出更大的价值。

基于要解决的分析问题本身的性质,分析结果很有可能会产生对被分析的数据内部一些模式和关系有着新的看法的"模型"。这个模型可能看起来会比较像一些数据公式和规则的集合。它们可以用来改进商业进程的逻辑和应用系统的逻辑。也可以作为新的系统或软件的基础。

在这个阶段常常会被探索的领域主要有以下几种:

(1) 企业系统的输入——数据分析的结果可以自动或手动地输入到企业系统中,用来改进系统的行为模式。例如,在线商店可以通过处理用户关系分析结果来改进产品推荐方式。新的模型可以在现有的企业系统或新系统的基础上改善操作逻辑。

(2) 商务进程优化——在数据分析过程中识别出的模式、关系和异常能够用来改善商务进程。如作为供应链的一部分整合运输线路。模型也有机会改善商务流程逻辑。

(3) 警报——数据分析的结果可以作为现有警报的输入或新警报的基础。例如,可以创建通过电子邮件或者短信的警报来提醒用户采取纠正措施。

【作　　业】

1. 预测分析是一种（　　）解决方案，可在结构化和非结构化数据中使用，以确定未来结果的算法和技术，用于预测、优化、预报和模拟等许多用途。
　　A. 存储和计算　　　　　　　　　　B. 统计或数据挖掘
　　C. 数值计算和分析　　　　　　　　D. 数值分析和计算处理

2. 预测分析和假设情况分析可帮助用户评审和权衡（　　）的影响力，用来分析历史模式和概率，以预测未来业绩，并采取预防措施。
　　A. 资源运用　　　B. 潜在风险　　　C. 经济价值　　　D. 潜在决策

3. （　　）不是预测分析的主要作用。
　　A. 决策管理　　　B. 滚动预测　　　C. 成本计算　　　D. 自适应管理

4. 大部分数据的堆积都不是为了（　　），但分析系统能从这些庞大的数据中学到预测未来的能力，正如人们可以从自己的经历中汲取经验教训那样。
　　A. 预测　　　　　B. 计算　　　　　C. 处理　　　　　D. 存储

5. 如果将数据整合在一起，尽管你不知道自己将从这些数据里发现什么，但至少能通过观测解读数据语言来发现某些（　　），这就是数据效应。
　　A. 外在联系　　　B. 内在联系　　　C. 逻辑联系　　　D. 物理联系

6. 预测分析模型不仅要靠基本人口数据，如住址、性别等，也要涵盖近期性、频率、购买行为、经济行为以及电话和上网等产品使用习惯之类的（　　）变量。
　　A. 行为预测　　　B. 生活预测　　　C. 经济预测　　　D. 动作预测

7. 定量分析专注于量化从数据中发现的模式和关联，这项技术涉及分析大量从数据集中所得的观测结果，其结果是（　　）的。
　　A. 相对字符型　　B. 相对数值型　　C. 绝对字符型　　D. 绝对数值型

8. 定性分析专注于用（　　）描述不同数据的质量。与定量分析相对比，定性分析涉及分析相对小而深入的样本，其分析结果不能被适用于整个数据集中，也不能测量数值或用于数值比较。
　　A. 数字　　　　　B. 符号　　　　　C. 语言　　　　　D. 字符

9. 当提到与大数据的关系时，数据挖掘通常指的是（　　），它涉及提取数据中的隐藏或未知模式。
　　A. 自动的、基于软件技术的、筛选海量数据集来识别模式和趋势的技术
　　B. 手工的、基于统计算法来计算分析的技术
　　C. 自动的、基于随机小样本分析、筛选批量数据集来识别趋势的技术
　　D. 基于手工方式、发挥计算者智慧的识别模式和趋势的技术

10. A/B测试，是指在网站优化的过程中，根据预先定义的标准，提供（　　）并对其好评程度进行测试的方法。
　　A. 一个版本　　　　　　　　　　　B. 多个版本
　　C. 一个或多个版本　　　　　　　　D. 单个测试样本

11. (　　)不属于 A/B 测试。
　　A. 新版药物比旧版更好吗？
　　B. 用户会对邮件或电子邮件发送的广告有更好的反响吗？
　　C. 这项研究有较好的经济价值和社会效应吗？
　　D. 网站新设计的首页会产生更多的用户流量吗？

12. 相关性分析是一种用来确定(　　)的技术。如果发现它们有关，下一步是确定它们之间是什么关系。
　　A. 两个变量是否相互独立　　　　B. 两个变量是否互相有关系
　　C. 多个数据集是否相互独立　　　D. 多个数据集是否相互有关系

13. 回归性分析技术旨在探寻在一个数据集内一个(　　)有着怎样的关系。
　　A. 外部变量和内部变量　　　　　B. 小数据变量和大数据变量
　　C. 组织变量和社会变量　　　　　D. 因变量与自变量

14. 在大数据分析中,(　　)分析可以首先让用户发现关系的存在,(　　)分析可以用于进一步探索关系,并且基于自变量的值来预测因变量的值。
　　A. 相关性,回归性　　　　　　　B. 回归性,相关性
　　C. 相关性,复杂性　　　　　　　D. 复杂性,回归性

15. SNS(社会性网络软件)是一个依据(　　),采用(　　)构建的下一代基于个人的网络软件。
　　A. 计算理论,电子技术　　　　　B. 六度理论,点对点技术
　　C. AI 理论,通信技术　　　　　　D. 工程理论,OA 技术

16. 大数据分析的生命周期从大数据项目商业案例的创立开始,到保证分析结果部署在组织中,并最大化地创造了价值时结束。在数据(　　)过程中,有许多步骤都是在数据分析之前所必须做的。
　　A. 识别、获取、过滤、提取、清理和聚合
　　B. 打印、计算、过滤、提取、清理和聚合
　　C. 统计、计算、过滤、存储、清理和聚合
　　D. 存储、提取、统计、计算、分析和打印

17. 每一个大数据分析生命周期都必须起始于一个被很好定义的(　　),它应该在着手分析任务之前被创建、评估和改进,并且有着清晰的执行分析的理由、动机和目标。
　　A. 商业计划　　B. 社会目标　　C. 盈利方针　　D. 商业案例

18. 在大数据分析商业案例的评估中,如果关键绩效指标不容易获取,则需要努力使这个分析项目变得 SMART,即(　　)。
　　A. 实际的、大胆的、有价值的、可分析的
　　B. 有风险的、有机会的、能实现的和有价值的
　　C. 具体的、可衡量的、可实现的、相关的和及时的
　　D. 有理想的、有价值的、有前途的和能实现的

19. 大数据分析的生命周期可以分为九个阶段,但(　　)不是其中的阶段之一。
　　A. 商业案例评估　　　　　　　　B. 数值计算

  C. 数据获取与过滤   D. 数据提取

  20. 大数据分析结果可以用来为商业使用者提供商业决策支持，为使用者提供更多使用这些分析结果的机会。分析结果的使用阶段致力于确定（　　）分析数据能保证产出更大的价值。

    A. 如何以及在哪里处理   B. 怎样以及什么时候
    C. 是否以及怎样   D. 如何打印以及存储

【实验与思考】 大数据准备度自我评分表

1. 实验目的

（1）熟悉大数据预测分析的基本概念和主要内容。

（2）通过 DELTTA 模式下的企业大数据准备度自我评分，了解企业开展大数据应用与分析需要做的准备工作。

2. 工具/准备工作

在开始本实验之前，请认真阅读课程的相关内容。

需要准备一台带有浏览器，能够访问因特网的计算机。

3. 实验内容与步骤

  所谓 DELTTA 模式，即通过数据（data）、企业（enterprise）、领导团队（leadership）、目标（target）、技术（technology）、分析（analysis）这样一些元素分析，来判断组织在内部建立数据分析的能力。

  《大数据准备度自我评分表》可用于判断企业（组织、机构）是否做好了实施大数据计划的准备。它根据 DELTTA 模式，每个因子有 5 个问题，每个问题的回答都分成 5 个等级，即非常不同意、有些不同意、普通、有些同意和非常同意。

  除非有什么原因需要特别看重某些问题或领域，否则直接计算每项因子的平均得分，以求出该因子的得分。也可以再把各因子的得分结合起来，求出准备度的总得分。

  用于评估大数据准备度的问题集适用于全公司或特定事业单位，应该要由熟悉全公司或该部门如何面对大数据的人来回答这些问题。

  请记录（或假设）你所服务的企业的基本情况：

企业名称：_____
主要业务：_____
_____
_____

企业规模：□ 大型企业   □ 中型企业   □ 小型企业

请在表 7-1 中为你所在企业开展大数据应用进行自我评分，并从中体会开展大数据应用与分析需要做的必要准备。

表 7-1 大数据准备度自我评分表

评价指标		分析测评结果					备注
		非常同意	有些同意	普通	有些不同意	非常不同意	
资　料							
1	我们能取得极庞大的未结构化或快速变动的数据，供分析之用						
2	我们会把来自多个内部来源的数据结合到数据仓库或数据超市，以利取用						
3	我们会整合内外部数据，借以对事业环境做有价值的分析						
4	我们对于所分析的数据会维持一致的定义与标准						
5	使用者、决策者以及产品开发人员都信任我们数据的品质						
企　业							
6	我们会运用结合了大数据与传统数据分析的手法实现组织目标						
7	我们组织的管理团队可确保事业单位与部门携手合作，为组织决定大数据及数据分析的有限顺序						
8	我们会安排一个让数据科学家与数据分析专家能够在组织内学习与分享能力的环境						
9	我们的大数据及数据分析活动与基础架构将有充足资金及其他资源的支持，用于打造我们需要的技能						
10	我们会与网络同伴、顾客及事业生态系统中的其他成员合作，共享大数据的内容与应用						
领导团队							
11	我们的高层主管会定期思考大数据与数据分析可能为公司带来的机会						
12	我们的高层主管会要求事业单位与部门领导者，在决策与事业流程中运用大数据与数据分析						

续表

评价指标	分析测评结果					备注
	非常同意	有些同意	普通	有些不同意	非常不同意	
领导团队						
13	我们的高层主管会利用大数据与数据分析引导策略性与战略性决策					
14	组织中基层管理者会利用大数据与数据分析引导决策					
15	我们的高层管理者会指导与审核建置大数据资产(数据、人才、软硬件)的优先次序及建置过程					
目标						
16	我们的大数据活动会优先用来掌握有助于与竞争对手差异化、潜在价值高的机会					
17	我们认为,运用大数据发展新产品与新服务业是一种创新程序					
18	我们会评估流程、策略与市场,以找出在公司内部运用大数据与数据分析的机会					
19	我们经常实施数据驱动的实验,以收集事业中哪些部分运作得顺利,哪些部分运作得不顺利的数据					
20	我们会在数据分析与数据的辅助下评价现有决策,以评估为结构化的新数据是否能提供更好的模式					
技术						
21	我们已探索并行运算方法(如 Hadoop),或已用它来处理大数据					
22	我们善于在说明事业议题或决策时使用数据可视化手段					
23	我们已探索过以云端服务处理数据或进行数据分析,或是已实际这么做					
24	我们已探索过用开源软件处理大数据与数据分析,或是已实际这么做					
25	我们已探索过用于处理未结构化数据(或文字、视频或图片)的工具,或是已实际采用					

续表

评价指标		分析测评结果					备注
		非常同意	有些同意	普通	有些不同意	非常不同意	
数据分析人员与数据科学家							
26	我们有足够的数据科学家与数据分析专家等人才,帮助实现数据分析的目标						
27	我们的数据科学家与数据分析专家,在关键决策与数据驱动的创新上提供的意见,受到高层管理者的信任						
28	我们的数据科学家与数据分析专家能了解大数据与数据分析要应用在哪些事业范畴与程序上						
29	我们的数据科学家、量化分析师与数据管理专家,能有效地以团队合作的方式发展大数据与数据分析计划						
30	公司内部对员工设有培养数据科学与数据分析技能的课程(无论是内部课程或与外面的组织合作开设)						
合　计							

说明:"非常同意"5分,"有些同意"4分,"普通"3分,以此类推。全表满分为150分,你的测评总分为：_____分。

4. 实验总结

_____
_____
_____

5. 实验评价(教师)

_____
_____

第 8 章

大数据与人工智能

【导读案例】

适应性学习体系

在线影片租赁提供商奈飞（Netflix）可以预测出你想看什么电影，电商亚马逊能识别出你接下来想买什么书。有了大数据分析，新的在线教育平台就能预测出学生们对什么样的教育模式反映更好，从而帮助学生回到正确的轨道，不让他们中途退学。

经济合作与发展组织是由 30 多个市场经济国家组成的政府间国际经济组织，旨在共同应对全球化带来的经济、社会和政府治理等方面的挑战，并把握全球化带来的机遇。在经济合作与发展组织的成员国中，美国大学的辍学率是最高的，其中只有 46% 的大学生能取得学位。2009 年，在一项针对 34 个成员国的调查中，美国的阅读排名第 14，科学排名第 17，数学排名第 25。许多学生退学的理由是教育花费太高。皮尤研究中心的一项研究表明，与公立学校 45% 的辍学率相比，在私立的营利性学校中，78% 的学生经过 6 年的学习后仍毕不了业。

在 18~34 岁没有大学学历的人中，48% 的人称他们只是因为交不起学费。而取得学历的人中有 86% 的人称，大学对于他们个人而言是一次很好的投资。

该数据告诉我们，待在学校是有好处的。可它同时也告诉我们，完成学业并非易事。《数据驱动：改进授课的实际指南》一书的作者班布里克·桑托约向我们展示，数据驱动大有用处。

班布里克·桑托约在学校工作的那 8 年里，学校在学生成就方面取得了很大成绩，在各种状态评估和年级水平测试中达到了 90% 的过关率。数据驱动法能帮助我们更有效地教学。与此同时，那些平衡数据的科技则可以在学生的日常学习和生活中发挥作用。

计算机如何帮助学生们更有效地学习呢？不论是个体还是群体，在线学习系统都能评估学生过去的学习习惯，并且通过评估所得的数据来预测他们以后的学习习惯。在一节给定的课程或是一个课件框架中，适应性学习体系能确定接下来该教给学生什么内容，或者判定学生哪些地方还没有完全明白。它还能让学生们亲眼看到他们在学习这些内容时是如何进步的，或是他们对这些内容掌握了多少。

适应性学习体系的优点之一是其内部的反馈环。该体系以学生的互动和表现为基础，对学生、教师和该体系本身提供反馈，于是用户或是该体系本身就可以利用这种反馈，来优化用以帮助学生们的预测公式。最终，学生、教师和适应性学习体系就能进一步见证他们的进步。此外,软件也能在一节给定的课程中预测出学生需要什么样的帮助。在线课件可以评估诸如注册频率和做家庭作业的及时性等因素,以此预测学生们能否完成学业。如此,这样的软件还能向课程导师发出警报,方便他们及时向害怕完不成学业的学生伸出援手,给予他们额外的帮助和鼓励。

在线教育服务 Knewton 是最著名的适应性学习体系之一。该体系由世界领先的终身教育服务商之一卡普兰(Kaplan)的前总经理创立,注重区分个体学生的优缺点。该公司一开始只提供 GMAT[①] 的测试准备,如今被用来改善大学教育。作为拥有 72 000 名学生的美国最大的公立大学,亚利桑那州立大学(图 8-1) 运用 Knewton 体系来提高学生的数学水平。该体系在 2 000 名学生中使用了两学期以后,亚利桑那州立大学的辍学率下降了 56%,而毕业率也从 64% 升高到了 75%。而 Dreambox 是另一家适应性学习体系的提供者,旨在提高小学生的数学演算水平。为帮助学生提高数学水平,该公司提供了大约 720 节课程。

图 8-1 亚利桑那州立大学

从更广泛的层面上讲,数据挖掘能为学生们推荐课程,并且帮助大学生们判定他们是否偏离了自己所选专业的轨道。亚利桑那州立大学运用 E 顾问系统来辅导大学生。该学校的学生保持率从 77% 上升到 84%,这项改革是教务长伊丽莎白·卡帕尔迪为 E 顾问系统所作出的贡献。

不管学生们是没有完成主要课程,还是一开始就没有报名,E 顾问系统都可以追踪到。为了提供最恰当的课程建议,它们还将指定学生的有关数据同收集来的其他数千名

---

① GMAT(研究生管理科学入学考试),它是一种标准化考试,已经被广泛地用作工商管理硕士的入学考试,是当前最为可靠的测试考生是否具备顺利完成工商管理硕士项目学习能力的考试项目,专门帮助各商学院或工商管理硕士项目评估申请人是否具备在工商管理方面继续深造学习的资格。美国、英国、澳大利亚等国家的高校都采用 GMAT 考试的成绩来评估申请入学者是否适合于在商业、经济和管理等专业的研究生阶段学习,以决定是否录取。在中欧和东欧,GMAT 是衡量学生分析写作能力的一个重要评判标准。在那里,考生数学部分的分数都非常高,而语言和分析写作部分成绩好的话,则表明你是一个少有的杰出考生。

学生的数据作了比较。这种日渐增加的透明性从学生之间扩展到教师之间,再到学校的管理者之间。学生们对自身的进步有了更多的了解,教师们对个别学生的进步和全班同学的进步也看在眼里,管理者们也从整个学校的角度看到了什么有用、什么没有用。于是,管理领导们也就能总结出什么样的教育计划、软件和方法是最有效的,并相应调整总课程。

阅读上文,请思考、分析并简单记录:

(1) 你的大学同学有人辍学吗?你认为这个(或者几个)辍学同学的主要辍学原因是什么?

答:_____

_____

_____

(2) 阅读上文,你认为在大数据背景下建立的适应性学习体系有可能帮助学生回到正确的学习轨道上,从而减少辍学吗?

答:_____

_____

_____

(3) 在大数据时代,学生应该做些什么来提高自己的学习效率,有效地完成自己的学业?

答:_____

_____

_____

(4) 请简单描述你所知道的上一周发生的国际、国内或者身边的大事。

答:_____

_____

_____

8.1 人工智能概述

人工智能(Artificial Intelligence,AI,图 8-2)是研究、开发用于模拟、延伸和扩展人的智能的理论、方法、技术及应用系统的一门新的技术科学。它是计算机科学的一个分支,企图了解智能的实质,并生产出一种新的能以人类智能相似的方式做出反应的智能机器。该领域的研究包括机器学习、机器人、语言识别、图像识别、自然语言处理、专家系统、经济政治决策、控制系统和仿真系统等。

人工智能的定义可以分为两部分,即"人工"和"智能"。"人工系统"就是通常意义下

第 8 章 大数据与人工智能

图 8-2 人工智能

的人工系统。"智能"涉及其他诸如意识、自我、思维(包括无意识的思维)等问题。

著名的斯坦福大学人工智能研究中心尼尔逊教授对人工智能下了这样一个定义："人工智能是关于知识的学科——怎样表示知识以及怎样获得知识并使用知识的科学。"而麻省理工学院的温斯顿教授认为："人工智能就是研究如何使计算机去做过去只有人才能做的智能工作。"这些说法反映了人工智能学科的基本思想和基本内容。即人工智能是研究人类智能活动的规律，构造具有一定智能的人工系统，研究如何让计算机去完成以往需要人的智力才能胜任的工作，也就是研究如何应用计算机的软硬件来模拟人类某些智能行为的基本理论、方法和技术。

谷歌的知识图谱(图 8-3)技术可以在语境中的相关信息之间建立联系。例如，搜索"列奥纳多·达·芬奇"。我们在电脑屏幕的左侧可以看到一些标准的蓝色链接，指向跟这位意大利文艺复兴时期的艺术家与科学家有关的网络文章及网站。而电脑屏幕右侧则

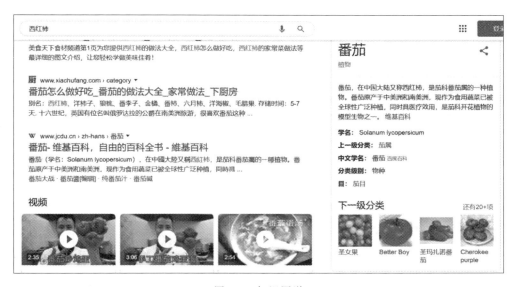

图 8-3 知识图谱

显示知识图谱的处理结果：达·芬奇的几张照片，下面还有他的简短文字介绍，包括生卒时间与地点，以及《蒙娜丽莎》《最后的晚餐》等主要画作的小图片。其他公司也正在开发自己的文本关联或知识软件，其中最著名的当属苹果的Siri语音助手与微软的"有问必应"。此外，一些大学也在这个领域有研究项目。

我们头脑中的"知识""意义""了解"等概念并不真正适用于知识图谱的工作原理。人们之所以能了解某些事物，在很大程度上得益于他们在现实世界中获得的经验，而计算机不具备这个有利条件。人工智能的发展意味着计算机的看、读、听和说等能力正在不断增强，不过，计算机开展这些活动的方式与人类大不相同。

几十年前，人工智能研究的主要关注点是制定知识规则与知识关系，建立所谓的专家系统。但是事实证明，建立这些专家系统的难度特别大。因此，人们放弃了构建知识系统，转而采用数据驱动的研究路线：基于统计概率与统计规律挖掘大量数据，并制定决策。有了数据提供的动力，人工智能在完成自然语言处理（例如，谷歌搜索与沃森问答系统背后的主要技术）等任务时表现出了"不可思议的强大作用"。但是，如果采用单纯数据驱动的方法，是不可能形成准确又全面的理解的。人们过于信任数据驱动的方法，以至于他们认为仅凭相关性就可以解决所有问题。

正如我们看到的那样，对于大量商业决策而言，有相关性就能得出令人满意的结果。商业战略与政策制定等决策领域面临更大的风险，仅凭相关性是绝对不够的。未来的人工智能除了会数据分析以外，还要对因果关系产生有启发性的认识，包括理论、假设、现实世界的心理模型、事情的原委等，两者必须更密切地相互配合。技术进步使共生关系的实用性日益增强。

8.2 机器学习基础

机器学习基础

如果孤零零地给你一个数据，例如39，你能从中发现什么呢？一般不会有太多发现。这只是一个介于38和40之间的数，除此以外，其他所有的"发现"都只能是推测与猜想。接着，再给你多一点儿的信息：39°。这个数据表示的可能是角度或者是温度。然后，再添加一个具体信息：39℃。这显然是温度，而且是比较高的温度。最后，再告诉你这是某个人的口腔温度读数。于是，你知道这个人的体温超过了39℃，说明他生病了。

结束这个简短的思维演练之后，IBM的研究员萨姆·亚当斯说："每增加一点儿信息，你对数据的理解就会发生显著的变化。"亚当斯说这些话的目的是向我们介绍数据在具体语境中的作用。数据越多，传递的信息就越具体，最终形成知识。各种各样的新数据大量涌现，有利于我们理解数据。但是，亚当斯认为，只有"把所有点连起来"，形成有价值的灵感或发现，才是真正的成果。

8.2.1 什么是机器学习

学习能力是智能行为的一个非常重要的特征。H.A.西蒙认为，学习是系统所作的适应性变化，使得系统在下一次完成同样或类似的任务时更为有效。R.S.米哈尔斯基认为，学习是构造或修改对于所经历事物的表示。从事专家系统研制的人们则认为学习是知识的获取。这些观点各有侧重,第一种观点强调学习的外部行为效果,第二种则强调学习的内部过程,而第三种主要是从知识工程的实用性角度出发的。

机器学习(图8-4)在人工智能的研究中具有十分重要的地位,是人工智能研究的核心之一。它的应用已遍及人工智能的各个分支,如专家系统、自动推理、自然语言理解、模式识别、计算机视觉、智能机器人等领域。其中尤其典型的是专家系统中的知识获取瓶颈问题,人们一直在努力试图采用机器学习的方法加以克服。

图8-4 机器学习

一个不具有学习能力的智能系统难以称得上是一个真正的智能系统,但是以往的智能系统都普遍缺少学习的能力。例如,它们遇到错误时不能自我校正;不会通过经验改善自身的性能;不会自动获取和发现所需要的知识。它们的推理仅限于演绎而缺少归纳,因此,至多只能够证明已存在事实、定理,而不能发现新的定理、定律和规则等。随着人工智能的深入发展,这些局限性表现得愈加突出。

机器学习的研究是根据生理学、认知科学等对人类学习机理的了解,建立人类学习过程的计算模型或认识模型,发展各种学习理论和学习方法,研究通用的学习算法,并进行理论上的分析,建立面向任务的具有特定应用的学习系统。这些研究目标相互影响、相互促进。

学习是人类具有的一种重要智能行为,但究竟什么是学习,长期以来却众说纷纭。社会学家、逻辑学家和心理学家都各有不同的看法。

比如,兰利的定义:"机器学习是一门人工智能的科学,该领域的主要研究对象是人工智能,特别是如何在经验学习中改善具体算法的性能"。

汤姆·米切尔的机器学习定义中对信息论的一些概念有详细解释,其中提到:"机器学习是对能通过经验自动改进的计算机算法的研究"。

阿尔派丁提出自己的定义:"机器学习是用数据或以往的经验,以此优化计算机程序的性能标准。"

顾名思义,机器学习是研究如何使用机器来模拟人类学习活动的一门学科。稍为严格的提法是:机器学习是一门研究机器获取新知识和新技能,并识别现有知识的学问。这里所说的"机器",指的就是计算机、电子计算机、中子计算机、光子计算机或神经计算机等等。

机器能否像人类一样能具有学习能力呢?1959年,美国的塞缪尔设计了一个下棋程序,这个程序具有学习能力,它可以在不断对弈中改善自己的棋艺。4年后,这个程序战胜了设计者本人。又过了3年,这个程序战胜了美国一个保持8年之久的常胜不败的冠军。这个程序向人们展示了机器学习的能力,提出了许多令人深思的社会问题与哲学问题。

机器的能力是否能超过人,很多持否定意见的人的一个主要论据是:机器是人造的,其性能和动作完全是由设计者规定的,因此,无论如何其能力也不会超过设计者本人。这种意见对不具备学习能力的机器来说的确是对的,可是对具备学习能力的机器就值得考虑了,因为这种机器的能力在应用中不断提高,过一段时间之后,设计者本人也不知它的能力到了何种水平。

机器学习的发展进入新阶段的重要表现在下列诸方面:

(1) 机器学习已成为新的边缘学科并在高校建立课程,它综合应用心理学、生物学和神经生理学以及数学、自动化和计算机科学,形成机器学习理论基础。

(2) 结合各种学习方法,取长补短的多种形式的集成学习系统研究正在兴起。特别是连接学习符号,学习的耦合可以更好地解决连续性信号处理中知识与技能的获取与求精问题,而受到重视。

(3) 机器学习与人工智能各种基础问题的统一性观点正在形成。例如,学习与问题求解结合进行、知识表达便于学习的观点产生了通用智能系统 SOAR 的组块学习。类比学习与问题求解结合的基于案例方法已成为经验学习的重要方向。

(4) 各种学习方法的应用范围不断扩大,一部分已形成商品。归纳学习的知识获取工具已在诊断分类型专家系统中广泛使用。连接学习在声图文识别中占优势,分析学习已用于设计综合型专家系统,遗传算法与强化学习在工程控制中有较好的应用前景,与符号系统耦合的神经网络连接学习将在企业的智能管理与智能机器人运动规划中发挥作用。

(5) 与机器学习有关的学术活动空前活跃。

8.2.2 基本结构

环境向系统的学习部分提供某些信息,学习部分利用这些信息修改知识库,以增进系统执行部分完成任务的效能,执行部分根据知识库完成任务,同时把获得的信息反馈给学习部分。在具体应用中,环境、知识库和执行部分决定了机器学习的工作内容,学习部分所需要解决的问题完全由这 3 部分确定。

(1) 影响学习系统设计的最重要因素是环境向系统提供的信息,或者更具体地说是信息的质量。知识库里存放的是指导执行部分动作的一般原则,但环境向学习系统提供的信息却是各种各样的。如果信息的质量比较高,与一般原则的差别比较小,则学习部分比较容易处理。如果向学习系统提供的是杂乱无章的指导执行具体动作的具体信息,则学习系统需要在获得足够数据之后删除不必要的细节,进行总结推广,形成指导动作的一般原则,放入知识库。这样,学习部分的任务就比较繁重,设计起来也较为困难。

因为学习系统获得的信息往往是不完全的,所以其所进行的推理并不完全是可靠的,它总结出来的规则可能正确,也可能不正确。这要通过执行效果加以检验。正确的规则能使系统的效能提高,应予保留;不正确的规则应予修改,或从数据库中删除。

(2) 知识库是影响学习系统设计的第二个因素。知识的表示有多种形式,比如特征向量、一阶逻辑语句、产生式规则、语义网络和框架等等。这些表示方式各有特点,在选择表示方式时要兼顾以下 4 个方面:

① 表达能力强。

② 易于推理。
③ 容易修改知识库。
④ 知识表示易于扩展。

学习系统不能在全然没有任何知识的情况下凭空获取知识,每一个学习系统都要求具有某些知识理解环境提供的信息,分析比较,做出假设,检验并修改这些假设。因此,更确切地说,学习系统是对现有知识的扩展和改进。

(3) 执行部分是整个学习系统的核心,因为执行部分的动作就是学习部分力求改进的动作。同执行部分有关的问题有 3 个:复杂性、反馈和透明性。

8.2.3 研究领域

学习是一项复杂的智能活动,学习过程与推理过程是紧密相连的,按照学习中使用推理的多少,机器学习所采用的策略大体上可分为机械学习、示教学习、类比学习和通过事例学习等。学习中所用的推理越多,系统的能力越强。

机器学习领域的研究工作主要围绕以下三个方面进行。

(1) 面向任务的研究:研究和分析改进一组预定任务的执行性能的学习系统。

(2) 认知模型:研究人类学习过程,并进行计算机模拟。

(3) 理论分析:从理论上探索各种可能的学习方法和独立于应用领域的算法。

机器学习是继专家系统之后人工智能应用的又一重要研究领域,也是人工智能和神经计算的核心研究课题之一。现有的计算机系统和人工智能系统至多也只有非常有限的学习能力,因而不能满足科技和生产提出的新要求。对机器学习的讨论和研究的进展,必将促使人工智能和整个科学技术的进一步发展。

8.3 机器学习分类

机器学习分类

机器学习是一门涉及概率论、统计学、逼近论、算法复杂度理论等多领域的交叉学科,专门研究计算机怎样模拟或实现人类的学习行为,以获取新的知识或技能,重新组织已有的知识结构,使之不断改善自身的性能。机器学习是人工智能的核心,是使计算机具有智能的根本途径,其应用遍及人工智能的各个领域,它主要使用归纳、综合而不是演绎。

人类善于发现数据中的模式与关系,不幸的是,不能快速地处理大量的数据。另一方面,机器非常善于迅速处理大量数据,但它们得知道怎么做。如果人类知识可以和机器的处理速度相结合,机器可以处理大量数据而不需要人类干涉。这就是机器学习的基本概念。

机器学习已经有了十分广泛的应用,例如:数据挖掘、计算机视觉、自然语言处理、生物特征识别、搜索引擎、医学诊断、检测信用卡欺诈、证券市场分析、DNA 序列测序、语音和手写识别、战略游戏和机器人运用,其中很多都属于大数据分析技术的应用范畴。

综合考虑各种学习方法出现的历史渊源、知识表示、推理策略、结果评估的相似性、研究人员交流的相对集中性以及应用领域等诸因素,机器学习有不同的分类方法。

8.3.1　基于学习策略分类

学习策略是指学习过程中系统所采用的推理策略。一个学习系统总是由学习和环境两部分组成。由环境(如书本或教师)提供信息,学习部分则实现信息转换,用能够理解的形式记忆下来,并从中获取有用的信息。在学习过程中,学生(学习部分)使用的推理越少,他对教师(环境)的依赖就越大,教师的负担也就越重。学习策略的分类标准就是根据学生实现信息转换所需的推理多少和难易程度来分类的,依从简单到复杂、从少到多的次序分为以下 6 种基本类型。

(1) 机械学习。学习者无须任何推理或其他的知识转换,直接吸取环境所提供的信息。如塞缪尔的跳棋程序、纽厄尔和西蒙的 LT 系统。这类学习系统主要考虑的是如何索引存贮的知识,并加以利用。系统的学习方法是直接通过事先编好、构造好的程序来学习,学习者不作任何工作,或者是通过直接接收既定的事实和数据进行学习,对输入信息不作任何的推理。

(2) 示教学习。学生从环境(教师或其他信息源如教科书等)获取信息,把知识转换成内部可使用的表示形式,并将新的知识和原有知识有机地结合为一体。所以要求学生有一定程度的推理能力,但环境仍要做大量的工作。教师以某种形式提出和组织知识,以使学生拥有的知识可以不断地增加。这种学习方法和人类社会的学校教学方式相似,学习的任务就是建立一个系统,使它能接受教导和建议,并有效地存贮和应用学到的知识。不少专家系统建立知识库时使用这种方法去实现知识获取。

(3) 演绎学习。学生所用的推理形式为演绎推理。推理从公理出发,经过逻辑变换推导出结论。这种推理是"保真"变换和特化的过程,使学生在推理过程中可以获取有用的知识。这种学习方法包含宏操作学习、知识编辑和组块技术。演绎推理的逆过程是归纳推理。

(4) 类比学习。利用二个不同领域(源域、目标域)中的知识相似性,可以通过类比,从源域的知识(包括相似的特征和其他性质)推导出目标域的相应知识,从而实现学习。类比学习系统可以使一个已有的计算机应用系统转变为适应于新的领域,来完成原先没有设计的相类似的功能。

类比学习需要比上述三种学习方式更多的推理。它一般要求先从知识源(源域)中检索出可用的知识,再将其转换成新的形式,用到新的状况(目标域)中去。类比学习在人类科学技术发展史上起着重要作用,许多科学发现就是通过类比得到的。例如,著名的卢瑟福类比就是通过将原子结构(目标域)同太阳系(源域)作类比,揭示了原子结构的奥秘。

(5) 基于解释的学习。学生根据教师提供的目标概念、该概念的一个例子、领域理论及可操作准则,首先构造一个解释来说明为什么该例子满足目标概念,然后将解释推广为目标概念的一个满足可操作准则的充分条件。基于解释的学习已被广泛应用于知识库求精和改善系统的性能。

(6) 归纳学习。是由教师或环境提供某概念的一些实例或反例,让学生通过归纳推理得出该概念的一般描述。这种学习的推理工作量远多于示教学习和演绎学习,因为环境并不提供一般性概念描述(如公理)。从某种程度上说,归纳学习的推理量也比类比学习大,因为没有一个类似的概念可以作为"源概念"加以取用。归纳学习是最基本的、发展也较为成熟的学习方法,在人工智能领域中已经得到广泛的研究和应用。

8.3.2 基于知识表示形式分类

学习系统获取的知识可能有:行为规则、物理对象的描述、问题求解策略、各种分类及其他用于任务实现的知识类型。

对于学习中获取的知识,主要有以下一些表示形式:

(1) 代数表达式参数:学习的目标是调节一个固定函数形式的代数表达式参数或系数来达到一个理想的性能。

(2) 决策树:用决策树来划分物体的类属,树中每一内部节点对应一个物体属性,而每一边对应于这些属性的可选值,树的叶节点则对应于物体的每个基本分类。

(3) 形式文法:在识别一个特定语言的学习中,通过对该语言的一系列表达式进行归纳,形成该语言的形式文法。

(4) 产生式规则:产生式规则表示为条件-动作对,已被广泛地使用。学习系统中的学习行为主要是:生成、泛化、特化或合成产生式规则。

(5) 形式逻辑表达式:形式逻辑表达式的基本成分是命题、谓词、变量、约束变量范围的语句及嵌入的逻辑表达式。

(6) 图和网络:有的系统采用图匹配和图转换方案来有效地比较和索引知识。

(7) 框架和模式:每个框架包含一组槽,用于描述事物(概念和个体)的各个方面。

(8) 计算机程序和其他的过程编码:获取这种形式的知识,目的在于取得一种能实现特定过程的能力,而不是为了推断该过程的内部结构。

(9) 神经网络:这主要用在联接学习中。学习所获取的知识,最后归纳为一个神经网络。

(10) 多种表示形式的组合:有时一个学习系统中获取的知识,需要综合应用上述几种知识表示形式。

根据表示的精细程度,可将知识表示形式分为两大类:像决策树、形式文法、产生式规则、形式逻辑表达式、框架和模式等属于符号表示类;而代数表达式参数、图和网络、神经网络等则属亚符号表示类。

8.3.3 按应用领域分类

最主要的应用领域有:专家系统、认知模拟、规划和问题求解、数据挖掘、网络信息服务、图像识别、故障诊断、自然语言理解、机器人和博弈等领域。

从机器学习的执行部分所反映的任务类型上看,大部分的应用研究领域基本上集中于以下两个范畴:分类和问题求解。

(1) 分类任务要求系统依据已知的分类知识对输入的未知模式(该模式的描述)作分析,以确定输入模式的类属。相应的学习目标就是学习用于分类的准则(如分类规则)。

(2) 问题求解任务要求对于给定的目标状态,寻找一个将当前状态转换为目标状态的动作序列;机器学习在这一领域的研究工作大部分集中于通过学习来获取能提高问题求解效率的知识(如搜索控制知识、启发式知识等)。

8.3.4 按学习形式分类

按学习形式分类,包括以下几类:

1. 监督学习(分类)

即在机械学习过程中提供对错指示。一般是在数据组中包含最终结果(0,1)。通过算法让机器自我减少误差。这一类学习主要应用于分类和预测。

分类是一种有监督的机器学习,它将数据分为相关的、以前学习过的类别。它包括以下两个步骤:

(1) 将已经被分类或有标号的训练数据给系统,这样就可以形成一个对不同类别的理解。

(2) 将未知或相似数据给系统来分类,基于训练数据形成的理解,算法会分类无标号数据。

这项技术的常见应用是过滤垃圾邮件。值得一提的是,分类技术可以对两个或两个以上的类别进行分类。如图8-5所示,在一个简化的分类过程中,训练时将有标号的数据给机器,使其建立对分类的理解,然后将未标号的数据给机器,使它进行自我分类。

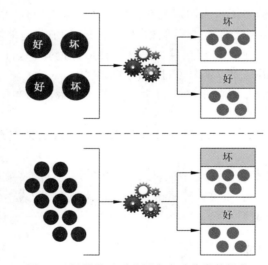

图8-5 机器学习可以用来自动分类数据集

例如,银行想找出哪些客户可能会拖欠贷款。基于历史数据编制一个训练数据集,其中包含标记的曾经拖欠贷款的顾客样例和不曾拖欠贷款的顾客样例。将这样的训练数据给分类算法,使之形成对"好"或"坏"顾客的认识。最终,将这种认识作用于新的未加标签的客户数据,来发现一个给定的客户属于哪个类。

分类适用的样例问题可以是:

- 基于其他申请是否被接受或者被拒绝,申请人的信用卡申请是否应该被接受?

- 基于已知的水果蔬菜样例,西红柿是水果还是蔬菜?
- 病人的药检结果是否表示有心脏病的风险?

2. 无监督学习(聚类)

无监督学习又称归纳性学习。通过循环和递减运算来减小误差,达到分类的目的。通过这项技术,数据被分割成不同的组,这样在每组中的数据有相似的性质。聚类不需要先学习类别。相反,类别是基于分组数据产生的。数据如何成组取决于用什么类型的算法,每个算法都有不同的技术来确定聚类。

聚类常用在数据挖掘上,来理解一个给定数据集的性质。形成理解之后,分类可以被用来更好地预测相似但却是全新或未见过的数据。

聚类可以被用在未知文件的分类以及通过将具有相似行为的顾客分组的个性化市场营销策略上。图 8-6 所示的散点图描述了可视化表示的聚类。

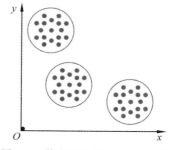

图 8-6　散点图总结了聚类的结果

例如,基于已有的顾客记录档案,一个银行想要给现有顾客介绍很多新的金融产品。分析师用聚类将顾客分类至多组中。然后给每组介绍最适合这个组整体特征的一个或多个金融产品。

聚类适用的样例问题可以是:
- 根据树之间的相似性,存在多少种树?
- 根据相似的购买记录,存在多少组顾客?
- 根据病毒的特性,它们的不同分组是什么?

3. 异常检测

异常检测是指在给定数据集中发现明显不同于其他数据或与其他数据不一致的数据的过程。这种机器学习技术被用来识别反常、异常和偏差,它们可以是有利的,例如机会,也可能是不利的,例如风险。

异常检测与分类和聚类的概念紧密相关,虽然它的算法专注于寻找不同值。它可以基于有监督或无监督的学习。异常检测的应用包括欺诈检测、医疗诊断、网络数据分析和传感器数据分析。图 8-7 所示的散点图直观地突出了异常值的数据点。

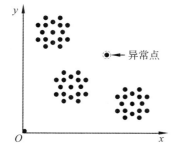

图 8-7　散点图突出异常点

例如,为了查明一笔交易是否涉嫌欺诈,银行的 IT 团队构建了一个基于有监督的学习使用异常检测技术的系统。首先将一系列已知的欺诈交易送给异常检测算法。在系统训练后,将未知交易送给异常检测算法,来预测他们是否欺诈。

异常检测适用的样例问题可以是:
- 运动员使用过违禁药物吗?

- 在训练数据集中,有没有被错误地识别为水果或蔬菜的数据集用于分类任务?
- 有没有特定的病菌对药物不起反应?

4. 过滤

过滤是自动从项目池中寻找有关项目的过程。项目可以基于用户行为或通过匹配多个用户的行为被过滤。过滤常用的媒介是推荐系统。通常过滤的主要方法是协同过滤和内容过滤。

协同过滤是一项基于联合或合并用户过去行为与他人行为的过滤技术。目标用户过去的行为,包括他们的喜好、评级和购买历史等,会被和相似用户的行为所联合。基于用户行为的相似性,项目被过滤给目标用户。协同过滤仅依靠用户行为的相似性。它需要大量用户行为数据来准确地过滤项目。这是一个大数据定律应用的例子。

内容过滤是一项专注于用户和项目之间相似性的过滤技术。基于用户以前的行为创造用户文件,例如,他们的喜好、评级和购买历史。用户文件与不同项目性质之间所确定的相似性可以使项目被过滤,并呈现给用户。和协同过滤相反,内容过滤仅致力于用户个体偏好,而并不需要其他用户数据。

推荐系统预测用户偏好,并且为用户产生相应建议。建议一般推荐的项目包括电影、书本、网页和人。推荐系统通常使用协同过滤或内容过滤来产生建议。它也可能基于协同过滤和内容过滤的混合来调整生成建议的准确性和有效性。

例如,为了实现交叉销售,一家银行构建了使用内容过滤的推荐系统。基于顾客购买的金融产品和相似金融产品性质所找到的匹配,推荐系统自动推荐客户可能感兴趣的潜在金融产品。

过滤适用的样例问题可以是:
- 怎样仅显示用户感兴趣的新闻文章?
- 基于度假者的旅行史,可以向其推荐哪个旅游景点?
- 基于当前的个人资料,可以推荐哪些新用户做他的朋友?

8.4 神经网络

神经网络

大数据带给我们的无论从内容丰富程度还是详细程度上看都将超过从前,从而有可能让我们的视野宽度与学习速度实现突破。用麦克森公司管理层的话来说,大数据可以让"一切潜在机会无所遁形"。

人工神经网络(Neural Network,NN)是由大量处理单元(或称神经元)互联组成的非线性、自适应信息处理系统。它是在现代神经科学研究成果的基础上提出的,试图通过模拟大脑神经网络处理、记忆信息的方式进行信息处理。文字识别、语音识别等模式识别领域适合应用神经网络,此外,其在信用、贷款的风险管理、信用欺诈监测等领域也得到了广泛应用。人工神经网络具有以下4个基本特征:

(1)非线性:非线性关系是自然界的普遍特性。大脑的智慧就是一种非线性现象。人工神经元处于激活或抑制二种不同的状态,这种行为在数学上表现为一种非线性关系。

具有阈值的神经元构成的网络具有更好的性能,可以提高容错性和存储容量。

(2) 非局限性:一个神经网络通常由多个神经元广泛连接而成。一个系统的整体行为不仅取决于单个神经元的特征,而且可能主要由单元之间的相互作用、相互连接所决定。通过单元之间的大量连接模拟大脑的非局限性。联想记忆是非局限性的典型例子。

(3) 非常定性:人工神经网络具有自适应、自组织、自学习能力。神经网络处理的信息不但可以有各种变化,而且在处理信息的同时,非线性动力系统本身也在不断变化。经常采用迭代过程描写动力系统的演化过程。

(4) 非凸性:一个系统的演化方向,在一定条件下将取决于某个特定的状态函数。例如能量函数,它的极值相应于系统比较稳定的状态。非凸性是指这种函数有多个极值,故系统具有多个较稳定的平衡态,这将导致系统演化的多样性。

在人工神经网络是并行分布式系统,采用了与传统人工智能和信息处理技术完全不同的机理,克服了传统的基于逻辑符号的人工智能在处理直觉、非结构化信息方面的缺陷,具有自适应、自组织和实时学习的特点。

在人工神经网络中,神经元处理单元可表示不同的对象,例如特征、字母、概念,或者一些有意义的抽象模式。网络中处理单元的类型分为3类:输入单元、输出单元和隐单元(图8-8)。

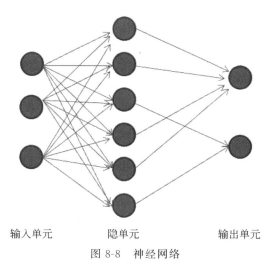

图8-8 神经网络

输入单元接受外部世界的信号与数据;输出单元实现系统处理结果的输出;隐单元是处在输入和输出单元之间,不能由系统外部观察的单元。神经元间的连接权值反映了单元间的连接强度,信息的表示和处理体现在网络处理单元的连接关系中。人工神经网络是一种非程序化、适应性、大脑风格的信息处理,其本质是通过网络的变换和动力学行为得到一种并行分布式的信息处理功能,并在不同程度和层次上模仿人脑神经系统的信息处理功能。它是涉及神经科学、思维科学、人工智能、计算机科学等多个领域的交叉学科。

8.5 语义分析

在不同的语境下,文本或语音数据的片段可以携带不同的含义,而一个完整的句子可能会保留它的意义,即使结构不同。为了使机器能提取有价值的信息,文本或语音数据需要像被人理解一样被机器所理解。语义分析是从文本和语音数据中提取有意义的信息的实践。

8.5.1 自然语言处理

自然语言处理是计算机科学领域与人工智能领域中的一个重要方向,是一门融语言学、计算机科学、数学于一体的科学。自然语言处理过程是电脑像人类一样自然地理解人类的文字和语言的能力。这允许计算机执行各种有用的任务,例如全文搜索。自然语言处理研究能实现人与计算机之间用自然语言进行有效通信的各种理论和方法。因此,这一领域的研究将涉及自然语言,即人们日常使用的语言,所以它与语言学的研究有着密切的联系,但又有重要的区别。自然语言处理并不是一般地研究自然语言,而在于研制能有效地实现自然语言通信的计算机系统,特别是其中的软件系统。具体来说,包括将句子分解为单词的语素分析、统计各单词出现频率的频度分析、理解文章含义并造句的理解等。

例如,为了提高客户服务的质量,冰激凌公司启用了自然语言处理,将客户电话转换为文本数据,之后从中挖掘客户经常不满的原因。

不同于硬编码所需学习规则,有监督或无监督的机器学习被用在发展计算机理解自然语言上。总的来说,计算机的学习数据越多,就越能正确地解码人类文字和语音。自然语言处理包括文本和语音识别。对语音识别,系统尝试着理解语音,然后行动,例如转录文本。

自然语言处理适用的样例问题可以是:
- 怎样开发一个自动电话交换系统,它可以正确识别来电者的口头语言?
- 如何自动识别语法错误?
- 如何设计一个可以正确理解英语不同口音的系统?

自然语言处理的应用领域十分广泛,如从大量文本数据中提炼出有用信息的文本挖掘,以及利用文本挖掘对社交媒体上商品和服务的评价进行分析等。智能手机 iPhone 中的语音助手 Siri 就是自然语言处理的一个应用。

用自然语言与计算机进行通信,既有明显的实际意义,也有重要的理论意义:人们可以用自己最习惯的语言来使用计算机,而无须再花大量的时间和精力去学习不很自然的各种计算机语言;人们也可通过它进一步了解人类的语言能力和智能的机制。

实现人机间的自然语言通信意味着要使计算机既能理解自然语言文本的意义,也能以自然语言文本来表达给定的意图、思想等。前者称为自然语言理解,后者称为自然语言生成。因此,自然语言处理大体包括了自然语言理解和自然语言生成两个部分。

无论实现自然语言理解,还是自然语言生成,都远不如人们原来想象得那么简单。从现有的理论和技术现状看,通用的、高质量的自然语言处理系统,仍然是较长期的努力目标,但是针对一定应用,具有相当自然语言处理能力的实用系统已经出现,有些已商品化,甚至开始产业化。典型的例子有:多语种数据库和专家系统的自然语言接口、各种机器翻译系统、全文信息检索系统、自动文摘系统等。

8.5.2 文本分析

相比于结构化的文本,非结构化的文本通常更难分析与搜索。文本分析是专门通过数据挖掘、机器学习和自然语言处理技术去发掘非结构化文本价值的分析文本的应用。文本分析实质上提供了发现,而不仅仅是搜索文本的能力。通过在基于文本的数据中获得的有用的启示,可以帮助企业从大量的文本中对信息进行全面的理解。

文本分析的基本原则是,将非结构化的文本转化为可以搜索和分析的数据。由于电子文件数量巨大,电子邮件、社交媒体文章和日志文件增加,企业十分需要利用从半结构化和非结构化数据中提取有价值的信息。只分析结构化数据可能导致企业遗漏节约成本或商务扩展机会。

文本分析应用包括文档分类和搜索,以及通过从CRM系统中提取的数据来建立客户视角的360°视图。

文本分析通常包括以下两步:

(1) 解析文档中的文本提取。
- 专有名词——人、团体、地点、公司。
- 基于实体的模式——社会保险号、邮政编码。
- 概念——抽象的实体表示。
- 事实——实体之间的关系。

(2) 用这些提取的实体和事实对文档进行分类。

基于实体之间存在关系的类型,提取的信息可以用来执行上下文特定的实体搜索。图8-9简单描述了文本分析。

图8-9 使用语义规则,从文本文件中提取

并组织实体,以便它们可以被搜索

文本分析适用的样例问题可以是:
- 如何根据网页的内容来进行网站分类?
- 我怎样才能找到包含我学习内容的相关书籍?
- 怎样才能识别包含有保密信息的公司合同?

8.5.3 语义检索

语义检索是指在知识组织的基础上,从知识库中检索出知识的过程,是一种基于知识组织体系,能够实现知识关联和概念语义检索的智能化的检索方式。与将单词视为符号来进行检索的关键词检索不同,语义检索通过文章内各语素之间的关联性来分析语言的含义,从而提高精确度。

语义检索具有两个显著特征,一是基于某种具有语义模型的知识组织体系,这是实现语义检索的前提与基础,语义检索则是基于知识组织体系的结果;二是对资源对象进行基于元数据的语义标注,元数据是知识组织系统的语义基础,只有经过元数据描述与标注的资源才具有长期利用的价值。以知识组织体系为基础,并以此对资源进行语义标注,才能实现语义检索。

语义检索模型集成各类知识对象和信息对象,融合各种智能与非智能理论、方法与技术,实现语义检索,例如基于知识结构的检索、基于知识内容的检索、基于专家启发式的语义检索、基于知识导航的智能浏览检索和分布式多维检索。语义检索常用的检索模型有分类检索模型、多维认知检索模型、分布式检索模型等。分类检索模型利用事物之间最本质的关系来组织资源对象,具有语义继承性,揭示资源对象的等级关系、参照关系等,充分表达用户的多维组合需求信息。多维认知检索模型的理论基础是人工神经网络,它模拟人脑的结构,将信息资源组织为语义网络结构,利用学习机制和动态反馈技术不断完善检索结果。分布式检索模型综合利用多种技术,评价信息资源与用户需求的相关性,在相关性高的知识库或数据库中执行检索,然后输出与用户需求相关、有效的检索结果。

在语义检索系统中,除提供关键词实现主题检索外,还结合自然语言处理和知识表示语言表示各种结构化、半结构化和非结构化信息,提供多途径和多功能的检索,自然语言处理技术是提高检索效率的有效途径之一。自然语言理解是计算机科学在人工智能方面的一个极富挑战性的课题,其任务是建立一种能够模仿人脑去理解问题、分析问题并回答自然语言提问的计算机模型。从实用性的角度来说,我们所需要的是计算机能实现基本的人机会话、寓意理解或自动文摘等语言处理功能,还需要使用汉语分词技术、短语分词技术、同义词处理技术等。

语义检索是基于"知识"的搜索,即利用机器学习、人工智能等模拟或扩展人的认识思维,提高信息内容的相关性。语义检索具有明显的优势:检索机制和界面的设计均体现"面向用户"的思想,即用户可以根据自己的需求及其变化灵活地选择理想的检索策略与技术;语义检索能主动学习用户的知识,主动向用户提供个性化的服务;综合应用各种分析、处理和智能技术,既能满足用户的现实信息需求,又能向用户提供潜在内容知识,全面提高检索效率。

语义检索的显示方式取决于资源的组织方式,知识组织是对概念关联的组织,所以语义检索显示的应是反映知识内容和概念关联的知识网络(或称知识地图),是对已获取的知识以及知识之间的关系的可视化描述。语义检索的呈现结果应该是以可视化形式展现知识层次的网状结构,便于用户循着知识网络方便地获取知识。

8.6 视觉分析

视觉分析

视觉分析是一种数据分析,指的是对数据进行图形表示,来开启或增强视觉感知。相比于文本,人类可以迅速理解图像并得出结论,基于这个前提,视觉分析成为大数据领域的勘探工具。目标是用图形表示来开发对分析数据的更深入的理解。特别是它有助于识别及强调隐藏的模式、关联和异常。视觉分析也和探索性分析有直接关系,因为它鼓励从不同的角度形成问题。

视觉分析的主要类型包括热点图、时间序列图、网络图、空间数据制图等。

8.6.1 热点图

对表达模式,通过部分-整体关系的数据组成和数据的地理分布来说,热点图是有效的视觉分析技术,它能促进识别感兴趣的领域,发现数据集内的极(最大或最小)值。

例如,为了确定冰激凌销量最好和最差的地方,使用热点图来绘制冰激凌销量数据。绿色是用来标识表现最好的地区,而红色是用来标识表现最差的地区。

热点图本身是一个可视化的、颜色编码的数据值表示。每个值是根据其本身的类型和坐落的范围而给定的一种颜色。例如,热点图将值0~3分配给黑色,4~6分配给浅灰色,7~10分配给深灰色。热点图可以是图表或地图形式。图表代表一个值的矩阵,其中每个网格都是按照值分配的不同颜色,如图8-10所示。通过使用不同颜色嵌套的矩形表示不同等级值。

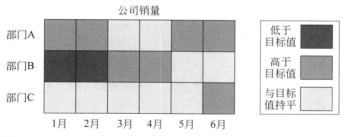

图8-10 表格热点图描绘了一个公司3个部门在6个月内的销量

如图8-11所示,用地图表示地理测量,不同的地区根据同一主题用不同的颜色或阴影表示。地图以各地区颜色/阴影的深浅来表示同一主题的程度深浅,而不是单纯地将整个地区涂上色或以阴影覆盖。

视觉分析适用的样例问题可以是:
- 怎样才能从视觉上识别有关世界各地多个城市碳排放量的模式?
- 怎样才能看到不同癌症的模式与不同人种的关联?
- 怎样根据球员的长处和弱点来分析他们的表现?

图 8-11　2008 年美国总统选举投票示意图

8.6.2　时间序列图

时间序列图可以分析在固定时间间隔记录的数据。这种分析充分利用了时间序列，这是一个按时间排序的、在固定时间间隔记录的值的集合。例如一个包含每月月末记录的销售图的时间序列。

时间序列分析有助于发现数据随时间变化的模式。一旦确定，这个模式可以用于未来的预测。例如，为了确定季度销售模式，每月按时间顺序绘制冰激凌销售图，它会进一步帮助预测下月的销售图。

通过识别数据集中的长期趋势、季节性周期模式和不规则短期变化，时间序列分析通常用来作预测。不像其他类型的分析，时间序列分析用时间作为比较变量，且数据的收集总是依赖时间。

时间序列图通常用折线图表示，x 轴表示时间，y 轴记录数据值。时间序列图适用的样例问题可以为：

- 基于历史产量数据，农民应该期望多少产量？
- 未来 5 年预期人口上涨是多少？
- 当前销量的下降是一次性地发生还是会有规律地发生？

8.6.3　网络图

在视觉分析中，用一个网络图描绘互相连接的实体。一个实体可以是一个人、一个团体或者其他商业领域的物品，例如产品。实体之间可能是直接连接，也可能是间接连接。有些连接可能是单方面的，所以反向遍历是不可能的。

网络分析是一种侧重于分析网络内实体关系的技术。它包括将实体作为节点，用边连接节点。有专门的网络分析的方法，如：
- 路径优化。
- 社交网络分析。
- 传播预测，比如一种传染性疾病的传播。

在基于冰激凌销量的网络分析中，路径优化应用是这样一个简单的例子：有些冰激凌店的经理经常抱怨卡车从中央仓库到遥远地区的商店的运输时间。天热的时候，从中央仓库运到偏远地区的冰激凌会化掉，无法销售。为了最小化运输时间，用网络分析来寻找中央仓库与遥远的商店之间的最短路径。

如图 8-12 所示，社交网络图也是社交网络分析的一个简单的例子。

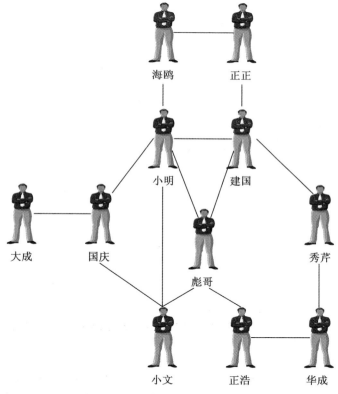

图 8-12 社交网络图的一个例子

- 小明有许多朋友，大成只有一个朋友。
- 社交网络分析结果显示大成可能会和小明和小文做朋友，因为他们有共同的好友国庆。

网络图适用的样例问题可以是：
- 在一大群用户中，如何才能确定影响力？
- 两个个体通过一个祖先的长链而彼此相关吗？

- 如何在大量的蛋白质之间的相互作用中确定反应模式?

8.6.4 空间数据制图

空间或地理空间数据通常用来识别单个实体的地理位置,然后将其绘图。空间数据分析专注于分析基于地点的数据,从而寻找实体间不同的地理关系和模式。

空间数据通过地理信息系统(GIS)被操控,它利用经纬坐标将空间数据绘制在图上。GIS 提供工具,使空间数据能够互动探索。例如,测量两点之间的距离或用确定的距离半径来画圆确定一个区域。随着基于地点的数据的不断增长的可用性,例如传感器和社交媒体数据,可以通过分析空间数据,然后洞察位置。

例如,企业策划扩张更多的冰激凌店,要求两个店铺间隔不得小于 5km,以避免出现两店竞争的状况。空间数据用来绘制现存店铺的位置,然后确定新店铺的最佳位置,距离现有店铺至少 5km 远。

空间数据分析的应用包括操作和物流优化、环境科学和基础设施规划。空间数据分析的输入数据可以包含精确的地址(如经纬度),或者可以计算位置的信息(如邮政编码和 IP 地址)。

此外,空间数据分析可以用来确定落在一个实体的确定半径内的实体数量。例如,一个超市用空间分析进行有针对性的营销,其位置是从用户的社交媒体信息中提取的,根据用户是否接近店铺来试着提供个性化服务。

空间数据图适用的样例问题可以是:

- 由于公路扩建工程,多少房屋会受影响?
- 用户到超市有多远的距离?
- 基于从一个区域内很多取样地点取出的数据,一种矿物的最高和最低浓度在哪里?

【作　　业】

1. (　　)通常是探索性数据分析的优选,之后利用在一个数据集上通过统计学研究获得的启示,使得计算技术得以应用。

　　A. 数值分析　　　　B. 计算数学　　　　C. Python　　　　D. 统计学技术

2. 从长远来看,一个组织将会以两种不同的速度来操作大数据分析引擎:(　　),通过数据的累计来寻找模式和趋势。

　　A. 当流数据到来时进行处理,或将数据进行批量分析

　　B. 当数据到来时进行处理,或将流数据进行批量分析

　　C. 当流数据到来时进行存储,或将数据进行实时分析

　　D. 当大数据到来时进行处理,或针对小数据进行分析

3. 人类善于发现数据中的(　　),但不能快速地处理大量的数据。如果人类知识可以和机器的处理速度相结合,机器可以处理大量数据,而不需要人类干涉。这就是机器学习的基本概念。

　　A. 大小与数量　　　B. 模式与规律　　　C. 模式与关系　　　D. 数量与关系

4. 分类是一种（　　）的机器学习，它将数据分为相关的、以前学习过的类别。这项技术的常见应用是过滤垃圾邮件。

　　A. 完全自动　　　　B. 有监督　　　　C. 无监督　　　　D. 无须控制

5. （　　）不属于分类适用的问题。

　　A. 考虑一项正在探索的非典型问题（创新问题）是否有解

　　B. 基于其他申请是否被接受或者被拒绝，申请人的信用卡申请是否应该被接受

　　C. 基于已知的水果蔬菜样例，西红柿是水果还是蔬菜

　　D. 病人的药检结果是否表示有心脏病的风险

6. 聚类是一种（　　）的学习技术，通过这项技术，数据被分割成不同的组，每组中的数据有相似的性质。类别是基于分组数据产生的，数据如何成组取决于用什么类型的算法。

　　A. 手工处理　　　　B. 有控制　　　　C. 有监督　　　　D. 无监督

7. 聚类常用在（　　）上来理解一个给定数据集的性质。形成理解之后，分类可以被用来更好地预测相似但却是全新或未见过的数据。

　　A. 自动计算　　　　B. 程序设计　　　　C. 数据挖掘　　　　D. 数值分析

8. 异常检测是指在给定数据集中发现明显不同于其他数据或与其他数据不一致的数据的过程。它们可以是（　　）的，例如机会，也可能是（　　）的，例如风险。

　　A. 无价值，有价值　　　　　　　　B. 有利，不利

　　C. 不利，有利　　　　　　　　　　D. 有价值，无价值

9. 过滤是自动从项目池中寻找有关项目的过程。项目可以基于用户行为或通过匹配多个用户的行为被过滤。通常过滤的主要方法是（　　）。

　　A. 完全过滤和不完全过滤　　　　　B. 数值过滤和字符过滤

　　C. 自动过滤和手动过滤　　　　　　D. 协同过滤和内容过滤

10. 在不同语境下，文本或语音数据片段可以携带不同含义。语义分析是从文本和语音数据中由（　　）提取有意义的信息的实践。

　　A. 机器　　　　B. 人工　　　　C. 数据挖掘　　　　D. 数值分析

11. 自然语言处理是计算机科学领域与人工智能领域中的一个重要方向，是一门融语言学、计算机科学、数学于一体的科学，其处理过程是（　　）。

　　A. 人类像电脑一样自然地理解世界各国语言的能力

　　B. 人类像电脑一样自然地理解程序设计语言的能力

　　C. 电脑像人类一样自然地理解人类的文字和语言的能力

　　D. 电脑像人类一样自然地理解程序设计语言的能力

12. 文本分析是专门通过数据挖掘、机器学习和自然语言处理技术去发掘（　　）文本价值的分析文本的应用。文本分析实质上提供了发现，而不仅仅是搜索文本的能力。

　　A. 自然语言　　　　B. 非结构化　　　　C. 结构化　　　　D. 字符与数值

13. 语义检索是指在（　　）组织的基础上，从知识库中检索出知识的过程，是一种基

于这个体系,能够实现知识关联和概念语义检索的智能化的检索方式。

  A. 网络   B. 信息   C. 字符   D. 知识

14. 视觉分析是一种数据分析,指的是对数据进行( )来开启或增强视觉感知。相比于文本,人类可以迅速理解图像并得出结论,因此,视觉分析成为大数据领域的勘探工具。

  A. 数值计算 B. 文化虚拟 C. 图形表示 D. 字符表示

15. ( )不是视觉分析的合适问题。

  A. 怎样才能得到经济增长的最佳指数值

  B. 怎样才能从视觉上识别有关世界各地多个城市碳排放量的模式

  C. 怎样才能看到不同癌症的模式与不同人种的关联

  D. 怎样根据球员的长处和弱点来分析他们的表现

16. 时间序列图可以分析在固定时间间隔记录的数据,它通常用( )图表示,x 轴表示时间,y 轴记录数据值。

  A. 圆饼   B. 折线   C. 热区   D. 直方

17. 在视觉分析中,网络分析是一种侧重于分析网络内实体关系的技术。一个网络图描绘互相连接的( ),它可以是一个人、一个团体,或者其他商业领域的物品,例如产品。

  A. 物体   B. 人体   C. 实体   D. 虚体

18. 空间或地理空间数据通常用来识别单个实体的( ),然后将其绘图。空间数据分析专注于分析基于地点的数据,从而寻找实体间不同的地理关系和模式。

  A. 自然位置 B. 空间位置 C. 社交位置 D. 地理位置

19. 情感分析是一种特殊的文本分析,它侧重于确定个人的( )。通过对自然语言语境中的文本进行分析,来判断作者的态度。

  A. 高兴与难过   B. 看法与见解

  C. 偏见或情绪   D. 兴奋与沮丧

20. 人工神经网络是由大量处理单元(或称神经元)互联组成的( )、自适应信息处理系统。它试图通过模拟大脑神经网络处理、记忆信息的方式进行信息处理。

  A. 非线性   B. 线性   C. 块状   D. 条状

【实验与思考】 了解大数据与人工智能分析

1. 实验目的

(1) 了解人工智能的基础知识和主要应用。

(2) 熟悉机器学习的基础原理、基本分类与主要功能,理解机器学习对大数据技术的意义。

2. 工具/准备工作

在开始本实验之前,请认真阅读课程的相关内容。

需要准备一台带有浏览器,能够访问因特网的计算机。

3. 实验内容与步骤

(1) 请结合查阅相关文献资料,为"人工智能"给出一个权威性的定义:

答:_____

_____

_____

这个定义的来源是:_____

(2) 请结合查阅相关文献资料,简述人工智能的主要应用。

答:_____

_____

_____

_____

(3) 请结合查阅相关文献资料,为"机器学习"给出一个权威性的定义。

答:_____

_____

_____

_____

这个定义的来源是:_____

(4) 案例分析:ETI 企业 IT 团队采用的大数据分析技术。

ETI 企业目前同时使用定性分析和定量分析。精算师通过不同统计技术的应用进行定量分析,例如概率、平均值、标准偏差和风险评估的分布。另一方面,承保阶段使用定性分析,其中一个单一的应用程序进行了详细筛选,从而得到风险水平低、中或高的想法。然后,索赔评估阶段分析提交的索赔,为确定此声明是否为欺诈提供参考。现阶段,ETI 企业的分析师不执行过度的数据挖掘。相反,他们大部分的努力都面向通过 EDW 的数据执行商务智能。

IT 团队和分析师用了广泛的分析技术发现欺诈交易,这是大数据分析周期中的一部分。

① 相关性分析。目前值得一提的是,大量欺诈保险索赔发生在刚刚购买保险之后。为了验证它,相关性分析被应用在保险的年份与欺诈索赔的数目。-0.80 的结果显示两个变量之间确实存在关系:随着保险时间增长,欺诈的数目减少。

② 回归性分析。基于上文的发现,分析师想要找到基于保险年份,多少欺诈索赔被提交,因为这个信息将会帮助他们决定提交的索赔是骗保欺诈的概率。相应地,回归性分析技术设定保险年份为自变量,欺诈保险索赔为因变量。

③ 时间序列图。分析师想查明欺诈索赔是否与时间有关。他们对是否存在欺诈索赔数目增加的特定时期尤其感兴趣。基于每周记录的欺诈索赔数目,产生过去5年欺诈索赔的时间序列。时间序列图的分析能够揭示一个季节性的趋势,在假期之前,欺诈索赔增加,一直到夏天结束。这些结果表明消费者为了有资金度过假期而进行欺诈索赔,或在假期之后,他们通过骗保来升级他们的电子产品以及其他物品。分析师还发现一些短期的不规则的变化,仔细观察后,发现它们和灾难有关,例如洪水、暴风。长期趋势显示欺诈索赔数目在未来很有可能增加。

④ 聚类。虽然欺诈索赔并不一样,但分析师对查明欺诈索赔之间的相似性很有兴趣。基于很多性质,如客户年龄、保险时间、性别、曾经索赔数目和索赔频率,聚类技术被用于聚合不同的欺诈索赔。

⑤ 分类。在分析结果利用阶段,利用分类分析技术开发模型来区分合法索赔和欺诈索赔。为此,首先使用历史索赔数据集来训练该模型,在这个过程中,每个索赔都被标上合法或欺诈的标号。一旦训练完毕,模型上线使用,新提交、未标号的索赔将被分类为合法的或欺诈性的。

请分析并记录:

请填空:ETI 企业目前同时使用的分析手段是:①_____ 和 ②_____。精算师通过_____进行①_____,_____。另一方面,承保阶段使用②,其中一个单一的应用程序进行了详细筛选,从而得到_____。然后,索赔评估阶段分析提交的索赔,为确定此声明是否为欺诈提供参考。

IT 团队和分析师用了广泛的分析技术来发现欺诈交易,这些分析技术是:

① _____;作用是:_____

② _____;作用是:_____

③ _____;作用是:_____

④ _____;作用是:_____

⑤ _____;作用是:_____

4. 实验总结

5. 实验评价（教师）

大数据存储技术

【导读案例】

亚马逊，数据在云端

市场上有两种并行趋势。首先，数据量在不断增长。现在越来越多的数据以照片、推文、点"赞"以及电子邮件的形式出现；这些数据又有与之相联系的其他数据；机器生成的数据则以状态更新及其他信息的形式存在，而其他信息包括源自服务器、汽车、飞机、移动电话等设备的信息。结果，处理所有这些数据的复杂性也随之升高。更多的数据意味着它们需要进行整合、理解以及提炼，也意味着数据安全及数据隐私方面存在更高的风险。过去，公司将内部数据（如销售数据）和外部数据（如品牌情绪或市场研究数字）区别对待，现在则希望将这些数据进行整合，以利用由此产生的洞察分析。

其次，企业正将计算和处理的环节转移到云中。这就意味着不必购买硬件和软件，只需将之安装到自己的数据中心，然后对基础设施进行维护，企业就可以在网上获得想要的功能。软件即服务（SaaS）公司 Salesforce.com 开创了在网上以"无软件"模式为客户关系管理应用程序交付的先例。这家公司随后建立了一个服务生态系统，以补充其核心的 CRM 解决方案。

与此同时，亚马逊也为必要的基础设施铺平了道路——使用亚马逊 Web 服务（AWS）在云中计算和存储。亚马逊 2003 年推出了 AWS，希望从 Amazon.com 商店运行所需的基础设施上获利。然后，亚马逊继续增加其按需基础设施服务，让开发商迅速带来新的服务器、存储器及数据库。亚马逊也引进了特定的大数据服务，其中包括 Amazon MapReduce（一项开源 Hadoop-MapReduce 服务的亚马逊云版本）以及 Amazon RedShift（一项数据仓库按需解决方案）。亚马逊预计该方案每年每太字节的成本仅为 1000 美元——不到公司一般内部部署数据仓库花费的 1/10，换言之，通常公司每年每太字节的成本超过 1 万美元。同时，亚马逊公司提供的在线备份服务 Amazon Glacier 提供低成本数字归档服务，该服务每月每千兆字节的费用仅为 0.01 美元，约合每年每太字节 120 美元。

和其他供应商相比，亚马逊有两大优势。第一，它具有非常著名的消费者品牌；第二，它也从支持网站 Amazon.com 而获得的规模经济以及其基础设施服务的其他广泛客户中受益。虽然其他一些著名公司也提供云基础设施，包括谷歌及其谷歌云平台，还有微软及其 Windows Azure，但亚马逊已为此铺平了道路，并以 AWS 占据了有利位置。

所有这些云服务胜过传统服务的优势在于,顾客只为使用的东西消费。这尤其对创业公司有利,它们可以避免高昂的先期投入,而这通常涉及购买、部署、管理服务器和存储基础设施。

AWS让世人见证了其惊人的增长速度。这项服务在2012年为公司财政收入增添了约150亿美元。截至2012年6月,亚马逊简单存储服务Simple Storage Service(S3)的存储量超过1万亿太字节,每秒新增存储量超过4万。而在2006年年末,当时的存储量还仅为290亿太字节,到2010年年末为2 620亿太字节。像Netflix、Dropbox这样的公司就在AWS上经营业务。之后,亚马逊继续拓展其按需基础设施服务,增加了IP路由选择、电子邮件发送以及大量与大数据相关的服务。亚马逊也和一个合作伙伴的生态系统合作,为他们提供基础设施产品。因此,任何新出现的基础设施创业公司想要构建公共云产品,要做的很可能就是:想办法与亚马逊合作,或者期待公司创造出有竞争力的产品。

阅读上文,请思考、分析并简单记录:

(1) 亚马逊既是非常著名的消费者品牌,又是云计算基础设施服务供应商,你了解其中的关系吗?

答:＿＿

(2) 亚马逊提供的主要云计算服务是什么?

答:＿＿

(3) 还有哪些著名的国际化企业在向社会提供云计算服务?

答:＿＿

(4) 请简单描述你所知道的上一周发生的国际、国内或者身边的大事。

答:＿＿

9.1 分布式处理

一个文件系统是在一个存储设备上存储和组织数据的方法,这个存储设备可以是闪存、DVD和硬盘。文件是存储的原子单位,被文件系统用来存储数据。一个文件系统提供了一个存储在存储设备上的数据逻辑视图,并以树结构的形式展示了目录和文件。操作系统采用文件系统为应用程序来存储和检索数据。每个操作系统支持一个或多个文件系统,例如 Microsoft Windows 上的 NTFS 和 Linux 上的 ext。

9.1.1 分布式系统

分布式系统(图 9-1)是建立在网络之上的软件系统,具有高度的内聚性和透明性,因此网络和分布式系统之间的区别更多的在于高层软件(特别是操作系统),而不是硬件。

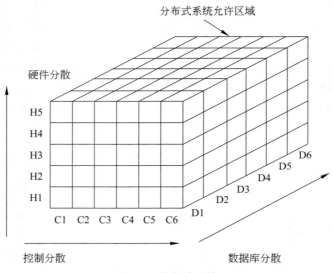

图 9-1 分布式系统

内聚性是指每一个数据库分布节点高度自治,有本地的数据库管理系统。透明性是指每一个数据库分布节点对用户的应用来说都是透明的,看不出是本地还是远程。在分布式数据库系统中,用户感觉不到数据是分布的,即用户不须知道关系是否分割、有无副本、数据存于哪个站点以及事务在哪个站点上执行等。

在一个分布式系统中,一组独立的计算机展现给用户的是一个统一的整体。系统拥有多种通用的物理和逻辑资源,可以动态分配任务,分散的物理和逻辑资源通过计算机网络实现信息交换。系统中存在一个以全局方式管理计算机资源的分布式操作系统,通常对用户来说,分布式系统只有一个模型或范型,在操作系统之上有一层软件中间件负责实现这个模型。例如,互联网就是一个典型的分布式系统,在互联网中,所有的一切看起来就好像是一个文档(Web 页面)一样。

在计算机网络中,这种统一性、模型以及其中的软件都不存在。用户看到的是实际的机器,计算机网络并没有使这些机器看起来是统一的。如果这些机器有不同的硬件或者不同的操作系统,那么,这些差异对于用户来说都是完全可见的。如果一个用户希望在一台远程机器上运行一个程序,他必须登录到远程机器上,然后在那台机器上运行该程序。

分布式系统和计算机网络系统的共同点是:多数分布式系统是建立在计算机网络之

上的,所以分布式系统与计算机网络在物理结构上是基本相同的。分布式操作系统的设计思想和网络操作系统是不同的,这决定了它们在结构、工作方式和功能上也不同。

网络操作系统要求网络用户使用网络资源时首先必须了解网络资源,网络用户必须知道网络中各个计算机的功能与配置、软件资源、网络文件结构等情况。在网络中,如果用户要读一个共享文件时,必须知道这个文件放在哪一台计算机的哪一个目录下。

分布式操作系统是以全局方式管理系统资源的,它可以为用户任意调度网络资源,并且调度过程是"透明"的。当用户提交一个作业时,分布式操作系统能够根据需要在系统中选择最合适的处理器,将用户的作业提交到该处理程序,处理器完成作业后,将结果传给用户。在这个过程中,用户并不会意识到有多个处理器的存在,整个系统就像是一个处理器一样。

9.1.2　分布式文件系统

作为一个文件系统,一个分布式文件系统可以存储分布在集群节点上的大文件。对于客户端来说,文件似乎在本地上;然而,这只是一个逻辑视图,在物理形式上,文件分布于整个集群。这个本地视图展示了通过分布式文件系统存储并且使文件可以从多个位置获得访问。如Google文件系统(GFS)和Hadoop分布式文件系统(HDFS)。

像其他文件系统一样,分布式文件系统对存储的数据是不可知的,因此能够支持无模式的数据存储。通常来讲,分布式文件系统存储设备通过复制数据到多个位置而提供开箱即用的数据冗余和高可用性,但并不提供开箱即用的搜索文件内容的功能。

一个实现了分布式文件系统的存储设备可以提供简单快速的数据存储功能,并能够存储大型非关系数据集,如半结构化数据和非结构化数据。尽管对于并发控制采用了简单的文件锁机制,它依然拥有快速的读/写能力,能够应对大数据的快速特性。

对于包含大量小文件的数据集来说,分布式文件系统不是一个很好的选择,因为这造成了过多的磁盘寻址行为,降低了总体的数据获取速度。此外,处理大量较小的文件时也会产生更多的开销,因为在处理每个文件时,且在结果被整个集群同步之前,处理引擎会产生一些专用的进程。

由于这些限制,分布式文件系统更适用于数量少、空间大、并以连续方式访问的文件。多个较小的文件通常被合并成一个文件,以获得最佳的存储和处理性能。当数据必须以流模式获取而且没有随机读写需求时,会使分布式文件系统获得更好的性能。

分布式文件系统存储设备适用于存储原始数据的大型数据集,或者需要归档数据集时。另外,分布式文件系统为需要在相当长的一段时期内在线存储大量数据提供了一个廉价的选择。因为集群可以非常简单地增加磁盘,而不需要将数据卸载到像磁带等离线数据存储空间中。

9.1.3　并行与分布式数据处理

并行数据处理就是把一个规模较大的任务分成多个子任务同时进行,目的是减少处理的时间。虽然并行数据处理能够在多个网络机器上进行,但目前来说,更为典型的方式是在一台机器上使用多个处理器或内核来完成(图9-2)。

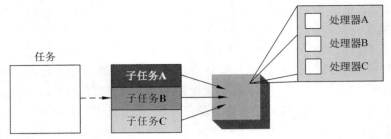

图 9-2　一个任务被分成三个子任务,在同一台机器的不同处理器上并行进行

分布式数据处理与并行数据处理非常相似,二者都利用了"分治"的原理。与并行数据处理不同的是,分布式数据处理通常在几个物理上分离的机器上进行,这些机器通过网络连接构成一个集群。如图 9-3 所示,一个任务同样被分为三个子任务,但是这些子任务在三个不同的机器上进行,这三个机器连接到一个交换机。

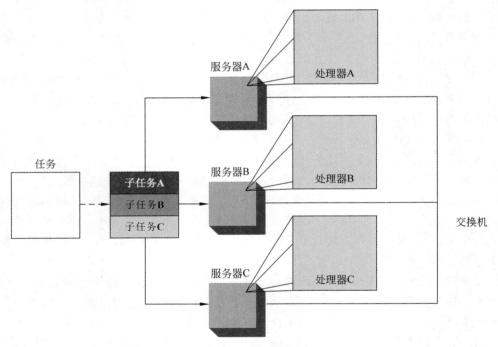

图 9-3　分布式数据处理举例

9.1.4　分布式存储

大数据导致了数据量的爆发式增长,传统的集中式存储(如 NAS 或 SAN)在容量和性能上都无法较好地满足大数据的需求。因此,具有优秀的可扩展能力的分布式存储成为大数据存储的主流架构方式。分布式存储多采用普通的硬件设备作为基础设施,因此,单位容量的存储成本也大大降低。另外,分布式存储在性能、维护性和容灾性等方面也具有不同程度的优势。

分布式存储系统需要解决的关键技术问题包括诸如可扩展性、数据冗余、数据一致性、全局命名空间、缓存等。从架构上来讲，大体上可以将分布式存储分为C/S(ClientServer，客户机/服务器)架构和P2P(Peer-to-Peer，点对点)架构两种。当然，也有一些分布式存储会同时存在这两种架构方式。

分布式存储面临的另外一个共同问题，就是如何组织和管理成员节点，以及如何建立数据与节点之间的映射关系。成员节点的动态增加或离开，在分布式系统中基本可以算是一种常态。

9.2 大数据存储的概念

大数据存储的概念

关于大数据，最容易想到的便是其数据量之庞大，如何高效地保存和管理这些海量数据是存储面临的首要问题。此外，大数据还有诸如种类结构不一、数据源杂多、增长速度快、存取形式和应用需求多样化等特点。

9.2.1 存储虚拟化

存储虚拟化就是对一个或多个存储硬件资源进行抽象，提供统一的、更有效率的全面存储服务。从用户的角度来说，存储虚拟化就像一个存储的大池子，用户看不到，也不需要看到后面的磁盘、磁带，不必关心数据是通过哪条路径存储到硬件上的。

存储虚拟化有两大分类：块虚拟化和文件虚拟化。块虚拟化就是将不同结构的物理存储抽象成统一的逻辑存储。这种抽象和隔离可以让存储系统的管理员为终端用户提供更灵活的服务。文件虚拟化则是帮助用户，使其在一个多节点的分布式存储环境中再也不用关心文件的具体物理存储位置。

9.2.2 集群

在计算中，一个集群是紧密耦合的一些服务器或节点。这些服务器通常有相同的硬件规格，并且通过网络连接在一起，作为一个工作单元(图9-4)。集群中的每个节点都有自己的专用资源，如内存、处理器和硬盘。通过把任务分割成小块并且将它们分发到属于统一集群的不同计算机上执行的方法，集群可以去执行同一个任务。

集群能为水平可扩展的存储解决方案提供必要的支持，也能为分布式数据处理提供一种线性扩展机制。集群有极高的可扩展性，因而它可以把大的数据集分成多个更小的数据集，以分布式的方式并行处理。这种特性为大数据处理提供了理想的环境，例如流式数据与成批的数据一起，经过集群系统的处理，最终呈现在仪表板上。大数据数据集在使用集群时，可以以批处理模式处理数据，也可以采用实时模式。

在理想情况下，集群由许多低成本的商业节点构成，这些节点合力提供强大的处理能力。由于集群由物理连接上相互独立的设备组成，具有固定的冗余与一定的容错性，因而当网络中的某个节点发生错误时，它之前处理与分析的结果都是可恢复的。考虑到大数据处理过程偶尔有些不稳定，通常采用云主机基础设施服务或现成的分析环境作为集群的主干。

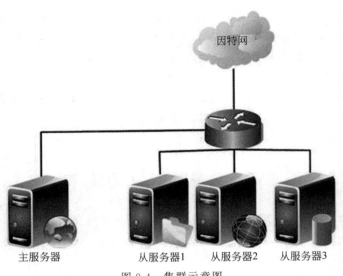

图 9-4　集群示意图

9.2.3　分片与复制

为了改善分片机制所提供的有限的容错能力,且受益于增加复制的可用性和可伸缩性,分片和复制可以组合使用。

1. 分片

分片是水平地将一个大的数据集划分成较小的、更易于管理的数据集的过程,这些数据集叫作碎片。碎片分布在多个节点上,而节点是一个服务器或是一台机器(图 9-5)。每个碎片存储在一个单独的节点上,每个节点只负责存储在该节点上的数据。所有碎片都是同样的模式,所有碎片集合起来代表完整的数据集。

id	name	DOB
1	Rob	06-06-1975
2	Helen	11-23-1982
3	John	02-15-1972
4	Jane	04-07-1977

节点A - 分片A

id	name	DOB
1	Rob	06-06-1975
2	Helen	11-23-1982

节点B - 分片B

id	name	DOB
3	John	02-15-1972
4	Jane	04-07-1977

图 9-5　一个分片的例子,一个分布在节点 A 和节点 B 上的数据集,分别导致分片 A 和分片 B

分片通常对客户端来说是透明的。分片允许处理负荷分布在多个节点上,以实现水平可伸缩性。水平扩展是通过在现有资源旁边添加类似或更高容量资源来提高系统容量的方法实现的。由于每个节点只负责整个数据集的一部分,读/写消耗的时间大大提高了。

图9-6演示了一个在实际工作中如何分片的例子。

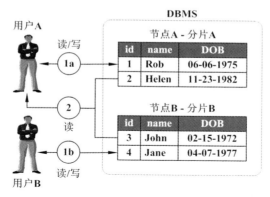

图9-6 一个分片的例子,数据是从节点A和节点B共同获取的

(1) 每个碎片都可以独立地为它负责的特定的数据子集提供读取和写入服务。
(2) 根据查询,数据可能需要从两个碎片中获取。

分片的一个好处是它提供了部分容忍失败的能力。在节点故障的情况下,只有存储在该节点上的数据会受到影响。对于数据分片,需要考虑查询模式,以便碎片本身不会成为性能瓶颈。例如,需要查询来自多个碎片的数据,这将导致性能损失。数据本地化将经常被访问的数据共存于一个单一碎片上,这有助于解决性能问题。

2. 复制

在多个节点上存储数据集的多个拷贝,叫作副本(图9-7)。因为相同的数据复制在不同的节点上,提供了可伸缩性和可用性。数据容错也可以通过数据冗余来实现,数据冗余确保单个节点失败时数据不会丢失。有两种不同的方法用于实现复制。

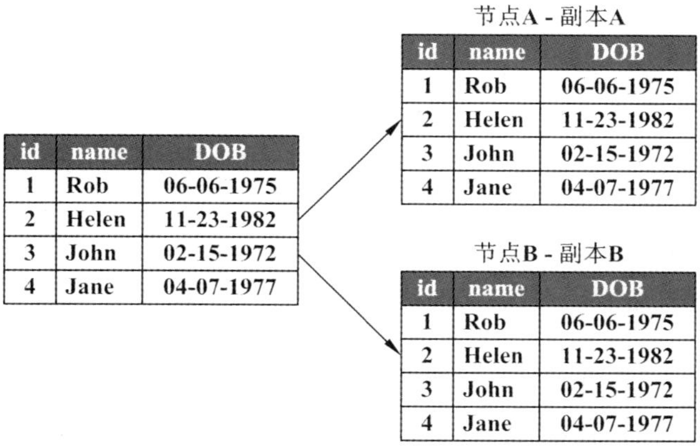

图9-7 复制的一个例子,一个数据集被复制到节点A和节点B,导致副本A和副本B

1) 主从式复制

在主从式复制中,节点被安排在一个主从配置中,所有数据都被写入主节点中。一旦

保存,数据就被复制到多个从节点。包括插入、更新和删除在内的所有外部写请求都发生在主节点上,而读请求可以由任何从节点完成。在图 9-8 中,写操作是由主节点完成的,数据可以从从节点 A 或者从节点 B 中的任意一个节点读取。

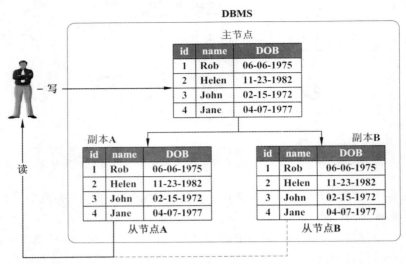

图 9-8　主从式复制的例子,单一的主节点 A 为所有写请求提供服务,
数据可以从从节点 A 或从节点 B 中读取

　　主从式复制适合于读请求密集的负载而不是写请求密集的负载,因为不断增长的读需求可以通过水平缩放管理,以增加更多的从节点。写请求是一致的,这是因为所有写操作都由主节点协调。言下之意是,写操作性能会随着写请求数量的增加而降低。如果主节点失败,读请求仍然可能通过任何从节点来完成。

　　一个从节点可以作为备份节点配置主节点。如果主节点失败,直到主节点恢复为止,将不能进行写操作。主节点要么是从主节点的一个备份恢复,要么是在从节点中选择一个新的主节点。

　　2) 对等式复制

　　指所有节点在同一水平上运作,换句话说,各个节点之间没有主从节点的关系。每个对等的节点同样能够处理读请求和写请求。每个写操作复制到所有的对等节点中去(图 9-9)。

　　对等式复制容易造成写不一致,写不一致发生在同时更新同一数据的多个对等节点的时候。这可以通过实现一个悲观或乐观并发策略来解决这个问题。

　　(1) 悲观并发是一种防止不一致的有前瞻性的策略。它使用锁来确保在一个记录上同一个时间只有一个更新操作可能发生。然而,这种方法的可用性较差,因为正在被更新的数据库记录一直是不可用的,直到所有锁被释放。

　　(2) 乐观并发是一个被动的策略,它不使用锁。相反,它允许不一致性在所有更新都被实现后最终可以获得一致性这样的前提下发生。

　　对于乐观并发,对等节点在达到一致性之前可能会保持一段时间的不一致性。然而,因为没有涉及任何锁定,数据库仍然是可以访问的。像主从式复制一样,当一些对等节点

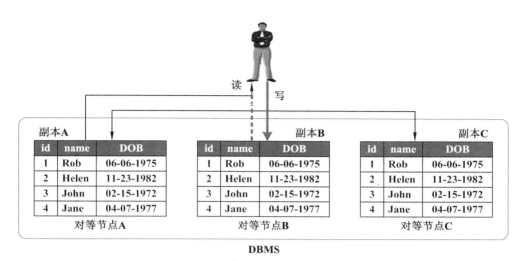

图 9-9 写操作同时复制到对等节点 A、B 和 C。可以从对等节点 A 读取数据，但也可以从对等节点 B 或 C 读取

已经完成了它们的更新而其他节点正在执行更新期间，读操作可以是不一致的。然而，当所有的对等节点的更新操作已经被执行后，读操作最终成为一致的。

可以实现一个投票系统来确保读操作的一致性。在投票系统中，如果绝大多数的对等节点都包含相同版本的记录，则声明一个读操作是一致的。实现这样一个投票系统需要一个可靠且快速的对等节点之间的通信机制。

9.2.4 CAP 定理

埃里克·布鲁尔于 2000 年提出的分布式系统设计的 CAP 理论（布鲁尔定理）指出，一个分布式系统不可能同时保证一致性（Consistency）、可用性（Availability）和分区容忍性（Partition Tolerance）这三个要素，这也被称为表达与分布式数据库系统相关的三重约束。当然，除了这三个维度，一个分布式存储系统往往会根据具体业务的不同，在特性设计上有不同的取舍，比如，是否需要缓存模块、是否支持通用的文件系统接口等。

任何一个在集群上运行的分布式存储（数据库）系统，只能根据其具体的业务特征和具体需求，最大地优化其中的两个要素。

（1）一致性——从任何节点的读操作会导致相同的数据跨越多个节点（图 9-10）。

（2）可用性——任何一个读/写请求总是会以成功或是失败的形式得到响应（图 9-11）。

（3）分区容忍——数据库系统可以容忍通信中断，通过将集群分成多个竖井，仍然可以对读/写请求提供服务。在图 9-11 中，发生通信故障时，来自两个用户的请求仍然会被提供服务（1 和 2）。然而，对于用户 B 来说，因为 id=3 的记录没有被复制到对等节点 C 中而造成更新失败。用户被正式通知更新失败了。

下面的场景展示了为什么 CAP 定理的三个属性中只有两个可以同时支持。为了帮助这个讨论，图 9-12 提供了一个维恩图解，显示了一致性、可用性和分区容忍所重叠的区域。

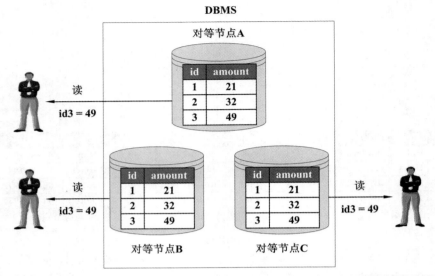

图 9-10　一致性：虽然有三个不同的节点来存储记录，所有三个用户得到相同的列的值

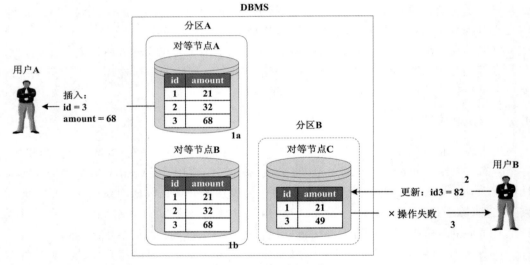

图 9-11　可用性和分区容忍

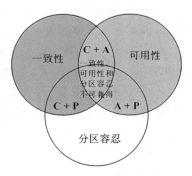

图 9-12　总结 CAP 定理的维恩图

如果一致性(C)和可用性(A)是必需的,可用节点之间需要进行沟通,以确保一致性(C)。因此,分区容忍(P)是不可能达到的。

如果一致性(C)和分区容忍(P)是需要的,节点不能保持可用性(A),因为为了实现一致性(C)节点将变得不可用。

如果可用性(A)和分区容忍(P)是必需的,考虑到节点之间的数据通信需要,一致性(C)是不可能达到的。因此,数据库仍然是可用的(A),但是结果数据库是不一致的。

在分布式数据库系统中,可伸缩性和容错能力可以通过额外的节点来提高,虽然这对一致性(C)造成了挑战。添加的节点也会导致可用性(A)降低,因为节点之间增加的通信将造成延迟。

分布式数据库系统不能保证100%分区容忍(P)。虽然沟通中断是非常罕见和暂时的,分区容忍(P)必须始终被分布式数据库支持;因此,CAP通常是C+P或者A+P之间的一个选择。系统的需求将决定怎样选择。

9.2.5　BASE 设计原理

BASE 是一个根据 CAP 定理的数据库设计原理,它采用了使用分布式技术的数据库系统。BASE 代表：基本可用(Basically Available)、软状态(Soft State)和最终一致性(Eventual Consistency)。当一个数据库支持 BASE 时,它支持可用性超过一致性。换句话说,从 CAP 原理的角度来看,数据库采用 A+P 模式。从本质上说,BASE 通过放宽被 ACID[①] 特性规定的强一致性约束来使用乐观并发。如果数据库是"基本可用"的,该数据库将始终响应客户的请求,无论是通过返回请求数据的方式,或是发送一个成功或失败的通知。

在图 9-13 中,数据库是基本可用的,尽管因为网络故障的原因,它被划分开。

软状态意味着一个数据库读取数据时可能会处于不一致的状态;因此,当相同的数据再次被请求时,结果可能会改变。这是因为数据可能因为一致性而被更新,即使两次读操作之间没有用户写入数据到数据库。这个特性与最终一致性密切相关。

如图 9-14 所示。

(1) 用户 A 更新一条记录到对等节点 A。

(2) 在其他对等节点更新之前,用户 B 从对等节点 C 请求相同的记录。

(3) 数据库现在处于一个软状态,且返回给用户 B 的是陈旧的数据。

不同的客户读取时的状态是最终一致性的状态,紧跟着一个写操作写入到数据库之后,可能不会返回一致的结果。只有当更新变化传播到所有的节点后,数据库才能达到一致性。数据库在达到最终一致状态的过程中将处于一个软状态。

---

① 数据库领域中的 ACID 是个首字母缩略词,它是指关系数据库管理系统的 4 项特征,即原子性(Atomicity)、一致性(Consistency)、隔离性(Isolation)和持久性(Durability)。
关系数据库管理系统完全支持 ACID 事务,而 NoSQL 数据库有时也能提供某种程度的 ACID 事务。

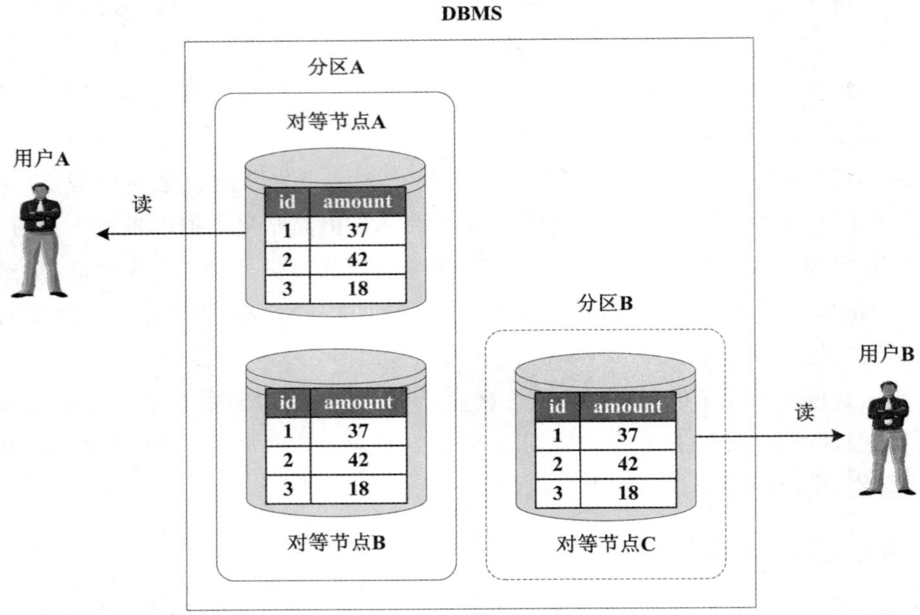

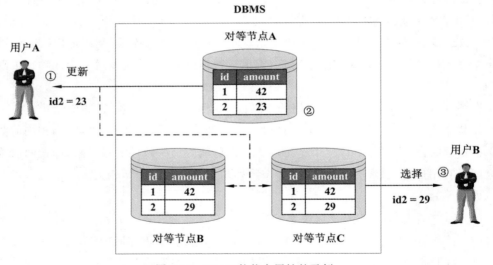

图 9-13 用户 A 和用户 B 接收到数据，尽管数据库因为一个网络故障被分区

图 9-14 BASE 软状态属性的示例

如图 9-15 所示。

(1) 用户 A 更新一条记录。

(2) 记录只在对等节点 A 中被更新，但在其他对等节点被更新之前，用户 B 请求相同的记录。

(3) 数据库现在处于一个软状态。返回给用户 B 的是从对等节点 C 处获得的陈旧的

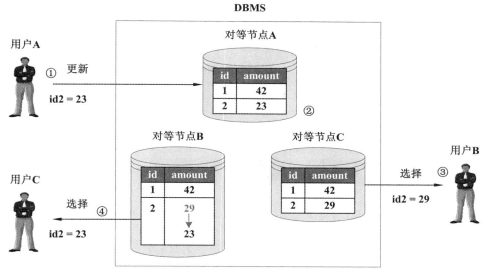

图 9-15　BASE 最终一致性属性的示例

数据。

（4）然而，数据库最终达到一致性，用户 C 得到的是正确的值。

BASE 更多地强调可用性而非一致性，这点与 ACID 不同。由于有记录锁，ACID 需要牺牲可用性来确保一致性。虽然这种针对一致性的软措施不能保证服务的一致性，但 BASE 的兼容数据库可以服务多个客户端，而不会产生时间上的延迟。

然而，BASE 的兼容数据库对事务性系统用处不大，因为事务性系统关注一致性的问题。

9.3　NoSQL 数据库

NoSQL
数据库

存储技术随着时间的推移持续发展，把存储从服务器内部逐渐移动到网络上。当今对融合式架构的推动把计算、存储、内存和网络放入一个可以统一管理的架构中。在这些变化中，大数据的存储需求彻底改变了自 20 世纪 80 年代末期以来 Enterprise ICT（企业信息通信技术）所支持的以关系数据库为中心的观念。其根本原因在于，关系型技术不是一个可以支持大数据容量的可扩展方式。更何况，企业通常通过处理半结构化和非结构化数据获取有用的价值，而这些数据通常与关系型方法不兼容。

大数据促进形成了统一的观念，即存储的边界是集群可用的内存和磁盘存储。如果需要更多的存储空间，横向可扩展性允许集群通过添加更多节点来扩展。这个事实对于内存与磁盘设备都成立，尤其重要的是创新的方法能够通过内存存储来提供实时分析。甚至批量为主的处理速度都由于越来越便宜的固态硬盘而变快了。

磁盘存储通常利用廉价的硬盘设备作为长期存储的介质，并可由分布式文件系统或数据库实现（图 9-16）。

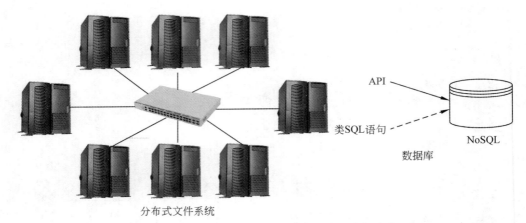

图 9-16 磁盘存储可通过分布式文件系统或数据库实现

一个 NoSQL(Not-only SQL)数据库是一个非关系数据库,具有高度的可扩展性、容错性,并且专门设计用来存储半结构化和非结构化数据。NoSQL 数据库通常会提供一个能被应用程序调用的基于 API 的查询接口。也支持结构化查询语言(SQL)以外的查询语言,因为 SQL 是为了查询存储在关系数据库中的结构化数据而设计的。例如,优化一个 NoSQL 数据库,用来存储 XML 文件,通常会使用 XQuery 作为查询语言。同样,设计一个 NoSQL 数据库,用来存储 RDF 数据,将使用 SPARQL 来查询它包含的关系。不过,还是有一些 NoSQL 数据库提供类似于 SQL 的查询界面(图 9-17)。

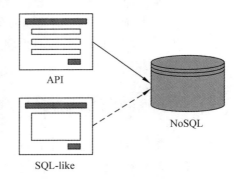

图 9-17 NoSQL 数据库可以提供一个类似于 API 或 SQL-like 的查询接口

9.3.1 主要特征

下面列举一些 NoSQL 存储设备与传统 RDBMS[①] 不一致的主要特性,但并不是所有的 NoSQL 存储设备都具有这些特性。

(1)无模式的数据模型——数据可以以它的原始形式存在。

(2)横向扩展而不是纵向扩展——为了获得额外的存储空间,NoSQL 可以增加更多

---

① RDBMS 即关系数据库管理系统(Relational Database Management System),是将数据组织为相关的行和列的系统,而管理关系数据库的计算机软件就是关系数据库管理系统,常用的数据库软件有 Oracle、SQL Server 等。

的节点,而不是用更好的性能/容量更高的节点替换现有的节点。

(3) 高可用性——NoSQL 建立在提供开箱即用的容错性的基于集群的技术之上。

(4) 较低的运营成本——许多 NoSQL 数据库建立在开源的平台上,不需要支付软件许可费。它们通常可以部署在商业硬件上。

(5) 最终一致性——跨节点的数据读取可能在写入后短时间内不一致。但是,最终所有的节点会处于一致的状态。

(6) BASE 兼容而不是 ACID 兼容——BASE 兼容性需要数据库在网络或节点故障时保持高可用性,而不要求数据库在数据更新发生时保持一致的状态。数据库可以处于不一致状态,直到最后获得一致性。所以在考虑到 CAP 定理时,NoSQL 存储设备通常是 AP 或 CP(图 9-18)。

Key	Value
631	John Smith, 10.0.30.25, Good customer service
365	1001010111011011110111010101101010011100011010
198	\<CustomerId\>32195\</CustomerId\>\<Total\>43.25\</Total\>

图 9-18 NoSQL 键-值存储的一个例子

(7) API 驱动的数据访问——数据的访问通常支持基于 API 的查询,但一些实现可能也提供类 SQL 查询的支持。

(8) 自动分片和复制——为了支持水平扩展提供高可用性,NoSQL 存储设备自动地运用分片和复制技术,数据集可以被水平分割,然后被复制到多个节点。

(9) 集成缓存——没有必要加入第三方分布式缓存层。

(10) 分布式查询支持——NoSQL 存储设备通过多重分片来维持一致性查询。

(11) 不同类型设备同时使用——NoSQL 存储的使用并没有淘汰传统的 RDBMS,支持不同类型的存储设备可以同时使用。即在相同的结构里,可以使用不同类型的存储技术,以持久化数据。这对于需要结构化也需要半结构化或非结构化数据的系统开发有好处。

(12) 注重聚集数据——不像关系数据库那样,对处理规范化数据最为高效,NoSQL 存储设备存储非规范化的聚集数据(一个实体为一个对象),所以减少了在不同应用对象和存储在数据库中的数据之间进行连接和映射操作的需要。但是有一个例外,图数据存储设备不注重聚集数据。

NoSQL 存储设备的出现主要归因于大数据数据集的容量、速度和多样性等 3V 特征。由于 NoSQL 数据库能够像随着数据集的进化改变数据模型一样改变模式,基于这个能力,NoSQL 存储设备能够存储无模式数据和不完整数据。换句话说,NoSQL 数据库支持模式进化。

如图 9-18~图 9-21 所示,根据不同存储数据的方式,NoSQL 存储设备可以分为 4 种类型。

```
{
    invoiceId:37235,
    data:19600801
    custId:29317,
    item:[
        {itemId:473,quantity:2},
        {itemId:971,quantity:5}
    ]
}
```

图 9-19　NoSQL 文档存储的一个例子

studentId	personal details	address	modules history
821	FirstName: Cristie LastName: Augustin DoB: 03-15-1992 Gender: Female Ethnicity: French	Street: 123 New Ave City: Portland State: Oregon ZipCode: 12345 Country: USA	Taken: 5 Passed: 4 Failed: 1
742	FirstName: Carios LastName: Rodriguez MiddleName: Jose Gender: Male	Street: 456 Old Ave City: Los Angeles Country: USA	Taken: 7 Passed: 5 Failed: 2

图 9-20　NoSQL 列簇存储的一个例子

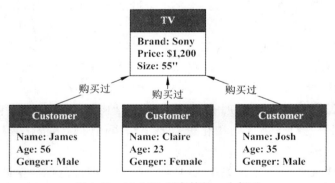

图 9-21　NoSQL 图存储的一个例子

9.3.2　键-值存储

键-值存储设备以键-值对的形式存储数据，并且运行机制和散列表类似。该表是一个值列表，其中每个值由一个键来标识。值对数据库不透明，并且通常以 BLOB（二进制类型的大对象）形式存储。存储的值可以是任何从传感器数据到视频数据的集合。

只能通过键查找值，因为数据库对所存储的数据集合的细节是未知的。不能部分更新，更新操作只能是删除或者插入。键-值存储设备通常不含有任何索引，所以写入非常快。基于简单的存储模型，键-值存储设备高度可扩展。

由于键是检索数据的唯一方式,为了便于检索,所保存值的类型经常被附在键之后。123_sensor1 就是一个这样的例子。

为了使存储的数据具有一些结构,大多数的键-值存储设备会提供集合或桶(像表一样)来放置键-值对。如图 9-22 所示,一个集合就可以容纳多种数据格式。一些实现方法为了降低存储空间从而支持压缩值。但是,这样在读出期间会造成延迟,因为数据在返回之前需要先解压。

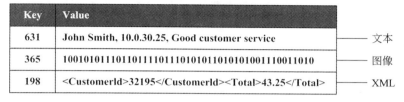

图 9-22 数据被组织在键-值对中的一个例子

键-值存储设备适用于以下情况。
- 需要存储非结构化数据。
- 需要具有高效的读写性能。
- 值可以完全由键确定。
- 值是不依赖其他值的独立实体。
- 值有着相当简单的结果或是二进制的。
- 查询模式简单,只包括插入、查找和删除操作。
- 存储的值在应用层被操作。

键-值存储设备的实例包括 Riak、Redis 和 Amazon Dynamo DB。

9.3.3 文档存储

文档存储设备也存储键-值对。但是,与键-值存储设备不同,存储的值是可以数据库查询的文档。这些文档可以具有复杂的嵌套结构,例如发票。这些文档可以使用基于文本的编码方案,如 XML 或 JSON,或者使用二进制编码方案,如 BSON(Binary JSON)进行编码。

像键-值存储设备一样,大多数文档存储设备也会提供集合或桶来放置键-值对。文档存储设备和键-值存储设备之间的区别如下。

(1) 文档存储设备是值可感知的。
(2) 存储的值是自描述的,模式可以从值的结构或从模式的引用推断出,因为文档已经被包括在值中。
(3) 选择操作可以引用集合值内的一个字段。
(4) 选择操作可以检索集合的部分值。
(5) 支持部分更新,所以集合的子集可以被更新。
(6) 通常支持用于加速查找的索引。

每个文档都可以有不同的模式,所以,在相同的集合或桶中可能存储不同种类的文档。在最初的插入操作之后可以加入新的属性,所以提供了灵活的模式支持。应当指出,文档存储设备并不局限于只存储像 XML 文件等以真实格式存在的文档,它们也可以用于存储包含一系列具有平面或嵌套模式的属性的集合。图 9-23 展示了 JSON 文件如何以文档的形式存储在 NoSQL 数据库中。

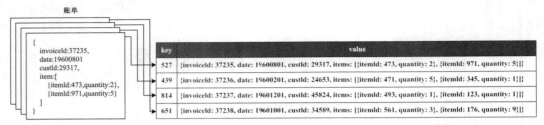

图 9-23　JSON 文件存储在文档存储设备中的一个例子

文档存储设备适用于以下情况。
- 存储包含平面或嵌套模式的面向文档的半结构化数据。
- 模式的进化由于文档结构的未知性或易变性而成为必然。
- 应用需要对存储的文档进行部分更新。
- 需要在文档的不同属性上进行查找。
- 以序列化对象的形式存储应用领域中的对象,例如顾客。
- 查询模式包含插入、选择、更新和删除操作。

文档存储设备的例子包括 MongoDB、CouchDB 和 Terrastore。

9.3.4　列簇存储

列簇存储设备像传统 RDBMS 一样存储数据,但是会将相关联的列聚集在一行中,从而形成列簇。如图 9-24 所示,每一列都可以是一系列相关联的集合,被称为超列。

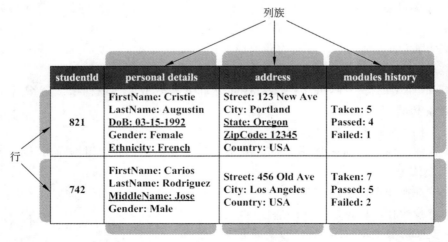

图 9-24　图中加下画线的列表示列簇数据库提供的灵活模式特征,此处每一行可以有不同的列

每个超列可包含任意数量的相关列,这些列通常作为一个单元被检索或更新。每行都包括多个列簇,并且含有不同的列的集合,所以有灵活的模式支持。每行被行键标识。

列簇存储设备提供快速数据访问功能,并带有随机读写能力。它们把列簇存储在不同的物理文件中,这会提高查询响应速度,因为只有被查询的列簇才会被搜索到。

一些列簇存储设备支持选择性地压缩列簇。不对一些能够被搜索到的列簇进行压缩,会让查询速度更快,因为在查找中,那些目标列不需要被解压缩。大多数的实现支持数据版本管理,而有一些支持对列数据指定到期时间。当到期时间过了,数据会被自动移除。

列簇存储设备适用于以下情况。
- 需要实时的随机读写能力,并且数据以已定义的结构存储。
- 数据表示的是表的结构,每行包含着大量列,并且存在着相互关联的数据形成的嵌套组。
- 需要对模式的进化提供支持,因为列簇的增加或删除不需要在系统停机时间进行。
- 某些字段大多数情况下可以一起访问,并且搜索需要利用字段的值。
- 当数据包含稀疏的行而需要有效地使用存储空间时,因为列簇数据库只为存在列的行分配存储空间。如果没有列,将不会分配任何空间。
- 查询模式包含插入、选择、更新和删除操作。

列簇存储设备包括 Cassandra、HBase 和 Amazon SimpleDB。

9.3.5 图存储

图存储设备被用于持久化互联的实体。不像其他的 NoSQL 存储设备那样注重实体的结构,图存储设备更强调存储实体之间的联系(图 9-25)。

存储的实体被称作节点(注意不要与集群节点相混淆),也被称为顶点,实体间的联系被称为边。按照 RDBMS 的说法,每个节点可被认为是一行,而边可表示连接。节点之间通过多条边形成多种类型的链路,每个节点有如键-值对的属性数据,如顾客可以有 ID、姓名和年龄属性。

一个节点有多条边,和在 RDBMS 中含有多个外键是类似的,但是,并不是所有的节点都需要有相同的边。查询一般包括根据节点属性或者边属性查找互联节点,通常被称为节点的遍历。边可以是单向的或双向的,指明了节点遍历的方向。一般来讲,图存储设备通过 ACID 兼容性而支持一致性。

图存储设备的有用程度取决于节点之间的边的数量和类型。边的数量越多,类型越复杂,可以执行的查询的种类就越多。因此,如何全面地捕捉节点之间存在的不同类型的关系很重要。这不仅可用于现有的使用场景,也可以用来对数据进行探索性分析。

图存储设备通常允许在不改变数据库的情况下加入新的节点类型,这也使得可以在节点之间定义额外的连接,以新的关系或者节点出现在数据库中。

图存储设备适用于以下情况。
- 需要存储互联的实体。
- 需要根据关系的类型查询实体,而不是实体的属性。

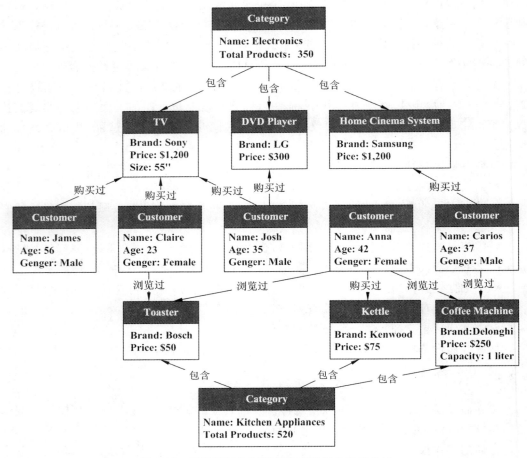

图 9-25 图存储设备存储实体和它们之间的关系

- 查找互联的实体组。
- 就节点遍历距离来查找实体之间的距离。
- 为了寻找模式而进行的数据挖掘。

图存储设备的主要例子有 Neo4J、Infinite Graph 和 OrientDB。

9.3.6 NoSQL 与 RDBMS 的主要区别

传统的关系数据库管理系统(RDBMS)是通过 SQL 这种标准语言对数据库进行操作,而相对地,NoSQL 数据库并不使用 SQL 语言。因此,有时候人们会将其误认为是对使用 SQL 的现有 RDBMS 的否定,并将要取代 RDBMS,而实际上却并非如此。NoSQL 数据库是对 RDBMS 所不擅长的部分进行的补充,因此应该理解为 Not only SQL 的意思。

NoSQL 数据库和传统的 RDBMS 之间的主要区别有下列几点(表 9-1)。

表 9-1　RDBMS 与 NoSQL 数据库的区别

	RDBMS	NoSQL
数据类型	结构化数据	主要是非结构化数据
数据库结构	需要事先定义，是固定的	不需要事先定义，并可以灵活改变
数据一致性	通过 ACID 特性保持严密的一致性	存在临时的不保持严密一致性的状态（结果匹配性）
扩展性	基本是向上扩展。由于需要保持数据的一致性，因此性能下降明显	通过横向扩展，可以在不降低性能的前提下应对大量访问，实现线性扩展
服务器	以在一台服务器上工作为前提	以分布、协作式工作为前提
故障容忍性	为了提高故障容忍性，需要很高的成本	有很多无单一故障点的解决方案，成本低
查询语言	SQL	支持多种非 SQL 语言
数据量	（和 NoSQL 相比相对）较小规模数据	（和 RDSMS 相比相对）较大规模数据

（1）数据模型与数据库结构。在 RDBMS 中，数据被归纳为表（Table）的形式，并通过定义数据之间的关系来描述严格的数据模型。这种方式需要在理解要输入数据含义的基础上，事先对字段结构做出定义。一旦定义好的数据库结构就相对固定了，很难修改。

在 NoSQL 数据库中，数据是通过键及其对应的值的组合，或者是键值对和追加键（Column Family）来描述的，因此结构非常简单，也无法定义数据之间的关系。其数据库结构无须在一开始就固定下来，且随时都可以进行灵活的修改。

（2）数据一致性。在 RDBMS 中，由于存在 ACID 原则，因此可以保持严密的数据一致性。

而 NoSQL 数据库并不是遵循 ACID 这种严格的原则，而是采用结果上的一致性（Eventual Consistency），即可能存在临时的、无法保持严密一致性的状态。到底是用 RDBMS 还是 NoSQL 数据库，需要根据用途来选择，而数据一致性这一点尤为重要。

例如，像银行账户的转入/转出处理，如果不能保证交易处理立即在数据库中体现，并严密保持数据一致性，就会引发很大的问题。相对地，比如 Twitter 上增加一个粉丝的情况。粉丝数量从 1050 人变成 1051 人，这个变化即便没有即时反映出来，也不会引发什么大问题。前者这样的情况，适合用 RDBMS；后者这样的情况，则适合用 NoSQL 数据库。

（3）扩展性。RDBMS 重视 ACID 原则和数据的结构，因此在数据量增加时，基本上采取购买更大的服务器这样向上扩展的方法来进行扩容，而从架构方面来看，是很难进行横向扩展的。

此外，由于数据的一致性需要严密的保证，对性能的影响也十分显著，如果为了提升性能而进行非正则化处理，则又会降低数据库的维护性和操作性。

虽然使用像 Oracle 的真正应用集群（Real Application Clusters，RAC）这样能够从多台服务器同时操作数据库的架构也可以对 RDBMS 实现横向扩展，但从现实情况来看，这样的扩展最多到几倍的程度就已经达到极限了。除此之外，还有一种方法，将数据库的内容由多台应用程序服务器进行分布式缓存,并将缓存配置在 RDBMS 的前面。但在大规模环境下,会发生数据同步延迟、维护复杂等问题,并不是一个非常实用的方法。NoSQL 数据库则具备很容易进行横向扩展的特性,对性能造成的影响也很小。而且,由于它在设计上就是以在一般通用型硬件构成的集群上工作为前提的,因此在成本方面也具有优势。

(4)容错性。RDBMS 可以通过复制(replication),在多台服务器上保留数据副本,从而提高容错性。然而,在发生数据不匹配的情况时,以及想要增加副本时,在维护上的负荷和成本都会提高。

NoSQL 本来就支持分布式环境,大多数 NoSQL 数据库都没有单一故障点,对故障的应对成本比较低。

可见,NoSQL 数据库具备这些特征:数据结构简单、不需要数据库结构定义(或者可以灵活变更)、不对数据一致性进行严格保证、通过横向扩展可实现很高的扩展性等。简而言之,就是一种以牺牲一定的数据一致性为代价,追求灵活性、扩展性的数据库。

NoSQL 数据库的诞生,是缘于现有 RDBMS 存在的一些问题,如不能处理非结构化数据、难以进行横向扩展、扩展性存在极限等。也就是说,即便 RDBMS 非常适用于企业的一般业务,但要作为以非结构化数据为中心的大数据处理的基础,并不是一个合适的选择。例如,在实际分析之前,很难确定在如此多样的非结构化数据中,到底哪些才是有用的。因此,事先对数据库结构进行定义是不现实的。而且,RDBMS 的设计对数据的完整性非常重视,在一个事务处理过程中,如果发生任何故障,都可以很容易地进行回滚。然而,在大规模分布式环境下,数据更新的同步处理造成的进程间通信延迟则成为了一个瓶颈。

9.4 NewSQL 数据库

NoSQL 存储设备是高度可扩展的、可用的、容错的,对于读写操作是快速的。但是,它们不提供 ACID 兼容的 RDBMS 所表现的事务和一致性支持。根据 BASE 模型,NoSQL 存储设备提供了最终一致性,而不是立即一致性,所以它们在达到最终一致性状态前处于软状态,因此并不适用于实现大规模事务系统。

NewSQL 存储设备结合了 RDBMS 的 ACID 特性和 NoSQL 存储设备的可扩展性与容错性。既保留了高层次结构化查询语言 SQL 查询的方便性,又能提供高性能和高可扩展性,还能保留传统的事务操作的 ACID 特性。NewSQL 数据库通常支持符合 SQL 语法的数据定义与数据操作,对于数据存储使用逻辑上的关系数据模型。由于 NewSQL 数据库对 SQL 的支持,与 NoSQL 存储设备相比,它更容易从传统的 RDBMS 转化为高度可扩展的数据库。

NewSQL 系统涉及很多新颖的架构设计。例如,可以将整个数据库都在主内存中运行,从而消除掉数据库传统的缓存管理(buffer);可以在一个服务器上面只运行一个线程,从而去除轻量的加锁阻塞(latching)(尽管某些加锁操作仍然需要,并且影响性能);还可以使用额外的服务器来进行复制和失败恢复的工作,从而取代昂贵的事务恢复操作。

NewSQL 可以用来开发有大量事务的 OLTP 系统,如银行系统。也可以用于实时分析，如运营分析，因为一些实现采用了内存存储。

NewSQL 数据库的实例包括 Clustrix、NimbusDB、VoltDB、NuoDB 和 InnoDB。

9.5 内存存储技术

内存存储技术促进了对流数据的处理，并且能够容纳整个数据库。这些技术使传统的磁盘存储的面向批量的处理转变到了内存存储的实时处理，提供了一种高性能、先进的数据存储方案。

内存存储设备通常利用 RAM 作为存储介质来提供快速数据访问。RAM 不断增长的容量以及不断降低的价格，伴随着固态硬盘不断增加的读写速度，为开发内存数据存储提供了可能性。

在内存中存储数据可以减少由磁盘 I/O 带来的延迟，也可以减少数据在主存与硬盘设备间传送的时间。数据读写延迟的总体降低使得数据处理更加快速。通过水平扩展含有内存存储设备的集群将会极大地增加内存存储设备的存储能力。内存存储设备传输数据的速度是磁盘存储设备的 80 倍，这表明从内存存储设备中读数据比从磁盘中读数据大概要快 80 倍。注意，此处假定在网络上数据的传送时间在两个场景中是一样的，并且这部分时间不被包含在数据读取时间内。

基于集群的内存能够存储大量的数据，包括大数据数据集。与磁盘存储设备相比较，这些数据的获取速度将会快很多。这显著地降低了大数据分析的总体运行时间，也使得实时大数据分析成为可能。

内存存储设备使内存数据分析成为可能，如对存储在内存中而不是磁盘中的数据执行某些查询而产生统计数据。内存分析则可以通过快速的查询和算法使得运行分析和运营商业智能成为可能。

首先，内存存储通过提供存储媒介加快实时分析，而能够应对大数据环境下数据的快速涌入（速度特性），这使得为了应对某个威胁或利用某个商业机会而做出的快速商业决定得到支持。

大数据内存存储设备在集群上得以实现，并且提供高可用性和数据冗余。所以，水平扩展可以通过增加更多的节点或内存实现。与磁盘存储设备相比，内存存储设备更加昂贵，因为内存的价格比磁盘的价格更高。

尽管从理论上说，一台 64 位的计算机最多可以利用 16EB 的内存，但是由于诸如机器等物理条件上的限制，实际能被使用的内存是相当少的。为了扩展，不仅需要增加更多的内存，一旦每个节点的内存达到上限，还需要增加更多的节点。这都增加了数据存储的代价。

除了昂贵以外，内存存储设备对持久数据存储不提供相同级别的支持。与磁盘存储设备相比，价格因素更加影响到了内存存储设备的可用性。结果，只有最新的最有价值的数据才会被保存在内存中，而陈旧的数据将会被新的数据所代替。内存存储设备支持无模式或模式感知，其存储取决于它的实现方式。通过基于键-值的数据持久化可以提供对无模式的存储支持。

内存存储设备适用于以下情况。
- 数据快速到达,并且需要实时分析或事件流处理。
- 需要连续地或持续不断地分析,如运行分析和运营商业智能。
- 需要执行交互式查询处理和实时数据可视化,包括假设分析和数据钻取操作。
- 不同的数据处理任务需要处理相同的数据集。
- 进行探索性的数据分析,因为当算法改变时,同样的数据集不需要从磁盘上重新读取。
- 数据的处理包括对相同数据集的迭代获取,如执行基于图的算法。
- 需要开发低延迟并有ACID事务支持的大数据解决方案。

内存存储设备不适用于以下情况。
- 数据处理操作含有批处理。
- 为了实现深度的数据分析,需要在闪存中长时间地保存非常大量的数据。
- 执行BI战略或战略分析,涉及访问数据量非常大,并涉及批量数据处理。
- 数据集非常大,不能装进内存。
- 从传统数据分析到大数据分析的转换,因为加入内存存储设备可能需要额外的技术,并涉及复杂的安装。
- 企业预算有限,因为安装内存存储设备可能需要升级节点,这需要通过节点替换或增加 RAM 实现。

使用内存作为数据存储介质的内存存储设备,根据数据在内存中的存储方式不同,可以被实现为:

(1)内存数据网格(In Memory Data Grid,IMDG)。

它在内存中以键-值对的形式在多个节点存储数据,在这些节点中键和值可以是任意的商业对象或序列化形式存在的应用数据。通过存储半结构化或非结构化数据而支持无模式数据存储,数据通过 API 被访问。

(2)内存数据库(In Memory Data Base,IMDB)。

它采用数据库技术,并充分利用 RAM 的性能优势,以克服困扰磁盘存储设备的运行延迟问题。IMDB 在存储结构化数据时,本质上可以是关系型的(关系型 IMDB),也可以利用 NoSQL 技术(非关系型 IMDB)来存储半结构化或非结构化数据。不像 IMDG 那样通常提供基于 API 的数据访问,关系型 IMDB 利用人们更加熟悉的 SQL,这可以帮助那些缺少高级编程能力的数据分析人员或数据科学家。

【作　业】

1. 一个文件系统是在一个存储设备上存储和组织数据的(　　),这个存储设备可以是闪存、DVD 和硬盘。

  A. 概念　　　　B. 格式　　　　C. 方法　　　　D. 原则

2. 文件是存储的(　　),被文件系统用来存储数据。

  A. 硬件介质　　B. 原子单位　　C. 分子结构　　D. 基本环境

3. 作为一个文件系统,一个分布式文件系统可以存储分布在集群节点上的大文件。对于客户端来说,文件似乎在本地上;然而,这只是一个(　　)视图,在(　　)形式上,文件分布于整个集群。

　　A. 逻辑,逻辑　　　　B. 逻辑,物理　　　　C. 物理,逻辑　　　　D. 物理,物理

4. 一个文件是一个存储的原子单位,被文件系统用来存储数据。一个文件系统提供了一个存储在存储设备上的数据逻辑视图,并以(　　)的形式展示了目录和文件。

　　A. 线性结构　　　　B. 网状结构　　　　C. 关系结构　　　　D. 树结构

5. 在计算中,一个集群是(　　),这些设备通常有相同的硬件规格,并且通过网络连接在一起,作为一个工作单元,其中的每个成员都有自己的专用资源。

　　A. 松散连接的子网络　　　　　　　　B. 紧密耦合的子网络
　　C. 松散连接的一些终端设备　　　　D. 紧密耦合的一些服务器或节点

6. 通过把任务分割成小块,并且将它们分发到属于(　　)上执行的方法,集群可以执行一个任务。

　　A. 统一集群的不同计算机　　　　　　B. 分散集群的不同计算机
　　C. 统一集群的同一计算机　　　　　　D. 分散集群的同一计算机

7. 集群(　　)水平可扩展的存储解决方案提供必要的支持,(　　)分布式数据处理提供一种线性扩展机制。

　　A. 能为,但不能为　　　　　　　　　　B. 能为,也能为
　　C. 不能为,但能为　　　　　　　　　　D. 不能为,也不能为

8. 由于集群由(　　)组成,它具有固定的冗余与一定的容错性,因而当网络中某个节点发生错误时,它之前处理与分析的结果都是可恢复的。

　　A. 物理连接上相互独立的设备　　　　B. 逻辑意义上连接的相互独立的设备
　　C. 物理连接上相关设备　　　　　　　　D. 逻辑意义上连接的相关设备

9. 分片是水平地将一个(　　)数据集划分成(　　)、更易于管理的数据集的过程,这些数据集叫作碎片。碎片分布在多个节点上,而节点是一个服务器或是一台机器。分片通常对客户端来说是透明的。

　　A. 大的,较小的　　　　　　　　　　　B. 小的,较大的
　　C. 大的,分块　　　　　　　　　　　　D. 小的,分块

10. 分片通常对客户端来说是(　　)的,它允许处理负荷分布在多个节点上,以实现水平可伸缩性。由于每个节点只负责整个数据集的一部分,读/写消耗的时间大大提高了。

　　A. 显性　　　　B. 直观　　　　C. 透明　　　　D. 结构可见

11. 在多个节点上存储数据集的多个拷贝,被叫作(　　)。因为相同的数据被复制保存在不同的节点上,提供了可伸缩性和可用性。数据容错也可以通过数据冗余来实现,数据冗余确保单个节点失败时数据不会丢失。

　　A. 正本　　　　B. 蓝本　　　　C. 副本　　　　D. 复制本

12. CAP定理表达了与分布式数据库系统相关的三重约束。(　　)不属于这三重约束。

A. 一致性　　　　B. 可用性　　　　C. 分区容忍　　　D. 分区便捷

13. BASE 是一个根据 CAP 定理而来的数据库设计原则,它采用了使用分布式技术的数据库系统,但(　　)不是 BASE 的成分。

　　A. 基本可用　　B. 硬状态　　　　C. 软状态　　　　D. 最终一致性

14. 如果数据库是"基本可用"的,该数据库将(　　)客户的请求,无论是通过返回请求数据的方式,或是发送一个成功或失败的通知。

　　A. 从不响应　　B. 始终响应　　　C. 随机响应　　　D. 实时响应

15. 软状态意味着一个数据库读取数据时可能会处于(　　)的状态;因此,当相同的数据再次被请求时,结果可能会改变。

　　A. 通过　　　　B. 阻塞　　　　　C. 一致　　　　　D. 不一致

16. BASE 更多地强调(　　),这点与 ACID 不同。由于有记录锁,ACID 需要牺牲可用性来确保一致性。虽然这种针对一致性的软措施不能保证服务的一致性,但 BASE 的兼容数据库可以服务多个客户端,而不会产生时间上的延迟。

　　A. 可用性而非一致性　　　　　　B. 一致性而非可用性
　　C. 随机性而非独特性　　　　　　D. 独特性而非随机性

17. 大数据的存储需求彻底改变了以关系数据库为中心的观念。其根本原因在于,关系型技术(　　)。更何况,企业通常通过处理半结构化和非结构化数据获取有用的价值,而这些数据通常与关系型方法不兼容。

　　A. 不支持大数据容量的可扩展方式
　　B. 支持大数据容量的可扩展方式
　　C. 不支持大数据容量的不可扩展方式
　　D. 支持大数据容量的不可扩展方式

18. 大数据促进形成了统一的观念,即存储的边界是(　　)可用的内存和磁盘存储。如果需要更多的存储空间,横向可扩展性允许集群通过添加更多节点来扩展。

　　A. 机器　　　　B. 主机　　　　　C. 集群　　　　　D. 网络

19. 磁盘存储通常利用(　　)作为长期存储的介质,并且可由分布式文件系统或数据库实现。

　　A. 昂贵的内存设备　　　　　　　B. 廉价的内存设备
　　C. 昂贵的硬盘设备　　　　　　　D. 廉价的硬盘设备

20. 通常,分布式文件系统存储设备通过(　　)而提供开箱即用的数据冗余和高可用性。

　　A. 复制数据到多个位置　　　　　B. 从多个位置复制数据
　　C. 在多个位置输入数据　　　　　D. 将数据集中处置

21. 一个实现了分布式文件系统的存储设备可以提供简单快速的数据存储功能,并能够存储(　　)。

　　A. 小型非关系型数据集,如半结构化数据和非结构化数据
　　B. 大型关系型数据集,如结构化数据
　　C. 大型非关系型数据集,如半结构化数据和非结构化数据

D. 大型关系型数据集,如结构化数据和非结构化数据

22. 分布式文件系统更适用于( )的,并以连续方式访问的文件。多个较小的文件通常被合并成一个文件,以获得最佳的存储和处理性能。
   A. 数量大、空间大　　　　　　　　B. 数量少、空间大
   C. 数量小、空间小　　　　　　　　D. 数量大、空间小

23. NoSQL 数据库是一个( )数据库,具有高度的可扩展性、容错性,并且专门设计用来存储半结构化和非结构化数据。
   A. 网状　　　　B. 层次　　　　C. 非关系　　　　D. 关系

24. NoSQL 存储设备不提供 ACID 兼容的 RDBMS 所表现的事务和一致性支持。根据 BASE 模型,NoSQL 存储设备提供了最终一致性而不是立即一致性。所以它们并不适用于实现( )。
   A. 大规模事务系统　　　　　　　　B. 小规模事务系统
   C. 大规模科学计算　　　　　　　　D. 小规模科学计算

25. NewSQL 存储设备结合了 RDBMS 的 ACID 特性和 NoSQL 存储设备的可扩展性与容错性,可以用来开发有( )系统,也可以用于实时分析。
   A. 大量计算的 OLTP　　　　　　　B. 少量事务的 OLTP
   C. 少量计算的 OLTP　　　　　　　D. 大量事务的 OLTP

26. 内存存储设备通常利用( )作为存储介质来提供快速数据访问,其不断增长的容量以及不断降低的价格,伴随着固态硬盘不断增加的读写速度,为开发内存数据存储提供了可能性。
   A. ROM　　　　B. RAM　　　　C. EPROM　　　　D. CD-ROM

27. 基于集群的内存能够存储大量的数据。内存存储促进了对( )的处理,并且能够容纳整个数据库。这些技术使传统的磁盘存储的面向批量的处理转变到了内存存储的实时处理,提供了一种高性能、先进的数据存储方案。
   A. 静态数据　　B. 数值数据　　C. 字符数据　　D. 流数据

28. 内存数据网格(IMDG)在内存中以( )的形式在多个节点存储数据,在这些节点中,键和值可以是任意的商业对象或序列化形式存在的应用数据。通过存储半结构化或非结构化数据而支持无模式数据存储。数据通过 API 被访问。
   A. 关系对　　　B. 节点对　　　C. 键-值对　　　D. 值-键对

29. 内存数据网格(IMDG)经常被用于( ),因为它们通过发布-订阅的消息模型支持复杂事件处理。
   A. 实时分析　　B. 静态分析　　C. 关系分析　　D. 网络分析

30. 内存数据库(IMDB)是内存存储设备,它采用了数据库技术,并充分利用 RAM 的性能优势,以克服困扰磁盘存储设备的运行延迟问题。存储结构化数据时,IMDB 本质上可以是( ),也可以利用 NoSQL 技术(非关系型 IMDB)来存储半结构化或非结构化数据。
   A. 关系型　　　B. 非关系型　　C. 非结构化　　D. 半结构化

【实验与思考】 熟悉大数据存储技术

1. 实验目的

(1) 深入理解"大数据的存储需求彻底改变了以关系型数据库为中心的观念"。

(2) 深入探讨磁盘和内存设备对大数据的作用,熟悉不同种类的 NoSQL、NewSQL 数据库技术以及它们的用途。

(3) 熟悉内存数据网络和内存数据库。

2. 工具/准备工作

在开始本实验之前,请认真阅读课程的相关内容。

需要准备一台带有浏览器,能够访问因特网的计算机。

3. 实验内容与步骤

目前,本案例 ETI 企业的 IT 环境采用 Linux 和 Windows 操作系统。因此,ext 文件系统和 NTFS 文件系统都在被使用。网络服务器和一些应用服务器使用 ext 文件系统,而其他的应用服务器、数据库服务器和终端用户的电脑都被配置为使用 NTFS 文件系统。配置为 RAID5 的网络附加存储(NAS)也用于容错文档的存储。虽然 IT 团队熟悉文件系统,但集群的概念、分布式文件系统和 NoSQL 对团队来说是新颖的。然而,通过与受过培训的团队成员讨论之后,整个团队能够理解这些概念和技术(关于这一点,已经在前面的实训操作环节中了解和体验到了)。

ETI 企业的 IT 设计完全由采用 ACID 数据库设计原则的关系型数据库构成。IT 团队对 BASE 原理没有多少理解,并且难以理解 CAP 定理。一些团队成员对于大数据集存储的必要性和这些概念的重要性也不确定。看到这些,受过 IT 训练的员工试图解答他们团队成员的困惑,解释这些概念仅适用于在分布式新颖的集群上存储大量数据。对于存储非常大量的数据,由于集群通过横向扩展支持线性扩展的能力,已经成为显而易见的选择。

由于集群是由节点通过一个网络连接而组成的,通信故障导致的"筒仓"(近邻的相互隔绝)或是集群的分区都是不可避免的。为了解决分区问题,提出并介绍了 BASE 原理和 CAP 定理。他们进一步解释说,任何遵循 BASE 原理的数据库都会更加积极地响应客户,尽管与遵循 ACID 原则的数据库相比,被读取的数据可能是不一致的。理解了 BASE 原理后,IT 团队更容易理解为什么一个通过集群实现的数据库需要在一致性和可用性之间做出选择。

虽然现存的关系型数据库不使用分片机制,但几乎所有的关系型数据库被复制用于灾难恢复和业务报告。为了更好地理解分片和复制的概念,IT 团队经过一个如何将这些概念应用于保险报价数据的练习,大量的报价数据被快速地创建和访问。

对于分片机制,这个团队认为,将保险报价的使用类型(保险业的健康、建筑、海洋和航空等)作为切分的标准,将创建跨越多个节点的一套平衡数据,因为查询操作大多是在相同的保险部门内执行的,而部门间的相互查询是罕见的。

请分析并记录:

(1) 目前,ETI 企业的 IT 环境中主要采用的是哪些操作系统?从文件系统的角度来看,这些不同类型的操作系统的主要区别是什么?

答:_____
_____
_____

请通过网络搜索学习,了解并简单阐述什么是 RAID5。

答:_____
_____
_____
_____

(2) 进入大数据时代,我们希望 ETI 企业的整个 IT 团队能够理解哪些重要的概念和技术?

答:_____
_____
_____
_____

(3) 对于存储非常大量的数据,由于集群通过横向扩展支持线性扩展的能力,它已经成为显而易见的选择。请解释什么是集群。

答:_____
_____
_____

为什么一个通过集群实现的数据库需要在一致性和可用性之间做出选择?

答:_____
_____
_____

(4) 案例企业 ETI 是一家专业做健康保险计划的保险公司。为了更好地理解分片和复制的概念,请你依据自己的知识基础和理解,尝试将这些概念应用于保险报价数据。例如将保险报价的使用类型(保险行业——健康、建筑、海洋和航空)作为切分的标准等。

答：

4．实验总结

5．实验评价（教师）

大数据处理技术

【导读案例】

Cloudera 领衔大数据基础设施

由于 Hadoop 深受客户欢迎,许多公司都推出了各自版本的 Hadoop,也有一些公司则围绕 Hadoop 开发产品。在 Hadoop 生态系统中,规模最大、知名度最高的公司则是 Cloudera(图 10-1)。Cloudera 由来自脸书、谷歌和雅虎的前工程师杰夫·哈默巴切、克里斯托弗·比塞格利亚、埃姆·阿瓦达拉以及现任 CEO、甲骨文前高管迈克·奥尔森在 2008 年创建的。Cloudera 主营销售工具和咨询服务,帮助其他公司运行 Hadoop。

图 10-1　Cloudera 主页

2004年,谷歌首先发表了一篇论文,在文中描述了 Google MapReduce 和 Google File System,而 Hadoop 也正是从中受到启发而建立起来的。这正好显示了大数据技术需要花费很长时间才能融入企业中。Cloudera 的竞争对手 HortonWorks 则是从雅虎分离出来的。HortonWorks 的工程师为 Apache Hadoop 贡献的代码超过 80%。MapR 则专注于借助其 M5 服务提供 Hadoop 的高性能版本,尝试解决 Hadoop 最大的难题:处理数据所需的漫长等待。

在这些公司向企业提供 Hadoop 服务和支持的同时,其他公司正积极向云端传送 Hadoop。Qubole、Nodeable 及 Platfora 是云端 Hadoop 领域的三家公司。对于这些公司来说,源自本土大数据云处理服务的挑战将日益凸显,例如亚马逊自身的 MapReduce 服务。

Hadoop 的设计目的在于对超大数据集进行分布式处理,其中工程师们设计作业,作业再传输到数百或数千台服务器,然后将单独的结果汇总回收,才能产生实际结果。举一个简单的例子,一项 Hadoop MapReduce 作业就是用于计算各种文档中词出现的数量。如果文档数量达数百万之巨,就难以在一台机器上完成。Hadoop 将该项作业分解为每台机器都能完成的小片段,再将每项单独计算作业的结果合在一起,就生成了最后的计算结果。

而挑战就是运行这些作业会消耗许多时间——这对实时数据查询而言不甚理想。对于 Hadoop 的改进,如 Cloudera Impala 项目承诺让 Hadoop 变得更加灵敏,不仅仅体现在分布式处理上,也要在接近实时的分析应用上有所反映。当然,这些创新也使 Cloudera 成为当前大型分析或数据仓库供应商的理想收购目标(上市前后),包括 IBM、甲骨文以及其他的潜在买家。

阅读上文,请思考、分析并简单记录:

(1) 请通过网络搜索进一步了解 Cloudera 公司,并做简单描述。

答:_____
_____
_____
_____

(2) 除了 Cloudera,你还知道哪些领衔大数据基础设施的公司?其中属于中国的公司主要有哪些?

答:_____
_____
_____
_____

(3) 文中为什么说"大数据技术需要花费很长时间才能融入企业中"?

答:_____
_____
_____
_____

（4）请简单描述你所知道的上一周发生的国际、国内或者身边的大事。
答：_____
_____
_____

10.1　开源技术商业支援

　　在大数据生态系统中，基础设施主要负责数据存储以及处理公司掌握的海量数据。应用程序则是指人类和计算机系统通过使用这些程序，从数据中获知关键信息。人们使用应用程序，使数据可视化，并由此做出更好的决策；而计算机则使用应用系统，将广告投放到合适的人群，或者监测信用卡欺诈行为等。

　　在大数据的演变中，开源软件起到了很大的作用。如今，Linux 已经成为主流操作系统，并与低成本的服务器硬件系统相结合。有了 Linux，企业就能在低成本硬件上使用开源操作系统，以低成本获得许多相同的功能。MySQL 开源数据库、Apache 开源网络服务器以及 PHP 开源脚本语言（最初为创建网站开发）搭配起来的实用性也推动了 Linux 的普及。

　　随着越来越多的企业将 Linux 大规模地用于商业用途，它们期望获得企业级的商业支持和保障。在众多的供应商中，红帽子（Red Hat）Linux 脱颖而出，成为 Linux 商业支持及服务的市场领导者。甲骨文公司（Oracle）也并购了最初属于瑞典 MySQL AB 公司的开源 MySQL 关系数据库项目。

　　IBM、甲骨文以及其他公司都在将他们拥有的大型关系型数据库商业化。关系型数据库使数据存储在自定义表中，再通过一个密码进行访问。例如，一个雇员可以通过一个雇员编号认定，然后该编号就会与包含该雇员信息的其他字段相联系——她的名字、地址、雇用日期及职位等。本来这样的结构化数据库还是可以适用的，直到公司不得不解决大量的非结构化数据。比如谷歌必须处理海量网页以及这些网页链接之间的关系，而脸书必须应付社交图谱数据。社交图谱是其社交网站上人与人之间关系的数字表示——社交图谱上每个点末端连接所有非结构化数据，例如照片、信息、个人档案等。因此，这些公司也想利用低成本商用硬件。

　　于是，像谷歌、雅虎、脸书以及其他这样的公司开发出各自的解决方案，以存储和处理大量的数据。正如 Unix 的开源版本和甲骨文的数据库以 Linux 和 MySQL 这样的形式应运而生一样，大数据世界里有许多类似的事物在不断涌现。

　　Apache Hadoop 是一个开源分布式计算平台，通过 Hadoop 分布式文件系统 HDFS（Hadoop Distributed File System）存储大量数据，再通过名为 MapReduce 的编程模型将这些数据的操作分成小片段。Apache Hadoop 源自谷歌的原始创建技术，随后开发了一系列围绕 Hadoop 的开源技术。Apache Hive 提供数据仓库功能，包括数据抽取、转换、装载（ETL），即将数据从各种来源中抽取出来，再实行转换，以满足操作需要（包括确保数据质量），然后装载到目标数据库。Apache HBase 则提供处于 Hadoop 顶部的海量结构化表的实时读写访问功能，它仿照了谷歌的 BigTable。同时，Apache Cassandra 通过复制数据来提供容错数据存储功能。

过去，这些功能通常只能从商业软件供应商处依靠专门的硬件获取。开源大数据技术正在使数据存储和处理能力——这些本来只有像谷歌或其他商用运营商之类的公司才具备的能力，在商用硬件上也得到了应用。这就降低了使用大数据的先期投入，并且具备了使大数据接触到更多潜在用户的潜力。

开始使用开源软件时是免费的，这使其对大多数人颇具吸引力，从而使一些商用运营商采用免费增值的商业模式参与到竞争中。产品在个人使用或有限数据的前提下是免费的，但顾客需要在之后为部分或大量数据的使用付费。久而久之，采用开源技术的这些企业往往需要商业支援，一如当初使用 Linux 碰到的情形。像 Cloudera、HortonWorks 及 MapR 这样的公司，在为 Hadoop 解决这种需要的同时，类似 DataStax 的公司也在为非关系型数据库(cassandra)做着同样的事情，LucidWorks 之于 Apache Lucene 也是如此(后者是一种开源搜索解决方案，用于索引并搜索大量网页或文件)。

10.2 大数据技术架构

要容纳数据本身，IT 基础架构必须能够以经济的方式存储比以往更大量、类型更多的数据。此外，还必须能适应数据变化的速度。由于数量如此大的数据难以在当今的网络连接条件下快速移动，因此，大数据基础架构必须分布计算能力，以便能在接近用户的位置进行数据分析，减少跨越网络引起的延迟。企业逐渐认识到，必须在数据驻留的位置进行分析，分布这类计算能力，以便为分析工具提供实时响应将带来的挑战。考虑到数据速度和数据量，移动数据进行处理是不现实的，相反，计算和分析工具可能会移到数据附近。而且，云计算模式对大数据的成功至关重要。云模型在从大数据中提取商业价值的同时也能为企业提供了一种灵活的选择，以实现大数据分析所需的效率、可扩展性、数据便携性和经济性。

仅仅存储和提供数据还不够，必须以新的方式合成、分析和关联数据，才能提供商业价值。部分大数据方法要求处理未经建模的数据，因此，可以对毫不相干的数据源进行不同类型数据的比较和模式匹配。这使得大数据分析能以新视角挖掘企业传统数据，并带来传统未曾分析过的数据洞察力。

基于上述考虑构建的适合大数据的 4 层堆栈式技术架构如图 10-2 所示。

1. 基础层

第一层作为整个大数据技术架构基础的最底层，也是基础层。要实现大数据规模的应用，企业需要一个高度自动化的、可横向扩展的存储和计算平台。这个基础设施需要从以前的存储孤岛发展为具有共享能力的高容量存储池。容量、性能和吞吐量必须可以线性扩展。

云模型鼓励访问数据，并提供弹性资源池来应对大规模问题，解决了如何存储大量数

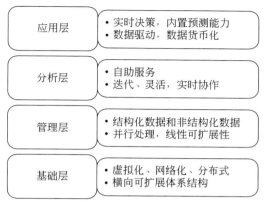

图 10-2 4 层堆栈式大数据技术架构

据,以及如何积聚所需的计算资源来操作数据的问题。在云中,数据跨多个节点调配和分布,使得数据更接近需要它的用户,从而缩短响应时间和提高生产率。

2. 管理层

要支持在多源数据上做深层次的分析,大数据技术架构中需要一个管理平台,使结构化和非结构化数据管理融为一体,具备实时传送和查询、计算功能。本层既包括数据的存储和管理,也涉及数据的计算。并行化和分布式是大数据管理平台必须考虑的要素。

3. 分析层

大数据应用需要大数据分析。分析层提供基于统计学的数据挖掘和机器学习算法,用于分析和解释数据集,帮助企业获得对数据价值深入的领悟。可扩展性强、使用灵活的大数据分析平台更可成为数据科学家的利器,起到事半功倍的效果。

4. 应用层

大数据的价值体现在帮助企业进行决策和为终端用户提供服务的应用。不同的新型商业需求驱动了大数据的应用。另一方面,大数据应用为企业提供的竞争优势使得企业更加重视大数据的价值。新型大数据应用对大数据技术不断提出新的要求,大数据技术也因此在不断的发展变化中日趋成熟。

10.3　Hadoop 数据处理基础

所谓 Hadoop,是以开源形式发布的一种对大规模数据进行分布式处理的技术。特别是处理大数据时代的非结构化数据时,Hadoop 在性能和成本方面都具有优势,而且通过横向扩展进行扩容也相对容易,因此备受关注。Hadoop 是最受欢迎的在因特网上对搜索关键字进行内容分类的工具,但它也可以解决许多要求极大伸缩性的问题。

10.3.1　Hadoop 的由来

Hadoop 的基础是美国 Google 公司于 2004 年发表的一篇关于大规模数据分布式处理的题为《MapReduce：大集群上的简单数据处理》的论文。

Hadoop 由 Apache Software Foundation 公司于 2005 年秋天作为 Lucene 的子项目 Nutch 的一部分正式引入。它受到最先由 Google Lab 开发的 Map/Reduce 和 Google File System(GFS)的启发。2006 年 3 月，Map/Reduce 和 Nutch Distributed File System(NDFS)分别被纳入称为 Hadoop 的项目中。

MapReduce 指的是一种分布式处理的方法，而 Hadoop 则是将 MapReduce 通过开源方式进行实现的框架(Framework)的名称。造成这个局面的原因在于，Google 在论文中公开的仅限于处理方法，而并没有公开程序本身。也就是说，提到 MapReduce，指的只是一种处理方法，而对其实现的形式并非只有 Hadoop 一种。反过来说，提到 Hadoop，则指的是一种基于 Apache 授权协议、以开源形式发布的软件程序。

Hadoop 原本是由三大部分组成的，即用于分布式存储大容量文件的分布式文件系统(Hadoop Distributed File System，HDFS)，用于对大量数据进行高效分布式处理的 Hadoop MapReduce 框架，以及超大型数据表 HBase。这些部分与 Google 的基础技术相对应(图 10-3)。

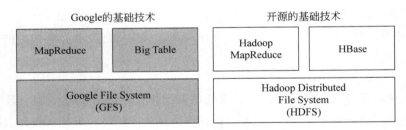

图 10-3　Google 与开源基础技术的对应关系

从数据处理的角度来看，Hadoop MapReduce 是其中最重要的部分。Hadoop MapReduce 并非是用于配备高性能 CPU 和磁盘的计算机，而是一种工作在由多台通用型计算机组成的集群上的、对大规模数据进行分布式处理的框架。

在 Hadoop 中，是将应用程序细分为在集群中任意节点上都可执行的成百上千个工作负载，并分配给多个节点来执行。然后，通过对各节点瞬间返回的信息进行重组，得出最终的回答。虽然存在其他功能类似的程序，但 Hadoop 依靠其处理的高速性能脱颖而出。

对 Hadoop 的运用，最早是雅虎、脸书、推特、美国在线服务、奈飞等网络公司先开始试水的。然而现在，其应用领域已经突破了行业的界限，如摩根大通、美国银行、VISA 等在内的金融公司，以及诺基亚、三星、GE 等制造业公司，沃尔玛、迪士尼等零售业公司，甚至是中国移动等通信业公司都在运用。

与此同时，最早由 HDFS、Hadoop MapReduce、HBase 这三个组件组成的软件架构，现在也衍生出了多个子项目，其范围也随之逐步扩大。

10.3.2 Hadoop的优势

Hadoop的一大优势是,过去由于成本、处理时间的限制而不得不放弃的对大量非结构化数据的处理,现在成为可能。也就是说,由于Hadoop集群的规模可以很容易地扩展到PB甚至EB级别,因此,企业里的数据分析师和市场营销人员过去只能依赖抽样数据来进行分析,现在则可以将分析对象扩展到全部数据的范围了。而且,由于处理速度比过去有了飞跃性的提升,现在可以进行若干次重复的分析,也可以用不同的查询来测试,从而有可能获得过去无法获得的更有价值的信息。

Hadoop是一个能够对大量数据进行分布式处理的软件框架,以一种可靠、高效、可伸缩的方式进行处理。Hadoop是可靠的,因为假设计算元素和存储会失败,因此它维护多个工作数据副本,确保能够针对失败的节点重新分布处理。Hadoop是高效的,因为它以并行的方式工作,通过并行处理加快处理速度。Hadoop还是可伸缩的,能够处理PB级数据。此外,Hadoop依赖于社区服务器,因此它的成本比较低,任何人都可以使用。

Hadoop是一个能够让用户轻松架构和使用的分布式计算平台。用户可以轻松地在Hadoop上开发和运行处理海量数据的应用程序。它主要有以下几个优点。

(1) 高可靠性。Hadoop按位存储和处理数据的能力值得人们信赖。

(2) 高扩展性。Hadoop是在可用的计算机集簇间分配数据并完成计算任务的,这些集簇可以方便地扩展到数以千计的节点中。

(3) 高效性。Hadoop能够在节点之间动态地移动数据,并保证各个节点的动态平衡,因此处理速度非常快。

(4) 高容错性。Hadoop能够自动保存数据的多个副本,并且能够自动将失败的任务重新分配。

Hadoop带有用Java语言编写的框架,因此运行在Linux平台上是非常理想的。Hadoop上的应用程序也可以使用其他语言编写,比如C++。

10.3.3 Hadoop的发行版本

Hadoop软件目前依然在不断引入先进的功能,处于持续开发的过程中。因此,如果想要享受其先进性所带来的新功能和性能提升等好处,公司内部就需要具备相应的技术实力。对于拥有众多先进技术人员的一部分大型系统集成公司和惯于使用开源软件的互联网公司来说,应该可以满足这样的条件。

相对地,对于一般企业来说,要运用Hadoop这样的开源软件,还存在比较高的门槛。企业对于软件的要求,不仅在于其高性能,还包括可靠性、稳定性、安全性等因素。然而,Hadoop是可以免费获取的软件,一般公司搭建集群环境的时候,需要自行对上述因素做出担保,难度确实很大。

于是,为了解决这个问题,Hadoop也推出了发行版本。所谓发行版本,和同为开源

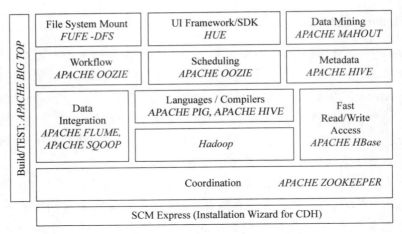

图 10-4　Cloudera 公司的 Hadoop 发行版

软件的 Linux 的情况类似，是一种为改善开源社区所开发的软件的易用性而提供的一种软件包服务（图 10-4），软件包中通常包括安装工具，以及捆绑事先验证过的一些周边软件。

最先开始提供 Hadoop 商用发行版的是 Cloudera 公司。那是在 2008 年，当时 Hadoop 之父 Doug Cutting 还任职于 Cloudera（后来担任 Apache 软件基金会主席）。如今，Cloudera 已经成为名副其实的 Hadoop 商用发行版头牌厂商，如果拿 Linux 发行版来类比，相当于 Red Hat 的地位。借助先发制人的优势，Cloudera 与 NetUP、戴尔等硬件厂商积极开展密切合作，通过在他们的存储设备和服务器上预装 Cloudera 的 Hadoop 发行版来扩大自己的势力范围。

此后很长一段时间内，都没有出现能够和 Cloudera 形成竞争的商用发行版厂商，到了 2010 年以后，形势才发生了改变。2010 年 5 月，IBM 发布了基于 IBM Hadoop 发行版的数据分析平台 IBM InfoSphere BigInsights，以此为契机，进入 2011 年之后，这一领域的竞争一下子变得激烈起来。

目前，Hadoop 商用发行版主要有 DataStax 公司的 Brisk，它采用 Cassandra 代替 HDFS 和 HBase 作为存储模块；美国 MapR Technologies 公司的 MapR 对 HDFS 进行了改良，实现了比开源版本 Hadoop 更高的性能和可靠性；还有从雅虎公司中独立出来的 Hortonworks 公司等（图 10-5）。

在这些竞争伙伴中，尤其值得一提的是 Hortonworks，它并不提供自己的发行版，主要业务是提供对开源版本 Hadoop 进行以功能强化为目的的后续开发和支持服务，它和美国雅虎公司一起，对开源版本的 Hadoop 代码开发做出了很大的贡献（图 10-6）。

实际上，2011 年 10 月，微软宣布与 Hortonworks 联手进行 Windows Server 版和 Windows Azure 版 Hadoop 的开发，而微软曾独自开发的 Windows 上类似 Hadoop 的 Dryad 项目则同时宣布终止，表明微软将集中力量投入 Hadoop 的开发工作中。由于这

(弥补Apache Hadoop不足和缺点的发行版)	Cloudera/CDH	Cloudera/CDH：最早推出的Hadoop商用发行版，开发了简化Hadoop集群维护工作的集成管理工具，以及一站式Hadoop自动化安装工具。客户包括Groupon、ReckSpace、ComScore、三星、LinkedIn等。
	IBM/InforSphere BidInsights	IBM/InforSphere BigInsights：在IBM版Apache Hadoop发行版的基础上加入了分析用GUI BigSheets、用于JSON数据的查询语言Jaql、文本分析引擎System T、工作流引擎Orchestrator以及与DB2的协作功能。
	MapR/M3、M5	MapR/M3、M5：通过改良HDFS，宣称和Apache Hadoop相比"速度提高2~5倍，可靠性高的发行版"。MapR包括两个不同的版本，基于Facebook内部开发的代码免费提供的M3，以及具备镜像、快照等功能，面向关键领域用途的M5。
(使用Cassandra的发行版)	DataStax/Brisk	DataStax/Brisk：采用Cassandra代替HDFS和HBase作为存储模块的发行版。作为与HDFS兼容的存储层，在CassandraFS上集成了MapReduce、Hive、工作跟踪、任务跟踪功能，并可以使用Cassandra的实时功能。
(对开源版本的功能强化和支持服务)	Hortonworks	Hortonworks：从雅虎独立出来的公司。该公司拥有Apache Hadoop主要的架构师和软件工程师，目的是促进Apache Hadoop普及、提供的服务包括订阅制的支持服务、培训、配置程序等。2011年10月，宣布与微软公司建立合作关系。

图 10-5　Hadoop 的商用发行版/支持服务

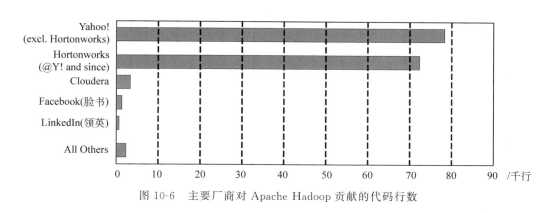

图 10-6　主要厂商对 Apache Hadoop 贡献的代码行数

表示微软默认了 Hadoop 作为大规模数据处理框架实质性标准的地位，因此引发了很大的反响。而在如此大幅度的方针转变中，微软将 Hortonworks 作为其合作伙伴。

10.3.4　Hadoop 与 NoSQL

在传统的数据存储、处理平台中，需要将数据从 CRM、ERP 等系统中，通过抽取/加载/转换（Extract/Load/Transform，ELT）工具提取出来，并转换为容易使用的形式，再导入像数据仓库①和 RDBMS 等专用于分析的数据库中。这样的工作通常会按照计划，以每天或每周这样的周期来进行。

然后，为了让经营策划等部门中的商务分析师能够通过数据仓库，用其中经正则化处理的数据输出固定格式的报表，并让管理层能够对业绩进行管理，对目标完成情况进行查询，就需要提供一个"管理指标板"（仪表板），将多张数据表和图表整合显示在一个画面上。

当管理的数据超过一定规模时，要完成这一系列工作，除了数据仓库之外，一般还需要使用如 SAP 的 Business Objects、IBM 的 Cognos、Oracle 的 Oracle BI 等商业智能工具。

用这些现有的平台很难处理具备 3V 特征的大数据，即便能够处理，在性能方面也很难期望能有良好的表现。首先，随着数据量的增加，数据仓库带来的负荷也会越来越大，数据装载的时间和查询的性能都会恶化。其次，企业目前管理的数据都是如 CRM、ERP、财务系统等产生的客户数据、销售数据等结构化数据，而现有的平台在设计时并没有考虑到由社交媒体、传感器网络等产生的非结构化数据。因此，对这些时时刻刻都在产生的非结构化数据进行实时分析，并从中获取有意义的观点，是十分困难的。由此可见，为了应对大数据时代，需要从根本上重新考虑用于数据存储和处理的平台。

作为支撑大数据的基础技术，能和 Hadoop 一样受到越来越多关注的，就是 NoSQL 数据库了。在大数据处理的基础平台中，需要由 Hadoop 和 NoSQL 数据库来担任核心角色。Hadoop 已经催生了多个子项目，其中包括基于 Hadoop 的数据仓库 Hive 和数据挖掘库 Mahout 等，通过运用这些工具，仅仅在 Hadoop 的环境中就可以完成数据分析的所有工作。

然而，对于大多数企业来说，要抛弃已经习惯的现有平台，从零开始搭建一个新的平台来进行数据分析，显然是不现实的。因此，有些数据仓库厂商提出这样一种方案，用 Hadoop 将数据处理成现有数据仓库能够进行存储的形式（即作前处理），装载数据之后再使用传统的商业智能工具来分析。

Hadoop 和 NoSQL 数据库，是在现有关系型数据库和 SQL 等数据处理技术很难有效处理非结构化数据这一背景下，由谷歌、亚马逊、脸书等企业因自身迫切的需求而开发的。因此，作为一般企业不必非要推翻和替换现有的技术，在销售数据和客户数据等结构化数据的存储和处理上，只要使用传统的关系型数据库和数据仓库就可以了。

由于 Hadoop 和 NoSQL 数据库是开源的，因此和商用软件相比，其软件授权费用十分低廉。但另一方面，想招募到精通这些技术的人才却可能需要付出很高的成本。

---

① 数据仓库（Data Warehouse，DW）是决策支持系统（DSS）和联机分析应用数据源的结构化数据环境。在信息技术与数据智能大环境下，数据仓库在软硬件领域、因特网和企业内部网解决方案以及数据库方面提供了许多经济高效的计算资源，可以保存极大量的数据供分析使用，且允许使用多种数据访问技术。数据仓库主要由数据抽取工具、数据仓库数据库、元数据、数据集市、数据仓库管理、信息发布系统和访问工具组成。

10.4 大数据处理模式

大数据处理模式

大数据领域关注的数据处理对象主要是：

（1）网页数据。例如构建搜索引擎、分析网页中用户单击的情况、观察网页的变化等。

（2）各种日志，用以分析用户行为、系统运行状态等。

（3）电信领域中的信号、信令数据等、电话通信用户以及时长数据等。

（4）电力领域中的用电数据、电表汇报数据以及抄表数据。

（5）国民经济分项数据与统计数据。

（6）各单位的金融数据、社保银行数据等。

（7）互联网实时监控数据、病毒或者蠕虫的传播数据等。

10.4.1 处理的特点与工作量

网页数据处理中最典型的应用是建立搜索引擎，帮助用户进行数据检索。建立搜索引擎，首先要从互联网中抓取大量数据，下载到搜索引擎数据中心；然后将下载的数据进行索引，生成倒排表，以便能够进行快速检索；与用户交互，将用户的查询翻译为搜索引擎能够使用的表达，并在内容索引中查找相应的信息，合成用户的检索结果。在进行用户交互时，还需要进行数据结果的排序工作，这些工作会涉及大数据处理。例如，在数据下载阶段，最重要的工作就是数据存储，尽可能将大量有价值的数据存储到数据中心；在数据索引阶段，需要对存储的数据进行扫描，建立倒排文档的索引。这两部分工作是在后台进行的。在不和用户交互时，数据处理不需要进行快速的结果返回，而是需要在后台用较长的时间（数小时至数天时间）进行数据处理，并将结果保存到存储中备用。

在日志数据处理中可进行的分析包括用户单击的日志分析、系统运行行为的日志分析。前者可以帮助分析用户行为，为每个用户打上标签，针对不同用户的请求返回个性化的查询结果，或者做个性化的推荐，也可以帮助用户建立一个有效的输入法，匹配网络中最新词语的变化。而后者能够帮助管理员更好地理解系统中各个模块的变化。这两个大数据处理的方式类似，都是用较长的时间作详尽的分析，以便获得智能的结果。这种处理方式称为"离线批处理式数据处理"的大数据处理模式。

电信中的信令数据分析、电力系统中的电表数据分析，前者可以建立电信掉线率的分析模型，帮助运营或设备供货商获知某一时段的网络运营状况，并进行有针对性的优化；后者可以综合电表数据的情况，分析用电情况，获得电网优化方案。该类型分析与网页和日志有所不同。在获取数据并进行分析后，管理员或最终的分析决策人员会对数据进行查询和统计，需要在数分钟之内获得结果，否则系统的交互性会急剧下降，降低用户体验的好感。这种"查询式数据处理"的方式也体现在经济数据的统计以及查询方面。

互联网中的在线数据分析、病毒和蠕虫的监控，这种模式称为"实时式数据处理"。例如，在互联网中，需要过滤有害信息，如垃圾邮件、网页数据传输中的有害网页、大规模文件数据传输中的病毒与蠕虫数据。这些数据必须实时处理，否则就可能会将有害数据或无效数据传输给用户,不仅浪费网络流量,也会带来危害。

根据数据处理的时间特性,上述大数据处理的模式分为"离线批处理式数据处理""查询式数据处理"和"实时式数据处理"。这三种模式需要的处理时间分别为超过小时级、数秒至数分钟以及实时级(小于 1s)。

大数据的处理工作量被定义为一定时间内处理数据的性质与数量。处理工作量主要分为批处理和事务两种类型。

1. 批处理型

批处理型也称为脱机处理,通常采用批处理方式来完成大数据有序的读/写操作,成批地处理数据,并且会涉及多种连接,从而导致较大的延迟。这种情形下的查询一般涉及多种连接,非常复杂。联机分析处理(OLAP)系统采用批处理模式处理数据。商务智能与分析需要对大量的数据进行读操作,因而一般使用批处理模式进行读/写操作,以插入、选择、更新与删除数据。

2. 事务型

事务型也称为在线处理,这种处理方式通过无延迟的交互式处理使得整个回应延迟很小,一般适用于少量数据的随机读/写操作。

联机事务处理(OLTP)系统与操作系统的写操作比较密集,是典型的事务型处理系统,尽管它们通常将读操作与写操作混杂着进行,但写操作相对读操作还是密集许多的。

企业的事务处理对实时性要求较高,因此一般采用回应延迟小、数据量小的事务型处理方式。相比于批处理型,事务型处理含有少量的连接操作,回应延迟也更小。

10.4.2 SCV 原则

大数据处理遵循 SCV 分布式数据处理基本原则,该原则对大数据处理施加的基本限制对实时模式处理有巨大的影响。

SCV 原则是,要求设计一个分布式数据处理系统时仅需满足以下 3 项要求中的 2 项。

(1) 速度(Speed)。是指数据一旦生成后处理的快慢。通常实时模式的速度快于批处理模式,因此仅有实时模式会考虑该项性能,并且在此忽略获取数据的时间消耗,专注于实际数据处理的时间消耗,例如生成数据统计信息时间或算法的执行时间。

(2) 一致性(Consistency)。指处理结果的准确度与精度。如果处理结果的值接近于正确的值,并且二者有着相近的精度,则认为该大数据处理系统具有高一致性。高一致性系统通常会利用全部数据来保证其准确度与精度,而低一致性系统则采用采样技术,仅保证精度在一个可接受的范围内,结果也相对不准确。

(3) 容量(Volume)。指系统能够处理的数据量。在大数据环境下,数据量的高速增长导致大量的数据需要以分布式的方式处理。要处理规模如此大的数据,数据处理系统无法同时保证速度与一致性。

如图10-7所示,如果要保证数据处理系统的速度与一致性,就不可能保证大容量,因为大量的数据必然会减慢处理速度。

如果要保证高度一致地处理大容量数据,处理速度必然减慢。

如果要高速处理大容量的数据,则无法保证系统的高一致性,毕竟处理大规模数据仅能依靠采样来保证更快的速度。

实现一个分布式数据处理系统,选择SCV中的哪两项特性,主要以该系统分析环境的具体需求为依据。

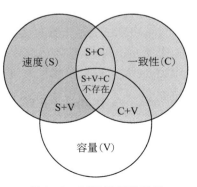

图10-7　SCV原则维恩图

在大数据环境中,可能需要最大限度地保证数据规模来进行深入分析,例如模式识别,也可能需要对数据进行批处理,以求进一步研究。因此,选择容量还是速度或一致性值得慎重考虑。

在数据处理中,实时处理需要保证数据不丢失,即对数据处理容量(V)需求大,因此大数据实时处理系统通常仅在速度(S)与一致性(C)中作权衡,实现S+V或C+V。

实时大数据处理包括实时处理与近实时处理。数据一旦到达企业,就需要被低延迟地处理。在实时模式下,数据刚到达就在内存中处理,处理完毕再写入磁盘,供后续使用或存档。而批处理模式恰与之相反,该种模式下数据首先被写入磁盘,再被批量处理,从而将导致高延迟。

10.4.3　批处理模式

在批处理模式中,数据总是成批地脱机处理,响应时长从几分钟到几小时不等。在这种情况下,数据被处理前必须保存在磁盘上。批处理模式适用于庞大的数据集,无论这个数据集是单个的还是由几个数据集组合而成,该模式可以从本质上解决大数据数据量大和数据特性不同的问题。

批处理是大数据处理的主要方式,相较于实时模式,它比较简单,易于建立,开销也比较小。像商务智能、预测性分析与规范性分析、ETL操作,一般都采用批处理模式。

1. MapReduce批处理

MapReduce是一种广泛用于实现批处理的架构,它采用"分治"的原则,把一个大的问题分成可以被分别解决的小问题的集合,拥有内部容错性与冗余,因而具有很高的可扩展性与可靠性。MapReduce结合了分布式数据处理与并行数据处理的原理,并且使用商业硬件集群并行处理庞大的数据集,是一个基于批处理模式的数据处理引擎。

MapReduce不对数据的模式作要求,因此它可以用于处理无模式的数据集。在MapReduce中,一个庞大的数据集被分为多个较小的数据集,分别在独立的设备上并行处理,最后再把每个处理结果相结合,得出最终结果。MapReduce是2000年年初谷歌的一项研究课题发表的,它不需要低延迟,因此一般仅支持批处理模式。

MapReduce处理引擎与传统的数据处理模式的工作机制有些不同。在传统的数据处理模式中，数据由存储节点发送到处理节点后才能被处理，这种方式在数据集较小的时候表现良好，但是数据集较大时，发送数据将导致更大的开销。

而MapReduce是把数据处理算法发送到各个存储节点，数据在这些节点上被并行地处理，这种方式可以消除发送数据的时间开销。由于并行处理小规模数据速度更快，MapReduce不但可以节约网络带宽的开销，更能大量节约处理大规模数据的时间开销。

2. Map和Reduce任务

一次MapReduce处理引擎的运行被称为MapReduce作业，它由映射（Map）和归约（Reduce）两部分任务组成，这两部分任务又被分为多个阶段。其中映射任务被分为映射（map）、合并（combine）和分区（partition）三个阶段，合并阶段是可选的；归约任务被分为洗牌和排序（shuffle and sort）与归约（reduce）两个阶段。

（1）映射。

MapReduce的第一个阶段称为映射。映射阶段首先把大的数据文件分割成多个小数据文件。每个较小的数据文件的每条记录都被解析为一组键-值对，通常键表示其对应记录的序号，值则表示该记录的实际值。

通常每个小数据文件由多组键-值对组成，这些键-值对将会作为输入，由一个映射模块处理，映射阶段的逻辑由用户决定，其中一个映射模块仅处理一个小数据文件，且仅执行一次。

每组键-值对会按用户自定义逻辑被映射为一组新的键-值对，作为输出。输出的键可以与输入的键相同，可以是由输入值得出的一组字符串，还可以是用户自定义的有序对象。同样，输出的值也可与输入值相同，可以是由输入值得到的一组字符串，还可以是用户自定义的有序对象。

在这些输出的键-值对中，可以存在多组键-值对的键相同的情况。另外要注意一点，在映射过程中会发生过滤与复用。过滤是指对于一个输入的键-值对，映射可能不会产生任何输出键-值对；而复用是指某组输入键-值对对应多组输出键-值对。

映射阶段的数据变化如图10-8所示。

（2）合并。

在MapReduce模型中，映射任务与归约任务分别在不同的节点上进行，而映射模块的输出需要被送到归约模块处理，这就要求把数据由映射任务节点传输到归约任务节点，这个过程往往会消耗大量的带宽，并直接导致处理延时。因此就要对大量的键-值对进行合并，以减少这些消耗。

在大数据处理中，节点传输过程花费的时间往往大于真正处理数据的时间。MapReduce模型提出了一个可选的合并模块。在映射模块把多组键-值对输入合并模块之前，已经将这些键-值对按键进行排序，将对应同一键的多条记录变为一个键对应一组值，合并模块则将每个键对应的值组进行合并，最终输出仅为一条键-值对记录。图10-9描述了数据由映射阶段到合并阶段的变化。

由此可见，合并模块本质上还是一种归约模块，另外，归约模块还可被作为用户自定

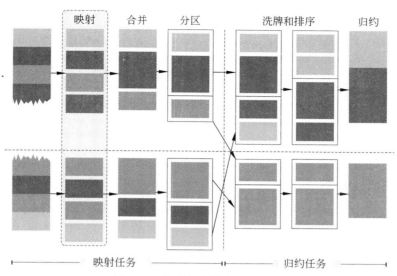

图 10-8 数据在映射阶段的变化

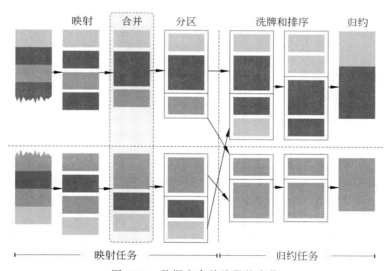

图 10-9 数据在合并阶段的变化

义模块使用。最后,值得一提的是,合并模块仅仅是一个可选的优化模块,在 MapReduce 模型中不是必备的。比如,运用合并模块可以得出最大值或最小值,但无法得出所有数据的平均值,毕竟合并模块的数据仅仅是所有数据的一个子集。

(3) 分区。

在这个阶段,当使用多个归约模块时,MapReduce 模型就需要把映射模块或合并模块(如果该 MapReduce 引擎指明调用合并功能)的输出分配给各个归约模块。在此,把分配到每个归约模块的数据叫作一个分区,也就是说,分区数与归约模块数是相等的。图 10-10 描述了数据在分区阶段的变化。

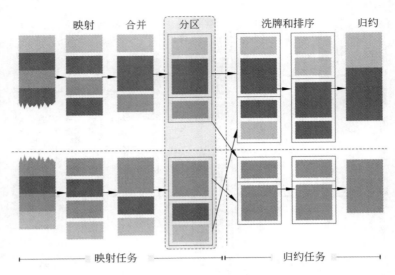

图 10-10　数据在分区阶段的变化

尽管一个分区包含很多条记录,但是对应同一键的记录必须被分在同一个分区,在此基础上,MapReduce 模型会尽量保证随机公平地把数据分配到各个归约模块当中。

由于上述分区模块的特性,会导致分配到各个归约模块的数据量有差异,甚至分配给某个归约模块的数据量会远远超过其他的。不均等的工作量将造成各个归约模块工作结束时间不同,这样最后总共消耗的时间将会大于绝对均等的分配方式。要缓解这个问题,就只能依靠优化分区模块的逻辑来实现了。

分区模块是映射任务的最后一个阶段,它的输出为记录对应归约模块的索引号。

(4) 洗牌和排序。

洗牌包括由分区模块将数据传输到归约模块的整个过程,是归约任务的第一个阶段。由分区模块传输来的数据可能存在多条记录对应同一个键。这个模块将把对应同一个键的记录进行组合,形成一个唯一键对应一组值的键-值对列表。随后,该模块对所有的键-值对进行排序。组合与排序的方式在此可由用户自定义。整个阶段的数据变化如图 10-11 所示。

(5) 归约。

这是归约任务的最后一个阶段,该模块的逻辑由用户自定义,它可能对输入的记录进行进一步分析归纳,也可能对输入不作任何改变。在任何情形下,这个模块都在处理当条记录的同时输出其他处理过的记录。

归约模块输出的键-值对中,键可以与输入键相同,也可以是由输入值得到的字符串,或其他用户自定义的有序对象。值可以与输入值相同,也可以是由输入值得到的字符串,或其他用户自定义的有序对象。

值得注意的是,映射模块输出的键-值对类型需要与归约或合并模块的输入键-值对类型相对应。另外,归约模块也会进行过滤与复用,每个归约模块输出的记录组成单独一

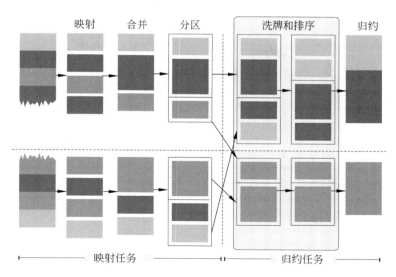

图 10-11　数据在洗牌和排序阶段的变化

个文件,也就是说被分配到每个归约模块的分区都将合并成一个文件,其数据变化如图 10-12 所示。

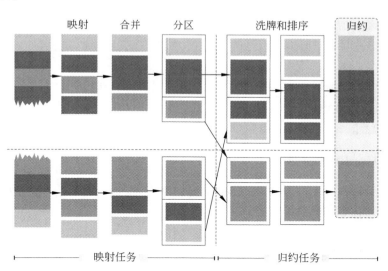

图 10-12　数据在归约阶段的变化

归约模块的数目是由用户定义的,当然,类似对数据记录进行过滤筛选,一个 MapReduce 作业可以不使用归约模块。

3. MapReduce 的简单实例

图 10-13 展示了一个 MapReduce 作业的简单实例,其主要步骤如下。

(1) 输入文件 sales.txt 被分为两个较小的数据文件:文件 1 和文件 2。

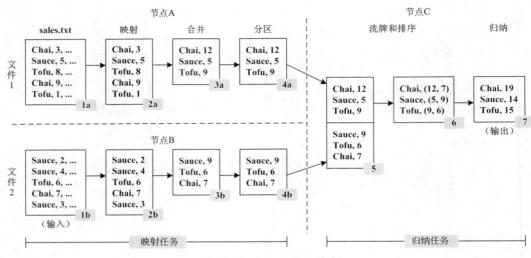

图 10-13 MapReduce 实例

（2）文件1、文件2分别在节点 A、节点 B 上，提取相关记录并完成映射任务。该任务的输出为多组键-值对，键为产品名称，值为产品数量。

（3）该作业的合并模块将对应同一产品的数量相加，得出每种产品的总量。

（4）由于该作业仅使用一个归约模块，因而不需要对数据进行分区。

（5）节点 A、B 的处理结果被送到节点 C，在节点 C 上首先对这些记录进行洗牌和排序。

（6）排序后的数据输出为一个产品名，对应一组产品数量。

（7）最后，该作业的归约模块的逻辑与其合并模块相同，将每种产品的数量相加，得到每种产品的总量。

4．理解 MapReduce 算法

与传统的编程模式不同，MapReduce 编程遵循一套特定的模式。那么如何在该模式上设计算法呢？首先要对算法的设计原则进行探索。

前文已经提到，MapReduce 采用了"分治"的原则，在 MapReduce 中如何理解"分治"是极为重要的，"分治"常用的几种方式是：

（1）任务并行：任务并行指的是将一个任务分为多个子任务，在不同节点上并行进行，通常并行的子任务采用不同的算法，每个子任务的输入数据可以相同，也可以不同，最后多个子任务的结果组成最终结果。

（2）数据并行：数据并行指的是将一个数据集分为多个子数据集，在多个节点上并行地处理，数据并行的多个节点采用同一算法，最后多个子数据集的处理结果组成最终结果。

对于大数据应用环境，某些操作需要在一个数据单元上重复多次。比如，当一个数据集规模过大时，通常需要将其分为较小的数据集，在不同节点进行处理。MapReduce 为

了满足这种需求,采用分治中数据并行的方法,将大规模数据分成多个小数据块,每个数据块分别在不同的节点上进行映射处理,这些节点的映射函数逻辑都是相同的。

现今,大部分传统算法的编程原则是基于过程的,也就是说,对数据的操作是有序的,后续的操作依赖于它之前的操作。

而 MapReduce 将对数据的操作分为"映射"与"归约"两部分,它的映射任务与归约任务是相互独立的,甚至每个映射实例或归约实例之间都是相互独立的。

在传统编程模型中,函数签名是没有限制的。而在 MapReduce 编程模型中,映射函数与归约函数的函数签名必须为键-值对这一形式,只有这样才能实现映射函数与归约函数之间的通信。另外,映射函数的逻辑依赖于数据记录的解析方式,即依赖于数据集中逻辑数据单元的组织方式。例如,在通常情况下,文本文件中每一行代表一条记录,然而一条记录也可能由两行或多行文本组成。

对于归约函数,基于它的输入为单个键对应一组值的记录,它的逻辑与映射函数的输出密切相关,尤其是与它最终输出什么键密切相关。值得一提的是,在某些应用场景下,例如文本提取,不需要使用归约函数。

总结一下,设计 MapReduce 算法时,主要考虑以下几点。

(1) 尽可能使用简单的算法逻辑,这样才能采用同一函数逻辑处理某个数据集的不同部分,最终以某些方式汇总各部分的处理结果。

(2) 数据集可以被分布式地划分在集群中,如此才能保证映射函数并行地处理各个子数据集。

(3) 理解数据集的数据结构,以保证选取有用的记录。

(4) 将算法逻辑分为映射部分与归约部分,如此才能实现映射函数不依赖于整个数据集,毕竟它处理的仅仅是该数据集的一部分。

(5) 保证映射函数的输出是正确有效的,由于归约函数的输入为映射函数输出的一部分,只有这样才能保证整个算法的正确性。

(6) 保证归约函数的输出是正确的,归约函数的输出则为整个 MapReduce 算法的输出。

10.4.4 实时处理模式

在实时模式中,数据通常在写入磁盘之前在内存中进行处理,它的延迟由亚秒级到分钟级不等。实时模式侧重的是提高大数据处理的速度。

在大数据处理中,实时处理中处理的数据既可能是连续(流式)的,也可能是间歇(事件)的,因而也被称作流式处理或事件处理。这些流式数据或事件数据通常规模都比较小,但源源不断处理这样的数据得到的结果将构成庞大的数据集。

另外,交互模式也是实时模式的一种,该模式主要是基于查询操作的。运营商务智能或分析通常在实时模式下进行。

实时模式分析大数据需要使用内存设备(IMDG 或 IMDB),数据到达内存时被即时处理,期间没有硬盘 I/O 延迟。实时处理可能包括一些简单的数据分析、复杂的算法执行以及当检测到某些度量发生变化时,对内存数据进行更新。

为了增强实时分析的能力，实时处理的数据可以与之前批处理的数据结果或与磁盘上存储的非规范化数据相结合，磁盘上的数据均可传输到内存中，这样有助于实现更好的实时处理。

除了处理新获取的数据，实时模式还可以处理大量查询请求，以实现实时交互。在该种模式下，数据一旦处理完毕，系统就将结果公布给感兴趣的用户。在此使用实时仪表板应用，或 Web 应用将数据更新展示给用户。

根据某些系统的需求，实时模式下处理过的数据和原始数据将被写入磁盘，供后续复杂的批量数据分析。

图 10-14 展示了典型的实时模式处理流程。

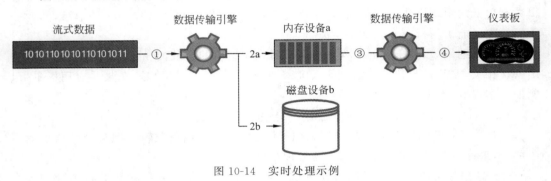

图 10-14 实时处理示例

（1）在数据传输引擎获取流式数据。
（2）数据同时被传输到内存设备（a）与磁盘设备（b）。
（3）数据处理引擎以实时模式处理存储在内存的数据。
（4）处理结果被送到仪表板，供操作分析。

1. 事件流处理

事件流处理（Event Stream Processing，ESP）是大数据实时处理的一项重要概念。在事件流处理中，事件流通常来源一致，并且按到达时间顺序先后被处理。对数据的分析可以通过简单查询实现，也可以通过基于公式的算法实现，在此，数据首先在内存被分析后才被写入磁盘。

同时，驻留在内存中的数据也可用于进一步分析，数据分析的结果可以被送入仪表板，也可作为其他应用的触发器触发某些预设的操作或进一步的分析。相较于复杂事件处理，事件流处理更注重高速，因此它的分析操作也相对简单。

2. 复杂事件处理

复杂事件处理（Complex Event Processing，CEP）是大数据实时处理的另一项重要概念。在复杂事件处理中，大量实时事件来源于各个数据源，并且到达时间是无序的，这些大量的实时事件可以被同时分析处理。在此采用基于规则的算法与统计技术来分析数据，在发掘交叉复杂事件模式时，业务逻辑与进程运行环境也是需要考虑的因素。

复杂事件处理侧重于复杂、深入的数据分析,因此分析速度比不上事件流处理。通常把复杂事件处理看成事件流处理的超集,并且大量事件流处理的结果可组成合成事件,作为复杂事件处理的输入。

3. 大数据实时处理与 SCV

设计一个大数据实时处理系统时,要谨记 SCV 原则,对于不同需求的侧重,可以将其分为硬实时系统与近实时系统。无论是硬实时系统还是近实时系统,都不允许丢失数据的,因此二者都要求拥有高容量,它们仅在速度与一致性上各有侧重。

值得注意的是,数据不丢失并不意味着所有的数据都被实时处理,它表示系统获取的所有数据都将被写入磁盘,可能是直接写入磁盘,也可能是写入充当内存持久层的磁盘。

在硬实时系统中,除了高容量,如果首先考虑的是高速,那么这样系统的一致性将受影响。通常采用采样技术或近似技术来保证低延迟,得到的结果准确度与精度将降低,但仍在可接受的范围内。

而在近实时系统中,除了高容量,首先考虑的是高一致性,速度没有那么重要,因而近实时系统处理的结果相较于硬实时系统,准确度与精度会更高。

总之,硬实时系统牺牲高一致性,保证高容量与高速,而近实时系统牺牲高速保证高容量与高一致性。

4. 大数据实时处理与 MapReduce

通常,MapReduce 不适合大数据实时处理,主要原因有以下几点:首先,MapReduce 作业的建立与协调时间开销过大;其次,MapReduce 主要适用于批处理已经存储到磁盘上的数据,这与实时处理不同;最后,MapReduce 处理的数据是完整的,而非增量的,而实时处理的数据往往是不完整的,以数据流的方式不断传输到处理系统。

另外,MapReduce 中的归约任务必须等待所有映射任务完成后再开始。首先,每个映射函数的输出被存储到每个映射任务节点。然后,映射函数的输出通过网络传播到归约任务节点,作为归约函数的输入,数据在网络中的传播将导致一定的时延。另外,要注意归约节点之间不能相互直接通信,必须依靠映射节点传输数据,这是 MapReduce 的固定流程。

由此可见,MapReduce 不适用于实时处理系统,尤其是硬实时系统,然而在近实时系统中,可以采取某些策略使用 MapReduce 模型。其中一种方法是运用内存存储交互查询的输入数据,即这些交互查询组成一个 MapReduce 作业。像这样的微批处理 MapReduce 作业,可以以一定频率处理较小的数据集,例如每 15 分钟处理一次。另一种方法则是在磁盘上持续地运行 MapReduce 作业,创建一系列实例视图,这些视图可以与交互查询处理得到的小容量分析结果相结合。

考虑到设备较小、企业渴望更主动地吸引客户等原因,大数据实时处理的优势日益凸显。目前,一些以 Spark、Storm 与 Tez 为代表的 Apache 开源项目已经可以提供完全的大数据实时处理,为大数据实时处理解决方案的革新奠定了基础。

【作　　业】

1. 要理解大数据处理，关键要意识到处理大数据与在传统关系型数据库中处理数据是不同的，大数据通常以（　　）的方式在其各自存储的位置进行并行处理。
   A. 集中　　　　　　B. 分布　　　　　　C. 顺序　　　　　　D. 关系

2. 在大数据生态系统中，基础设施主要负责（　　）。
   A. 数据存储以及处理公司掌握的海量数据
   B. 网络连通以及通信质量
   C. 沟通打印机与绘图仪的操作
   D. 程序设计与应用程序开发

3. 在大数据的演变中，开源软件起到了很大的作用。如今，（　　）已经成为主流操作系统，并与低成本的服务器硬件系统相结合。
   A. Windows　　　　B. DOS　　　　　　C. Linux　　　　　D. UNIX

4. （　　）是一个开源分布式计算平台，通过 Hadoop 分布式文件系统 HDFS 存储大量数据，再通过 MapReduce 的编程模型将这些数据的操作分成小片段。
   A. Apache Google　　　　　　　　　　B. Google Apache
   C. Google Linux　　　　　　　　　　　D. Apache Hadoop

5. 开源软件在开始使用时，产品在个人使用或有限数据的前提下是免费的，但顾客需要在之后为部分或大量数据的使用（　　）。
   A. 投资硬件　　　　　　　　　　　　B. 维护操作系统
   C. 付费　　　　　　　　　　　　　　D. 编程

6. 由于数量庞大的数据难以在当今的网络连接条件下快速移动，因此，大数据基础架构必须（　　）计算能力，以便能在接近用户的位置进行数据分析，减少跨越网络所引起的延迟。
   A. 分布　　　　　　B. 集中　　　　　　C. 加强　　　　　　D. 减少

7. 构建适合大数据的 4 层堆栈式技术架构，（　　）不是这个架构的组成部分。
   A. 基础层　　　　　B. 概念层　　　　　C. 管理层　　　　　D. 分析层

8. 用现有的技术平台很难处理具备 3V 特征的大数据，即便能够处理，在（　　）方面也很难期望能有良好的表现。
   A. 可操作性　　　　B. 可靠性　　　　　C. 性能　　　　　　D. 动能

9. Hadoop 是一个能够与当前商用硬件兼容，用于存储与分析海量数据的，对大规模数据进行分布式处理的一种（　　）技术。
   A. 通用硬件　　　　B. 专用硬件　　　　C. 专用软件　　　　D. 开源软件

10. MapReduce 指的是一种分布式处理的方法，而 Hadoop 则是将 MapReduce 通过（　　）进行实现的框架（Framework）的名称。
    A. 开源方式　　　　B. 专用方式　　　　C. 硬件固化　　　　D. 收费服务

11. Hadoop MapReduce 是大数据处理中最重要的部分，它并非用于配备高性能

CPU 和磁盘的计算机,而是一种工作在( )的,对大规模数据进行分布式处理的框架。
  A. 由多个办公作业组成的软件包中
  B. 由多台通用型计算机组成的集群上
  C. 由一台超级计算机提供计算能力
  D. 由多台超级计算机提供计算能力

12. Hadoop 是一个能够让用户轻松架构和使用的分布式计算平台。用户可以轻松地在 Hadoop 上开发和运行处理海量数据的应用程序。但( )不是它的主要优点。
  A. 高可靠性 B. 高扩展性 C. 硬件固化 D. 高容错性

13. 网页数据处理中最典型的应用是建立( ),帮助用户进行数据检索。此项应用需要在后台用较长的时间,并将结果保存到存储中备用。
  A. 搜索引擎 B. 高扩展性 C. 硬件固化 D. 高容错性

14. 在( )数据处理中,可进行的分析包括用户单击分析、系统运行行为分析。这种处理方式称为"离线批处理式数据处理"的大数据处理模式。
  A. 库存 B. 信令 C. 日志 D. 风险

15. 电信中的( )数据分析、电力系统中的电表数据分析。这种"查询式数据处理"在获取数据并进行分析后,决策人员会对数据进行查询和统计。
  A. 库存 B. 信令 C. 日志 D. 风险

16. 互联网中的在线数据分析、病毒和蠕虫的监控,这种模式称为"( )数据处理"。
  A. 延时性 B. 后台式 C. 瞬时性 D. 实时式

17. 大数据的处理工作量被定义为( )。处理工作量主要分为批处理和事务两种类型。
  A. 一定时间内处理数据的性质与数量
  B. 无限时间内处理数据的能力
  C. 对无故障处理大量数据的能力
  D. 对数据批处理和事务处理的互换能力

18. 一次 MapReduce 处理引擎的运行被称为 MapReduce 作业,它被分为多个阶段。但是,( )不是其中的某个阶段。
  A. 映射 B. 合并 C. 分区 D. 处理

19. 流式大数据的处理遵循重要的 SCV 原则,它要求设计一个分布式数据处理系统时仅需满足( )要求中的 2 项。
  A. 尺寸、一致性、容量 B. 速度、一致性、容量
  C. 尺寸、关系、价值 D. 速度、价值、容量

20. 在大数据实时处理中,在硬实时系统中,除了高容量,首先考虑的是( ),而在近实时系统中,首先考虑的是( )。
  A. 高速,高一致性 B. 高一致性,高速
  C. 高容量,高一致性 D. 高一致性,高容量

【实验与思考】 熟悉大数据技术架构与处理

1. 实验目的

（1）熟悉大数据技术的基本概念，了解大数据的技术架构。
（2）了解大数据的运用形式、分类及级别。
（3）了解大数据技术的主要内容。

2. 工具/准备工作

在开始本实验之前，请认真阅读课程的相关内容。
需要准备一台带有浏览器，能够访问因特网的计算机。

3. 实验内容与步骤

（1）请简述什么是 Hadoop。
答：_____
_____
_____
_____

（2）请结合查阅相关文献资料，简述什么是"摩尔定律"。为什么说"大数据带给我们的是一种意义更为深远的摩尔定律"？
答：_____
_____
_____
_____

（3）ETI 企业案例分析。

ETI 企业的大部分业务信息系统采用客户/服务器模型与 n 层架构。在对所有的 IT 系统进行调查后，发现没有任何公司的系统采用了分布式处理技术。相反，数据都是在一台机器上处理的，这些数据来源于客户，或从数据库检索得到。尽管当前的数据处理模式还未采用分布式处理，一些软件工程师认为机器指令级的并行处理已经得到了一定程度的使用。他们对此的认知主要来源于在开发某些高性能的定制应用时，通常需要采用多线程，使得数据可以在多个内核上分块地处理。

批处理型模式与事务型模式在 ETI 的 IT 企业运营环境中均有体现，像操作系统，比如索赔管理与计费系统，体现了事务型的特性，而像商务智能活动则是批处理型的典型代表。

① 批处理模式处理。在新兴的大数据技术中，IT 团队首先以增量的方式批处理大数据，在积累一定的研究经验时，大数据处理开始向实时处理转变。

为了理解 MapReduce 架构,IT 团队选取适合 MapReduce 的应用场景进行脑部演练。他们发现找出最受欢迎的保险产品是一项需要定期进行并且耗时较长的任务。一项保险产品的受欢迎程度可由它的页面被浏览的次数来衡量。在此,当某个页面被访问时,Web 服务器即在日志文件中创建一个条目(一行用逗号分隔的字段),Web 服务器的日志其他字段则记录了该页面访问者的 IP 地址、访问时间以及页面名称,这个页面名称则与该访问者感兴趣的保险产品名称一致。然后,Web 服务器日志被导入到一个关系型数据库中,再通过 SQL 查询得到页面名与该页面的访问次数,该查询将消耗较长的时间。

上文提到的页面访问次数则由 MapReduce 编程实现,在映射阶段,设置页面名称为键,每个键-值对的值均设为 1,在归约阶段,则把所有对应同一键的值 1 相加,得出访问总次数。归约函数的输出,键即为页面名称,值为页面访问次数。为了提高处理效率,IT 团队采用了与归约函数同样逻辑的合并函数求出每块数据各页面访问次数的部分和,这样归约函数求出的最终结果与正确结果一致,但它的输入不再是一个键对应一组 1 值,而是对应一组部分和。

② 实时处理模式。IT 团队认为,事件流处理模型可以用于在推特数据上实时地进行情感分析,从而找出任何可能会让用户不满意的原因。

请分析并记录:

① ETI 企业的大部分业务信息系统采用客户/服务器模型与 n 层架构。在对所有的 IT 系统进行调查后,发现没有任何公司的系统采用了分布式处理技术。

作为 ETI 企业 IT 团队的成员,请简单描述适合大数据的 4 层堆栈式技术架构,并完成图 10-15 的填写。

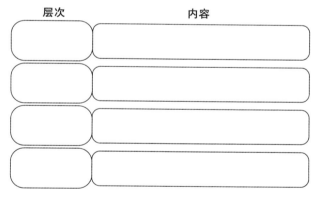

图 10-15 大数据技术架构

② ETI 企业大部分业务信息系统都是在一台机器上处理的。试问,在一台机器(服务器)上可以处理大数据吗?采用什么方法?

答:＿＿＿＿＿＿＿＿＿＿＿＿＿＿＿＿＿＿＿＿＿＿＿＿＿＿＿＿＿＿＿＿＿＿＿＿

③ 批处理型模式与事务型模式在 ETI 的 IT 企业运营环境中均有体现。请思考并举例说明(每项至少 3 例)什么是批处理模式。什么是事务型模式。

答：

4. 实验总结

5. 实验评价(教师)

第11章

大数据与云计算

【导读案例】

我国大数据、云计算处世界第一梯队

2022年1月24日,国新办召开新闻发布会,介绍2021年工业和信息化发展情况。会上,工信部总工程师、新闻发言人田玉龙介绍了数字经济的发展情况。他指出,去年数字经济的技术突破成绩喜人。大数据、云计算、区块链创新发展,目前处于世界第一梯队。5G移动通信技术、设备和应用在全球都是领先的。智能手机也进入世界先进行列,在集成电路、软件方面也取得了标志性成果。

田玉龙表示,去年全年软件信息技术服务业的业务收入增长了17.7%,领先于行业的平均水平。同时,制造业数字化也在加快。去年规上工业机器人同比增长达到了30.8%,3D打印装备同比增长了27.7%,工业互联网平台有全国影响力的已经超过了150个,"5G+工业互联网"在建项目超过2000个。

田玉龙介绍,目前数字经济的发展生态也在更加完善。通过深化"放管服"改革,简化审批、优化流程,减少数字经济的制度性交易成本,以扶持数字经济企业的发展。此外,会同各地方,发挥各地方的产业、技术、人才优势,创建一批数字产业集群。在国际合作方面,通过G20等多双边机制,加大国际合作力度,积极参与数据安全、网络安全等一些规则的制定和合作,推动和促进我国更多的数字企业走向国际市场。

阅读上文,请思考、分析并简单记录:

(1) 什么是"规上"企业?规上企业的统计数据有什么特殊意义?

答:

(2) 请简述,我国大数据、云计算跻身世界第一梯队的积极意义有哪些?

答:

(3) 请搜索并简述,在你学习大数据相关课程的时候,我国又有哪些大数据发展的好消息?

答：

（4）请简单描述你所知道的上一周发生的国际、国内或者身边的大事。
答：

11.1　什么是云计算

所谓基础设施，是指在 IT 环境中，为具体应用提供计算、存储、互联、管理等基础功能的软硬件系统（图 11-1）。在信息技术发展的早期，IT 基础设施往往由一系列昂贵的、经过特殊设计的软硬件设备组成，存储容量非常有限，系统之间也没有高效的数据交换通道，应用软件直接运行在硬件平台上。在这种环境中，用户不容易、也没有必要去区分哪些部分属于基础设施，哪些部分是应用软件。然而，随着对新应用的需求不断涌现，IT 基础设施发生了翻天覆地的变化。

11.1.1　云计算定义

图 11-1　基础设施

摩尔定律在过去的几十年书写了奇迹，并且奇迹还在延续。在这奇迹的背后，是越来越廉价、越来越高效的计算能力。有了强大的计算能力，人类可以处理更为庞大的数据，而这又带来对存储的需求。再之后，就需要把并行计算的理论搬上台面，更大限度地挖掘 IT 基础设施的潜力。于是，网络也蓬勃发展起来。由于硬件已经变得前所未有的复杂，专门管理硬件资源、为上层应用提供运行环境的系统软件也顺应历史潮流，迅速发展壮大。

基于大规模数据的系列应用正在悄然推动着 IT 基础设施的发展，尤其是大数据对海量、高速存储的需求。为了对大规模数据进行有效的计算，必须最大限度地利用计算和网络资源。计算虚拟化和网络虚拟化要对分布式、异构的计算、存储、网络资源进行有效的管理。

所谓"云计算"（Cloud Computing，图 11-2），是一种基于互联网的计算方式，通过这种方式，共享的软硬件资源和信息可以按需求提供给计算机和其他设备。或者，云计算是通过网络"云"将巨大的数据计算处理程序分解成无数个小程序，然后通过多部服务器组成的系统处理和分析这些小程序，得到结果，并返回给用户。云计算为我们提供了跨地域、高可靠、按需付费、所见即所得、快速部署等能力，这些都是长期以来 IT 行业所追寻的。随着云计算的发展,大数据正成为云计算面临的一个重大考验。

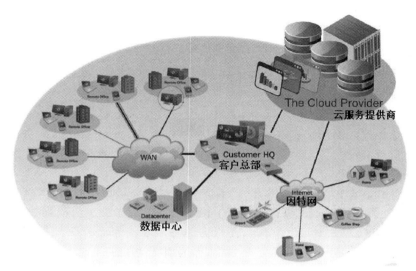

图 11-2　云计算

云是网络、互联网的一种比喻说法。过去在图中往往用云来表示电信网,后来也用来表示互联网和底层基础设施的抽象。云计算是继 20 世纪 80 年代大型计算机到客户端-服务器的大转变之后的又一种巨变。用户不再需要了解"云"中基础设施的细节,不必具有相应的专业知识,也无须直接进行控制。云计算描述了一种基于互联网的新的 IT 服务增加、使用和交付模式,通常涉及通过互联网来提供动态易扩展,而且经常是虚拟化的资源,它意味着计算能力也可作为一种商品,通过互联网进行流通。

维基(Wiki)的定义是:云计算是一种通过因特网,以服务的方式提供动态可伸缩的虚拟化的资源的计算模式。

美国国家标准与技术研究院的定义是:云计算是一种按使用量付费的模式,这种模式提供可用的、便捷的、按需的网络访问,进入可配置的计算资源共享池(资源包括网络、服务器、存储、应用软件、服务),这些资源能够被快速提供,只需投入很少的管理工作,或与服务供应商进行很少的交互。

云计算是分布式计算、并行计算、网格计算、效用计算、网络存储、虚拟化、负载均衡等传统计算机和网络技术发展融合的产物。其中,网格计算是由一群松散耦合的计算机组成的一个超级虚拟计算机,常用来执行一些大型任务;效用计算是 IT 资源的一种打包和计费方式,比如按照计算、存储分别计量费用,像传统的电力等公共设施一样;自主计算是具有自我管理功能的计算机系统。事实上,许多云计算部署依赖于计算机集群(但与网格的组成、体系结构、目的、工作方式大相径庭),也吸收了自主计算和效用计算的特点。

11.1.2　云基础设施

大数据解决方案的构架离不开云计算的支撑。支撑大数据及云计算的底层原则是一样的,即规模化、自动化、资源配置、自愈性,这些都是底层的技术原则。也可以说,大数据是构建在云计算基础架构之上的应用形式,因此它很难独立于云计算架构而存在。云计算下的海量存储、计算虚拟化、网络虚拟化、云安全及云平台就像支撑大数据这座大楼的钢筋水泥。只有好的云基础架构支持,大数据才能立起来,站得更高。

虚拟化是云计算所有要素中最基本也是最核心的组成部分。和云计算在最近几年才出现不同,虚拟化技术的发展其实已经走过了半个多世纪(1956)。在虚拟化技术的发展初期,IBM 是主力军,它把虚拟化技术用在了大型机领域。1964 年,IBM 设计了名为 CP-40 的新型操作系统,实现了虚拟内存和虚拟机。到 1965 年,IBM 推出了 System/360 Model 67(图 11-3)和 TSS 分时共享系统,允许很多远程用户共享同一高性能计算设备的使用时间。1972 年,IBM 发布了用于创建灵活大型主机的虚拟机技术,实现了根据动态需求快速而有效地使用各种资源的效果,作为对大型机进行逻辑分区,以形成若干独立虚拟机的一种方式。这些分区允许大型机进行"多任务处理"——同时运行多个应用程序和进程。由于当时大型机是十分昂贵的资源,因此虚拟化技术起到了提高投资利用率的作用。

图 11-3　IBM System/360

利用虚拟化技术,允许在一台主机上运行多个操作系统,让用户尽可能地充分利用昂贵的大型机资源。其后,虚拟化技术从大型机延伸到 UNIX 小型机领域,HP、Sun(已被 Oracle 收购)及 IBM 都将虚拟化技术应用到其小型机中。

1998 年,VMware 公司成立,这是在 x86 虚拟化技术发展史上很重要的一个里程碑。VMware 发布的第一款虚拟化产品是 VMware Virtual Platform,通过运行在 Windows NT 上的 VMware 来启动 Windows 95,开启了虚拟化在 x86 服务器上的应用。

相比于大型机和小型机,x86 服务器和虚拟化技术并不是兼容得很好。但是 VMware 针对 x86 平台研发的虚拟化技术不仅克服了虚拟化技术层面的种种挑战,其提供的 VMware Infrastructure 更是极大地方便了虚拟机的创建和管理。VMware 对虚拟化技术的研究开创了虚拟化技术的 x86 时代,在很长一段时间内,服务器虚拟化市场都是 VMware 一枝独秀。

虚拟化技术中最核心的部分分别是计算虚拟化、存储虚拟化和网络虚拟化。

11.2　计算虚拟化

计算虚拟化,又称平台虚拟化或服务器虚拟化,核心思想是使在一个物理计算机上同时运行多个操作系统成为可能。在虚拟化世界中,通常把提供虚拟化能力的物理计算机称为宿主机,而把在虚拟化环境中运行的计算机称为客户机。宿主机和客户机虽然运行在同样的硬件上,但是它们在逻辑上却是完全隔离的。

这些虚拟计算机(以及物理计算机)拥有各自独立的软、硬件环境。讨论计算虚拟化,涉及的计算机仅包含构成一个最小计算单位所需的部件,其中包括处理器(CPU)和内存,不包含任何可选的外接设备(如主板、硬盘、网卡、显卡、声卡等)。

计算虚拟化是大数据处理不可缺少的支撑技术,其作用体现在提高设备利用率、提高系统可靠性、解决计算单元管理问题等方面。将大数据应用运行在虚拟化平台上,可以充分享受虚拟化带来的管理红利。例如,虚拟化可以支持对虚拟机的快照(Snapshot)操作,使得备份和恢复变得更加简单、透明和高效。此外,虚拟机还可以根据需要动态迁移到其他物理机上,这一特性可以让大数据应用享受高可靠性和容错性。

虚拟机(Virtual Machine,VM)是对物理计算机功能的一种软件模拟(部分或完全的),其中的虚拟设备在硬件细节上可以独立于物理设备。虚拟机的实现目标通常是可以在其中不经修改地运行那些原本为物理计算机设计的程序。在通常情况下,多台虚拟机可以共存于一台物理机上,以期获得更高的资源使用率,降低整体的费用。虚拟机之间是互相独立、完全隔离的。

虚拟机管理器(虚拟机管理程序,Virtual Machine Monitor,VMM),通常又称为Hypervisor,是在宿主机上提供虚拟机创建和运行管理的软件系统或固件。Hypervisor可以归纳为两个类型:原生的 Hypervisor 和托管的 Hypervisor。前者直接运行在硬件上,去管理硬件和虚拟机,常见的有 XenServer、KVM、VMware ESX/ESXi 和微软的Hyper-V。后者则运行在常规的操作系统上,作为二层的管理软件存在,而客户机相对硬件来说则是在第三层运行,常见的有 VMware Workstation 和 Virtual Box。

11.3 网络虚拟化

网络虚拟化,简单来讲是指把逻辑网络从底层的物理网络分离开来。网络虚拟化涉及的技术范围相当宽泛,包括网卡的虚拟化、网络的虚拟接入技术、覆盖网络交换以及软件定义的网络等。这个概念的产生已经比较久了,VLAN、VPN、VPLS 等都可以归为网络虚拟化的技术。近年来,云计算的浪潮席卷 IT 界。几乎所有的 IT 基础构架都在朝着云的方向发展。在云计算的发展中,虚拟化技术一直是重要的推动因素。作为基础构架,服务器和存储的虚拟化已经发展得有声有色,而同作为基础构架的网络却还是一直沿用老的套路。在这种环境下,网络确实期待一次变革,使之更加符合云计算和互联网发展的需求。

在云计算的大环境下,网络虚拟化的定义没有变,但是其包含的内容却大大增加了(如动态性、多租户模式等)。

11.3.1 网卡虚拟化

多个虚拟机共享服务器中的物理网卡,需要一种机制,既能保证 I/O 的效率,又能保证多个虚拟机对物理网卡共享使用。I/O 虚拟化的出现就是为了解决这类问题。I/O 虚拟化包括了从 CPU 到设备的一揽子解决方案。

从 CPU 的角度看,要解决虚拟机访问物理网卡等 I/O 设备的性能问题,能做的就是直接支持虚拟机内存到物理网卡的 DMA 操作。Intel 的 VT-d 技术及 AMD 的 IOMMU

技术通过 DMA Remapping 机制来解决这个问题。DMA Remapping 机制主要解决了两个问题,一方面为每个 VM 创建了一个 DMA 保护域,并实现了安全的隔离,另一方面是提供一种机制,将虚拟机的物理地址翻译为物理机的物理地址。

从虚拟机对网卡等设备的访问角度看,传统虚拟化的方案是虚拟机通过 Hypervisor 来共享地访问一个物理网卡,Hypervisor 需要处理多虚拟机对设备的并发访问和隔离等。具体的实现方式是通过软件模拟多个虚拟网长(完全独立于物理网卡),所有的操作都在 CPU 与内存中进行。这样的方案满足了多租户模式的需求,但是牺牲了整体的性能,因为 Hypervisor 很容易形成一个性能瓶颈。为了提高性能,一种做法是虚拟机绕过 Hypervisor 直接操作物理网卡,这种做法通常称为 PCI pass through,VMware、XEN 和 KVM 都支持这种技术。但这种做法的问题是虚拟机通常需要独占一个 PCI 插槽,不是一个完整的解决方案,成本较高且扩展性不足。

最新的解决方案是物理设备(如网卡)直接对上层操作系统或 Hypervisor 提供虚拟化的功能,一个以太网卡可以对上层软件提供多个独立的虚拟的 PCIe 设备,并提供虚拟通道来实现并发访问;这些虚拟设备拥有各自独立的总线地址,从而可以提供对虚拟机 I/O 的 DMA 支持。这样一来,CPU 得以从繁重的 I/O 中解放出来,能够更加专注于核心的计算任务(如大数据分析)。这种方法也是业界主流的做法和发展方向,目前已经形成了标准。

11.3.2 虚拟交换机

在虚拟化的早期阶段,由于物理网卡并不具备为多个虚拟机服务的能力,为了将同一物理机上的多台虚拟机接入网络,引入了一个虚拟交换机(Virtual Switch)的概念。通常也称为软件交换机,以区别于硬件实现的网络交换机。虚拟机通过虚拟网片接入到虚拟交换机,然后通过物理网卡外连到外部交换机,从而实现了外部网络接入,如 VMware vSwitch(图 11-4)就属于这一类技术。

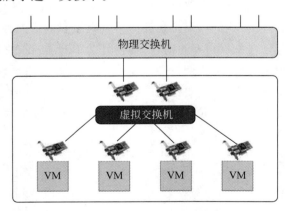

图 11-4　VMware vSwitch 结构图

这样的解决方案也带来一系列问题。首先,一个很大的顾虑就是性能问题,因为所有的网络交换都必须通过软件模拟。研究表明:一个接入 10～15 台虚拟机的软件交换机,通常需要消耗10%～15%的主机计算能力；随着虚拟机数量的增长，性能问题无疑将更加严重。其次，由于虚拟交换机工作在第二层，无形中也使得第二层子网的规模变得更大。更大的子网意味着更大的广播域，对性能和管理来说都是不小的挑战。最后，由于越来越多的网络数据交换在虚拟交换机内进行，传统的网络监控和安全管理工具无法对其进行管理，也意味着管理和安全的复杂性大大增加了。

11.3.3 接入层虚拟化

在传统的服务器虚拟化方案中，从虚拟机的虚拟网卡发出的数据包在经过服务器的物理网片传送到外部网络的上联交换机后，虚拟机的标识信息被屏蔽掉了，上联交换机只能感知从某个服务器的物理网卡流出的所有流量，而无法感知服务器内某个虚拟机的流量，这样就不能从传统网络设备层面来保证服务质量和安全隔离。虚拟接入要解决的问题是要把虚拟机的网络流量纳入传统网络交换设备的管理之中，需要对虚拟机的流量做标识。

11.3.4 覆盖网络虚拟化

虚拟网络并不是全新的概念，事实上，VLAN就是一种已有的方案。VLAN的作用是在一个大的物理二层网络里划分出多个互相隔离的虚拟三层网络，这个方案在传统的数据中心网络中得到了广泛的应用。这里就引出了虚拟网络的第一个需求：隔离。VLAN虽然很好地解决了这个需求，然而由于内在的缺陷，VLAN无法满足第二个需求，即可扩展性（支持数量庞大的虚拟网络）。随着云计算的兴起，一个数据中心需要支持上百万的用户，每个用户需要的子网可能也不止一个。在这样的需求背景下，VLAN已经远远不敷使用，需要重新思考虚拟网络的设计与实现。当虚拟数据中心开始普及后，其本身的一些特性也带来对网络新的需求。物理机的位置一般是相对固定的，虚拟化方案的一个很大特性在于虚拟机可以迁移。当迁移发生在不同网络、不同数据中心之间时，对网络产生了新的要求，比如需要保证虚拟机的IP在迁移前后不发生改变，需要保证虚拟机内运行的应用程序在迁移后仍可以跨越网络和数据中心进行通信等。这又引出了虚拟网络的第三个需求：支持动态迁移。

覆盖网络虚拟化就是应以上需求而生的，它可以更好地满足云计算和下一代数据中心的需求，为用户虚拟化应用带来了许多好处（特别是对大规模的、分布式的数据处理），包括①虚拟网络的动态创建与分配；②虚拟机的动态迁移（跨子网、跨数据中心）；③一个虚拟网络可以跨多个数据中心；④将物理网络与虚拟网络的管理分离；⑤安全（逻辑抽象与完全隔离）。

11.3.5 软件定义网络

OpenFlow和SDN（Software Defined Network）尽管不是专门为网络虚拟化而生，但是它们带来的标准化和灵活性却给网络虚拟化的发展带来无限可能。OpenFlow起源于斯坦福大学的Clean Slate项目组，目的是要重新发明因特网，旨在改变现有的网络基础架构。2006年，斯坦福的学生Martin Casado领导了Ethane项目，试图通过一个集中式的控制器，让网络管理员可以方便地定义基于网络流的安全控制策略，并将这些安全策略应用到各种网络设备中,从而实现对整个网络通信的安全控制。受此项目启发,研究人员发现如果将传统网络设备的数据转发(Data Plane)和路由控制(Control Plane)两个功能模块相分离,通过集中式的控制器(Controller),以标准化的接口对各种网络设备进行管理和配置,将为网络资源的设计、管理和使用提供更多的可能性,从而更容易推动网络的革新与发展。

OpenFlow可能的应用场景包括:①校园网络中对实验性通信协议的支持;②网络管理和访问控制;③网络隔离和VLAN;④基于WiFi的移动网络;⑤非IP网络;⑥基于网络包的处理。

11.4 云计算服务形式

按照服务的组织方式不同,云计算有公有云、私有云、混合云之分。公有云向所有人提供服务,典型的公有云提供商有阿里云、腾讯云等,人们可以用相对低廉的价格方便地使用虚拟主机服务。私有云往往只针对特定客户群提供服务,比如一个企业内部IT可以在自己的数据中心搭建私有云,并向企业内部提供服务。也有部分企业整合了内部私有云和公有云,统一交付云服务,这就是混合云。

云计算包括以下几个层次的服务:基础设施即服务(IaaS)、平台即服务(PaaS)和软件即服务(SaaS)。这里,分层体系架构意义上的"层次"IaaS、PaaS和SaaS分别在基础设施层、软件开放运行平台层和应用软件层实现(图11-5)。

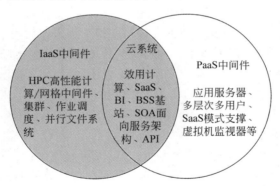

图11-5 IaaS和PaaS都脱胎于SaaS

IaaS(Infrastructure as a Service):基础设施即服务。消费者通过因特网可以从完善的计算机基础设施获得服务。

IaaS通过网络向用户提供计算机(物理机和虚拟机)、存储空间、网络连接、负载均衡和防火墙等基本计算资源;用户在此基础上部署和运行各种软件,包括操作系统和应用程序。例如,通过亚马逊的AWS,用户可以按需定制所要的虚拟主机和块存储等,在线配置和管理这些资源。

PaaS(Platform as a Service):平台即服务。PaaS实际上是指将软件研发的平台作为一种服务,以SaaS的模式提交给用户。因此,PaaS也是SaaS模式的一种应用。但是,

PaaS 的出现可以加快 SaaS 的发展,尤其是加快 SaaS 应用的开发速度。

平台通常包括操作系统、编程语言的运行环境、数据库和 Web 服务器,用户在此平台上部署和运行自己的应用。用户不能管理和控制底层的基础设施,只能控制自己部署的应用。目前常见的 PaaS 提供商有 CloudFoundry、谷歌的 GAE 等。

SaaS(Software as a Service):软件即服务。它是一种通过因特网提供软件的模式,用户无须购买软件,而是向提供商租用基于 Web 的软件来管理企业经营活动,例如邮件服务、数据处理服务、财务管理服务等。

ACaaS(Access Control as a Service):门禁即服务,是基于云技术的门禁控制,当今市场有两种典型的门禁即服务:真正的云服务与机架服务器托管。真正的云服务是具备多租户、可扩展及冗余特点的服务,需要构建专用的数据中心,而提供多租户解决方案也是一项复杂工程,因此会导致高昂的成本,所以大部分的门禁即服务仍属于机架服务器托管,而非真正的云服务。想要在门禁即服务市场中寻找新机会的厂商,首先需要确定提供哪一种主机解决方案、销售许可的方式以及收费模式。

11.5 大数据与云计算

长期以来,信息技术的发展主要解决的是云计算中结构化数据的存储、处理与应用问题。结构化数据的特征是"逻辑性强",每个"因"都有"果"。然而,现实社会中大量数据事实上没有"显现"的因果关系,如一个时刻的交通堵塞、天气状态、人的心理状态等,它的特征是随时、海量与弹性的,如一个突变天气分析包含会有几百个拍字节数据。而一个社会事件,如乔布斯去世瞬间所产生在互联网上的数据(微博、纪念文章、视频等)也是突然爆发出来的。

传统的计算机设计与软件都是以解决结构化数据为主,而"非结构"要求一种新的计算架构。在互联网时代,尤其是社交网络、电子商务与移动通信把人类社会带入一个以 PB 为单位的结构与非结构数据信息的新时代,它就是"大数据"时代。

11.5.1 云计算与大数据相辅相成

云计算和大数据在很大程度上是相辅相成的,最大的不同在于:云计算是你在做的事情,而大数据是你所拥有的东西。以云计算为基础的信息存储、分享和挖掘手段为知识生产提供了工具,而通过对大数据的分析、预测,会使得决策更加精准,两者相得益彰。从另一个角度讲,云计算是一种 IT 理念、技术架构和标准,而云计算也不可避免地会产生大量数据。所以说,大数据技术与云计算的发展密切相关,大型的云计算应用不可或缺的就是数据中心的建设(图 11-6),大数据技术是云计算技术的延伸。

我们分别用一句话来概括大数据和云计算,那就是:云计算是硬件资源的虚拟化;大数据是海量数据的高效处理。整体来看,未来的趋势是,云计算作为计算资源的底层,支撑着上层的大数据处理,而大数据的发展趋势是,实时交互式的查询效率和分析能力。借用谷歌一篇技术论文中的话,"动一下鼠标就可以在秒级操作 PB 级别的数据"难道不让人兴奋吗?

图 11-6　位于美国爱荷华州的谷歌数据中心，占地 $10000m^2$

11.5.2　对大数据处理的意义

相对于普通应用，大数据的分析与处理对网络有着更高的要求，涉及从带宽到延时，从吞吐率到负载均衡，以及可靠性、服务质量控制等方方面面。同时，随着越来越多的大数据应用部署到云计算平台中，对虚拟网络的管理需求就越来越高。首先，网络接入设备虚拟化的发展，在保证多租户服务模式的前提下，还能同时兼顾高性能与低延时、低 CPU 占用率。其次，接入层的虚拟化保证了虚拟机在整个网络中的可见性，使得基于虚拟机粒度（或大数据应用粒度）的服务质量控制成为可能。覆盖网络的虚拟化，一方面使得大数据应用能够得到有效的网络隔离，更好地保证了数据通信的安全；另一方面也使得应用的动态迁移更加便捷，保证了应用的性能和可靠性。软件定义的网络更是从全局的视角来重新管理和规划网络资源，使得整体的网络资源利用率得到优化利用。总之，网络虚拟化技术通过对性能、可靠性和资源优化利用的贡献，间接提高了大数据系统的可靠性和运行效率。

11.5.3　数据即服务

数据即服务（Data as a Service, DaaS）是一个跨越大数据基础设施和应用的领域。过去的公司一般先获得大数据集，然后再使用——通常难以获得当前数据，或从互联网上得到即时数据。但是现在，出现了各种各样的数据即服务的供应商，例如，邓白氏公司为金融、地址以及其他形式的数据提供网络编程接口，费埃哲公司提供财务信息，推特为其推文提供访问权限，等等。

1. 数据应用

这样的数据源允许他人在其基础上建立有趣的应用程序，而这些应用程序可以用于准确预测总统选举结果，或了解消费者对品牌的感觉。也有公司提供垂直式、具体的数据即服务，例如，在线数据拍卖平台 BlueKai 公司提供与消费者资料相关的数据，交通驾驶服务系统供应商 Inrix 公司提供交通数据，律商联讯公司提供法律数据等。

2. 数据清理

使用大数据的领域中，最乏味的就是数据清理和集成了，它却十分关键。内部和外部数据以各种格式存储,还包括错误和重复的记录。这样的数据需要经常清理才可以使用(或是实现多个数据源一起使用)。像企业数据集成解决方案提供商 Informatica 这样的公司早就在这个领域发挥作用了。

就最简单的水平而言,数据清理涉及的任务包括删除重复记录和使地址字段正常化。展望未来,数据清理很可能成为一项基于云计算的服务。

3. 数据保密

随着人们将更多的数据转移到云中,并将自己的信息更多地公布到网上,人们对于数据保密的关注也与日俱增。尽管匿名数据往往无保密性可言,但一项研究显示,分析师们能够看到电影观赏的匿名数据,并通过评价用户张贴在互联网电影数据库上的影评来确定哪位用户观看了哪部电影,同时脸书也加强了对用户分享信息的控制。

未来,可能出现这样的大数据应用程序:不仅让人们自己决定分享何种数据,也帮助人们了解分享个人信息背后的隐藏含义——无论那些信息对我们是否进行了个人识别。

11.6 云的挑战

当然,许多人仍然对能否利用公共云基础设施持有怀疑。过去,这项服务一直存在着3个潜在问题:

(1) 企业觉得这项服务不安全。内部基础设施被认为更有保障。

(2) 许多大供应商根本不提供软件的互联网/云版本。公司必须购买硬件,自行运行软件或者雇用第三方做这件事。

(3) 难以将大量数据从内部系统中提取出来,存入云中。

虽然第一个挑战对于某些政府机构来说确实存在,但确有从事云存储服务的企业证实他们能安全存储许多公司的机密数据,网上提供的越来越多的类似应用程序也正逐渐为企业所接受。

许多专家认为,对于真正的海量数据来说,源于公司内部部署的数据仍会保存在原处,源于云中的数据也是如此。但是随着越来越多的业务线应用程序在网上实现应用,也会有越来越多的数据在云中生成,并保存在云中。

借助大数据,公司获得了许多其他优势:它们花费在维护和部署硬件和软件上的时间变少了,可以按需进行扩张。如果有公司需要扩大计算资源或存储量,就不需要耗费数月时间,而只是分秒之间的事情。有了网上的应用程序,其最新版本一经开放用户就可以立刻使用了。虽然公司的花费受其选择的公共云供应商控制,但云供应商之间的竞争不断推动价格下降,顾客也依赖这些供应商提供可靠的服务。

在计算虚拟化、存储虚拟化和网络虚拟化解决了云计算的基本问题之后,如何提高云计算的安全性,成为云计算中一个重要课题。

事实上,几次大的云计算安全事故也确实给产业界敲响了警钟。

亚马逊曾遭遇过一些重大的服务中断事故,当时备受瞩目。其中一次事故造成在线影片供应商奈飞在 2012 年平安夜和圣诞节当天服务中断,而那时正是观看电影的传统高峰期。

(1) 2011年11月，脸书遭遇黑客攻击，数百万用户账户被病毒入侵，导致用户在不知情的情况下分享了色情和暴力图片。

(2) 2011年4月，云计算服务提供商亚马逊公司爆出了重大宕机事件。北弗吉尼亚州的云计算中心宕机导致了包括回答服务 Quora、新闻服务 Reddit 和位置跟踪服务 FourSquare 在内的一些网站受到了影响。

(3) 2011年3月，谷歌邮箱再次爆发大规模的用户数据泄漏事件，大约有15万Gmail 用户在周日早上发现自己的所有邮件和聊天记录被删除，部分用户发现自己的账户被重置，谷歌表示受到该问题影响的用户约为用户总数的 0.08%。

(4) Rackspace 在 2009 年全年遭遇了四次引人瞩目的断网故障，使该公司客户的断网时间达到几个小时。Rackspacc 不得不向用户赔偿了将近 300 万美元的服务费。Rackspace 把这些事故称作"痛苦的和非常令人失望的"，并且承诺以后在很长时间里都要高水平地提供服务。

云计算在数据安全方面引入的新问题，譬如在云计算基础架构服务层(IaaS)，主要有①新的安全问题，诸如信任问题(特指租客和云服务商之间)，多租客之间的资源隔离问题；②对已有的安全攻击，IaaS 是否更容易被攻击？或者是否存在新的技术方法去避免这些攻击？

安全问题中的信任和隔离问题源于云计算的新模型。在云计算的基础架构层，虚拟化技术由于在资源整合、利用、管理等方面的优势，成为 IaaS 中不可缺少的一部分。一般来讲，管理计算资源的不再是操作系统，取而代之的是虚拟机监控器(Virtual Machine Monitor, VMM)。由于资源使用者和管理者角色的分离，衍生出 IaaS 使用者和 IaaS 提供者之间的信任问题。云资源的使用者称为云租户，比如，一个小型公司租赁了亚马逊的 EC2 服务(主要指虚拟机)，并在 EC2 上搭建了一个网站，那么这个公司就是亚马逊 EC2 的租户，而使用网站的用户只是这个小公司的客户。由于资源不由租客完全控制，那么租客就有疑问：怎么确定租赁的资源仅仅为我所用，而不被其他租客或者云管理员非法使用，导致数据的丢失或者泄露？可见，数据隐私保护是非常重要的。

隐私保护、数据备份、灾难恢复、病毒防范、多点服务、数据加密、虚拟机隔离等，这些都是云安全的研究课题。

【作　　业】

1. 所谓(　　)，是指在 IT 环境中，为具体应用提供计算、存储、互联、管理等基础功能的系统。

  A. 基础设施　　　　B. 网络设施　　　　C. 软件系统　　　　D. 硬件设备

2. 在(　　)奇迹的背后，是越来越廉价、越来越高效的计算能力。有了强大的计算能力，人类可以处理更为庞大的数据。

  A. 程序结构　　　　B. 算法透明　　　　C. 摩尔定律　　　　D. 图灵测试

3. 所谓(　　)，是一种基于互联网的计算方式，通过这种方式，共享的软硬件资源和信息可以按需求提供给计算机和其他设备。

　　A. 宏运算　　　　B. 云计算　　　　C. 瘦服务　　　　D. 大数据

4. 云计算为我们提供了跨地域、高可靠、按需付费、所见即所得、快速部署等能力,随着云计算的发展,(　　)正成为云计算面临的一个重大考验。

　　A. 宏运算　　　　B. 云计算　　　　C. 瘦服务　　　　D. 大数据

5. 大数据解决方案的构架离不开(　　)的支撑,两者的底层技术原则是一样的。

　　A. 云计算　　　　B. 宏运算　　　　C. 瘦服务　　　　D. 大数据

6. 大数据是构建在云计算基础架构之上的(　　),因此它很难独立于云计算架构而存在。

　　A. 连接方式　　　B. 算法结构　　　C. 应用形式　　　D. 理论基础

7. 云计算下的(　　)、云安全及云平台就像支撑大数据这座大楼的钢筋水泥。只有好的云基础架构支持,大数据才能立起来,站得更高。

　　① 图灵算法　　　② 海量存储　　　③ 计算虚拟化　　④ 网络虚拟化

　　A. ①②③　　　　B. ②③④　　　　C. ①③④　　　　D. ①②④

8. 虚拟化是云计算所有要素中最基本也是最核心的组成部分,包括(　　)。

　　① 计算虚拟化　　② 信息虚拟化　　③ 存储虚拟化　　④ 网络虚拟化

　　A. ①②④　　　　B. ①②③　　　　C. ②③④　　　　D. ①③④

9. (　　)虚拟化的核心思想是使在一个物理计算机上同时运行多个操作系统成为可能。

　　A. 存储　　　　　B. 数据　　　　　C. 计算　　　　　D. 网络

10. 在虚拟化世界中,通常把提供虚拟化能力的物理计算机称为(　　),而把在虚拟化环境中运行的计算机称为(　　)。

　　A. 客户机,宿主机　　　　　　　　B. 宿主机,客户机
　　C. 虚拟机,物理机　　　　　　　　D. 物理机,虚拟机

11. (　　)虚拟化,简单来讲是指把逻辑网络从底层的物理网络分离开来,包括网卡的虚拟化、网络的虚拟接入技术、覆盖网络交换以及软件定义的网络等。

　　A. 存储　　　　　B. 数据　　　　　C. 计算　　　　　D. 网络

12. 云计算可以按照服务的组织方式来区分。(　　)向所有人提供服务,人们可以用相对低廉的价格方便地使用虚拟主机服务。

　　A. 公有云　　　　B. 混合云　　　　C. 私有云　　　　D. 共享云

13. (　　)往往只针对特定客户群提供服务,比如一个企业内部IT可以在自己的数据中心搭建它,并向企业内部提供服务。

　　A. 公有云　　　　B. 混合云　　　　C. 私有云　　　　D. 共享云

14. 云计算包括(　　)几个层次的服务。

　　① 基础设施即服务(IaaS)　　　　　② 出行即服务(MaaS)
　　③ 平台即服务(PaaS)　　　　　　　④ 软件即服务(SaaS)

　　A. ②③④　　　　B. ①③④　　　　C. ①②③　　　　D. ①②④

15. (　　)通过网络向用户提供计算机(物理机和虚拟机)、存储空间、网络连接、负

载均衡和防火墙等基本计算资源;用户在此基础上部署和运行各种软件,包括操作系统和应用程序。

  A. PaaS   B. SaaS   C. MaaS   D. IaaS

16.( )平台通常包括操作系统、编程语言的运行环境、数据库和 Web 服务器,用户在此平台上部署和运行自己的应用。用户不能管理和控制底层的基础设施,只能控制自己部署的应用。

  A. PaaS   B. SaaS   C. MaaS   D. IaaS

17.( )是一种通过因特网提供软件的模式,用户无须购买软件,而是向提供商租用基于 Web 的软件,来管理企业经营活动,例如邮件服务、数据处理服务、财务管理服务等。

  A. PaaS   B. SaaS   C. MaaS   D. IaaS

18.( )实际上是指将软件研发的平台作为一种服务,以 SaaS 的模式提交给用户。因此,PaaS 也是 SaaS 模式的一种应用。但是,PaaS 的出现可以加快 SaaS 的发展,尤其是加快 SaaS 应用的开发速度。

  A. PaaS   B. ACaaS   C. MaaS   D. IaaS

19.关于云计算和大数据,下列内容中错误的是( )。

  A. 云计算是你在做的事情,而大数据是你所拥有的东西

  B. 以云计算为基础的信息存储、分享和挖掘手段为知识生产提供了工具,而通过对大数据分析、预测会使得决策更加精准,两者相得益彰

  C. 云计算是一种 IT 理念,它不会产生大量的数据

  D. 大型云计算应用不可或缺的就是数据中心的建设,大数据技术是云计算技术的延伸

20.数据即服务(DaaS)是一个跨越大数据基础设施和应用的领域,包括( )。

  ① 数据应用   ② 数据清理   ③ 数据保密   ④ 数据加工

  A. ①②④   B. ①③④   C. ①②③   D. ②③④

【实验与思考】 深入理解云计算与大数据的相辅相成

1. 实验目的

(1) 熟悉云计算的定义与发展。

(2) 了解虚拟化的重要思想,了解计算虚拟化、存储虚拟化和网络虚拟化的具体内容。

(3) 熟悉云计算与大数据的关系,理解"相辅相成"的具体含义。

2. 工具/准备工作

在开始本实验之前,请认真阅读课程的相关内容。

需要准备一台带有浏览器,能够访问因特网的计算机。

3. 实验内容与步骤

（1）请结合查阅相关文献资料，为"云计算"给出一个权威性的定义。

答：_____

_____

_____

这个定义的来源是：_____

（2）请结合课文和相关文献资料，简述什么是虚拟化技术。

答：_____

_____

_____

_____

（3）请简述云计算的三种服务形式。

答：

IaaS：_____

_____

PaaS：_____

_____

SaaS：_____

_____

（4）请结合课文和相关文献资料，简述什么是"云存储"。

答：_____

_____

_____

_____

（5）请结合课文和相关文献资料，简述网络虚拟化对大数据处理的意义。

答：_____

_____

_____

4. 实验总结

5. 实验评价(教师)

第12章 大数据安全与法律

【导读案例】

回眸大数据领域的 20 个预测

考虑到如今在深层神经网络和规范性分析方面取得的进展,业界对大数据的发展有很多不同的预测。下面来回顾和反思精选出的值得关注的 33 个预测。

1. 数据平民崛起

甲骨文公司预测一种新型用户"数据公民(Data Civilian)"会崛起。该公司称:"虽然复杂的数据统计可能仍局限于数据科学家,但数据驱动的决策不会是这样。"在未来一年,更简单的大数据发现工具让业务分析员可以寻找企业 Hadoop 集群中的数据集,将它们重新做成新的混搭组合,甚至运用探索性机器学习方法来分析它们。

2. 风险投资公司更关注大数据给出的结论

Opera Solutions 公司高级副总裁克里·史密斯声称,由于风险投资公司往数据初创公司纷纷投入资金,是时候开始提出尖锐的问题了。史密斯问道:"大数据解决方案真正的投资回报率(ROI)如何?公司如何才能跨过部门级部署这个阶段,让大数据在整个企业创造的价值实现最大化?又有哪些有意义的使用场合适用于众多垂直领域?"要是贵公司现在没有提出这类问题,积极寻求答案,应该很快就会。

3. 机器学习和人的洞察力组合渗透新行业

Spare5 公司的首席执行官马特·本克表示,我们会看到"数据绝地武士"的兴起。他写道:"将来被人工智能改变的工作会比以往任何时候都要多,'数据绝地武士'会变成最抢手的员工。"机器学习和人的洞察力这对组合会渗透到新行业,包括医疗保健和安全行业,员工需要灵活适应,以提供不同服务,不然就会落在后面。

4. 数据科学在银行界大放光彩

数据科学咨询公司 Profusion 的首席执行官迈克·韦斯顿预测,数据科学在银行界会大放光彩。他写道:"金融业是率先采用数据科学技术/方法的行业之一。不过,所有银行服务公司采用数据科学的步调远远没有统一。我预计这种局面会有所改变。更好地利用数据和服务个性化会从金融市场进入到零售银行领域。这会给市场营销、客户服务和产品开发带来深远影响。"

5. 人工智能和认知计算让个性化医疗成为现实

先进的人工智能引发机器人成为统治者,这种场景吓坏了伊隆·马斯克。不过,据

Franz公司的认知科学家兼首席执行官扬斯·阿斯曼声称,应该将人工智能归为"友好的技术"这一列。他说:"以后,人工智能和认知计算将使个性化医疗成为现实,帮助拯救患有罕见疾病的病人,并改善整体的医疗保健状况。"

6. 首席数据官将成为信息技术领域的"新宠儿"

Blazent公司首席技术官办公室负责人迈克尔·路德维希认为,首席数据官(CDO)会成为信息技术领域的"新宠儿",永远让办公室政治更显错综复杂。他写道:"正是由于大数据很复杂,又需要完整而准确的数据,首席数据官会变得越来越重要。因而,首席技术官和首席信息官需要给首席数据官让出地方,除非确立了明确界定的角色,并成立了相关团队,否则高层管理团队当中会出现紧张局势。"

7. 云服务被充分利用

但是,颇有势力的CIO能重新发号施令吗?Cazena公司创始人兼首席执行官普拉特·莫格预测会这样。他写道:"CIO们会充分利用企业就绪的云服务,作为中间人提供这样的云服务,既满足IT部门在治理、合规和安全等方面的要求,又满足业务部门在敏捷性和响应能力等方面的要求。"

8. 流分析逐渐成熟

DataTorrent公司的首席执行官兼联合创始人富黄预测,流分析会开始成熟起来,并在大数据阵营中证明其价值。他说:"虽然许多公司已经认可了实时流非常重要,但我们会看到用户希望更进一步,确定流分析使用场合。接下来,使用流分析工具的客户会变得更加成熟,要求流分析有明确的投资回报率。"

9. 实时分析异常火爆

实时分析会很火爆,这个我们懂。不过据MongoDB公司的战略和产品营销副总裁凯利·斯蒂尔曼声称,Apache Kafka技术比其余技术更惹人注目。斯蒂尔曼写道:"Kafka将成为企业数据基础设施的一个重要集成点,为构建智能分布式系统提供便利。Kafka及其他流分析系统(如Spark和Storm)会补充数据库,成为跨应用程序和数据中心管理数据的整个企业堆栈的关键部分。"

10. 大数据让娱乐更加"娱乐"

喜欢鼓乐?FirstFuel Software公司的首席数据科学家巴德里尔·拉格万表示,"很快,我们会看到企业和个人利用数据和分析工具,面对包括能源、体育、社会公益和音乐在内的众多行业提供个性化、引人入胜的体验。比如,人们将来可以利用数据,根据个人喜好(如偏爱鼓乐)改编歌曲。"

11. 物联网影响半导体行业

物联网会如何影响半导体行业?IT传奇人物雷津对此有几点看法。他写道:"你会看到设计和制造出现更明显的分工。晶圆厂的使命就是扩大规模,服务于几十亿消费者和新兴的物联网市场。设计将会与制造脱离开来,分担市场风险。创新将是设计公司的生存之道,而不断提高效率才是晶圆厂的制胜秘诀。问题是,接下来会出现什么?到时难免会出现新的市场和设备,从而推动行业呈现新的井喷式增长。物联网好比是沉睡的巨人,不过我觉得它只是在打盹而已。"

第12章 大数据安全与法律

12. 大数据泄密事件频发

大数据领域的"沮丧的黛比"奖授予 BlueTalon 公司的首席执行官埃里克·蒂莱纽斯,因为他预测,大企业爆出大数据泄密事件的步伐可能会加快。他写道:"缺乏统一的数据治理,可能会导致企业界迄今面临的最大的安全方面冲击——这相当于移动技术的问世给传统企业边界带来的冲击。依赖支离破碎的方法来控制数据访问,即面对不断变化的数据格局采用不一致的政策,只会在企业数据保护方面留下大洞。"

13. 大数据分析扩大领域

TARGIT 公司首席技术官乌尔里克·佩德森表示,大数据有难度,许多公司会竭力搞好大数据。他写道:"大数据分析会扩大领域,一些工具让企业用户有可能在需要时对大数据执行全面的自助式探索,不需要 IT 部门的大力指导。对应于我的第一个预测,我预计先进分析项目在众多行业会大幅增加。然而,这并不意味着它们会成功……要是听到许多厂商和客户在成功实施项目上遇到困难,我也不会觉得惊讶。"

14. 认知技术、数据科学会有进展

国际数据分析研究所预测便于嵌入式分析的分析微服务会大行其道。这家独立研究和咨询公司还预测,认知技术、数据科学和数据精选等领域会取得进展。该组织表示,由于许多大学开设新课程,分析人才危机有望得到缓解。

15. 非数据专业人才也会投身大数据

OLAP-on-Hadoop 提供商 AtScale 公司的首席营销官布鲁诺·阿齐扎表示,不是数据专业人才的那些人也会积极投身于大数据。他写道:"随着 Hadoop 变得更容易被非数据专业人才访问,营销人员会开始访问更多的数据,以便做出更合理的决策。可以借助 Hadoop 更深入更全面地了解数据,这让营销人员能够洞察消费行为,从而做出决策,并了解客户消费旅程背后的流程。"

16. 开源大数据遍地开花

开源大数据技术给你留下了深刻印象?Pentaho 公司的首席执行官昆汀·加利文表示,你还没有看到任何实际的东西。加利文写道:"像 Spark、Docker、Kafka 和 Solr 这些很酷的新工具会遍地开花,这些新兴的开源工具旨在能够对 PB 级数据进行大规模、大批量的分析,它们会从'青春期'阶段进入到'壮年期'阶段。"

17. 物联网 2.0 出现

Zebra Technologies 公司预测,我们会看到物联网 2.0 出现。"物联网市场(图 12-1)会由过去的闭源、专有的第一代解决方案变成更成熟、基于行业标准、可灵活适应的解决方案。借助开源方法,企业组织能够从数量更多的服务提供商及其各自的 API 当中作一个选择。"

18. 生产工作负载与分析技术充分结合

MapR Technologies 公司的首席执行官约翰·施罗德预测,能够同时处理分析型工作负载和事务型工作负载的融合平台会迎来巨大飞跃。"由于各大领先公司获得将生产工作负载与分析技术结合起来,迅速调整,以适应客户偏好、竞争压力和商业环境所带来的好处,我们会看到融合方法成为主流方法。这种融合加快了企业组织'从数据到行动'的周期,并缩短了数据分析到业务影响之间的时间差。"

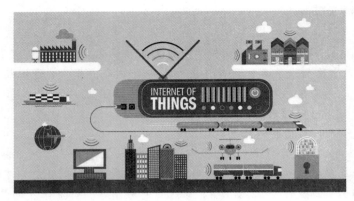

图 12-1 物联网

19. 小众解决方案吃香

看好会出现单一架构的另一个支持者是 Datameer 公司的首席执行官斯蒂芬·格罗舒夫。他写道:"某个技术类别是新类别时,会出现众多公司,各自的产品旨在为这个领域的一小部分提供解决方案。这样一来,客户只好购买多个工具,试图弄清楚如何结合使用这些工具。最后,这种方法根本行不通,客户倾向于单一厂商提供的集成产品架构——或者覆盖范围广泛的产品,标志着大数据产品将开始出现这种转型。"

20. 外包大行其道

大数据服务提供商 Absolutdata 公司的首席执行官阿尼尔·考尔预测,外包会大行其道。他写道:"我们可以从大数据获得众多有价值的信息,可是访问这些信息颇具挑战性,而且通常不在平常商业智能的范围之内。如今,许多公司在与第三方合作,制定并执行大数据分析策略。将外部专家整合到大数据团队当中,也许是公司在这个迅速变化的领域保持领先一步的最佳途径。"

阅读上文,请思考、分析并简单记录:

(1) 文中预测的这些大数据发展,请举例说明哪些已经实现了。

答:_____

_____

_____

(2) 对于大数据,如今"已经少有人讲重要性,更多是应用、技术以及最底层的算法",那么,应用的热点是什么?请简述之。

答:_____

_____

_____

(3) 这么多精选出来的预测,今天看来不见得准确,但你从中可以得到什么收获? (发散思维)

答：_____
_____
_____

（4）请简单描述你所知道的上一周发生的国际、国内或者身边的大事。
答：_____
_____
_____

12.1 消费者的隐私权

要在业务中运用大数据，就不可避免地会遇到隐私问题(图 12-2)。收集 Web 上的用户个人信息、行为记录等，在未经用户许可的情况下将数据转让给广告商等第三方，这样的经营者现在真不少见，因此各国都围绕着 Web 上行为记录的收集展开了激烈的讨论与立法。涉及个人及其相关信息的经营者，需要在确定使用目的的基础上事先征得用户同意，并在使用目的发生变化时，以易懂的形式进行告知，这种对透明度的确保今后应该会愈发受到重视。

图 12-2　个人隐私保护

2010 年 12 月，美国商务部发表了一份题为"互联网经济中的商业数据隐私与创新：动态政策框架"的长达 88 页的报告。这份报告指出，为了对线上个人信息的收集进行规范，需要出台一部"隐私权法案"，在隐私问题上对国内外的相关利益方进行协调。受这份报告的影响，2012 年 2 月 23 日，"消费者隐私权法案"正式颁布。在这项法案中，对消费者的权利进行了如下具体的规定。

1. 个人控制

对于企业可收集哪些个人数据，并如何使用这些数据，消费者拥有控制权。对于消费者和他人共享的个人数据，以及企业如何收集、使用、披露这些数据，企业必须向消费者提供适当的控制手段。为了能够让消费者做出选择，企业需要提供一个可反映企业收集、使用、披露个人数据的规模、范围、敏感性,并可由消费者进行访问且易于使用的机制。

例如,通过收集搜索引擎使用记录、广告浏览记录、社交网络使用记录等数据,就有可能生成包含个人的敏感信息档案。因此,企业需要提供一种简单且醒目的形式,使消费者能够对个人数据的使用和公开范围进行精细控制。此外,企业还必须提供同样的手段,使消费者能够撤销曾经承诺的许可,或者对承诺的范围进行限定。

2. 透明度

对于隐私权及安全机制的相关信息,消费者拥有知情、访问的权利。前者的价值在于加深消费者对隐私风险的认识,并让风险变得可控。为此,对于所收集的个人数据及其必要性、使用目的、预计删除日期、是否与第三方共享以及共享的目的,企业必须向消费者明确说明。

此外,企业还必须以在消费者实际使用的终端上容易阅读的形式提供关于隐私政策的告知。特别是在移动终端上,由于屏幕尺寸较小,要全文阅读隐私政策几乎是不可能的。因此,必须要考虑移动终端的特点,采取改变显示尺寸、重点提示移动平台特有的隐私风险等方式,对最重要的信息予以显示。

3. 尊重背景

消费者有权期望企业按照与自己提供数据时的背景相符的形式对个人信息进行收集、使用和披露。这就要求企业在收集个人数据时必须有特定的目的,企业对个人数据的使用必须仅限于该特定目的的范畴,即基于"公平信息行为原则"的声明。

从原则上说,企业在使用个人数据时,应当仅限于与消费者披露个人数据时的背景相符的目的。另一方面,也应该考虑到,在某些情况下,对个人数据的使用和披露可能与当初收集数据时所设想的目的不同,在这样的情况下,必须用比最开始收集数据时更加透明、醒目的方式来将新的目的告知消费者,并由消费者来选择是允许还是拒绝。

4. 安全

消费者有权要求个人数据得到安全保障且负责任地被使用。企业必须对个人数据相关的隐私及安全风险进行评估,并对数据遗失、非法访问和使用、损坏、篡改、不合适的披露等风险维持可控、合理的防御手段。

5. 访问与准确性

当出于数据敏感性因素,或者当数据不准确可能对消费者带来不良影响的风险时,消费者有权以适当方式对数据进行访问,以及提出修正、删除、限制使用等要求。企业在确定消费者对数据的访问、修正、删除等手段时,需要考虑所收集的个人数据的规模、范围、敏感性,以及对消费者造成经济上、物理上损害的可能性等。

6. 限定范围收集

对于企业所收集和持有的个人数据,消费者有权设置合理限制。

企业必须遵循第三条"尊重背景"的原则,在目的明确的前提下对必需的个人数据进行收集。此外,除非需要履行法律义务,否则当不再需要时,必须对个人数据进行安全销毁,或者对这些数据进行身份不可识别处理。

7. 说明责任

消费者有权将个人数据交给为遵守《消费者隐私权法案》具备适当保障措施的企业。企业必须保证员工遵守这些原则,为此,必须根据上述原则对涉及个人数据的员工进行培训,并定期评估执行情况。在有必要的情况下,还必须进行审计。

在上述 7 项权利中,对于准备运用大数据的经营者来说,第 3 条"尊重背景"是尤为重要的一条。例如,如果将在线广告商以更个性化的广告投放为目的收集的个人数据,用于招聘、信用调查、保险资格审查等目的,就会产生问题。

此外,微信、脸书等社交网络服务中的个人档案和活动等信息,如果用于其自身的服务改善以及新服务的开发是没有问题的。但是,如果要向第三方提供这些信息,则必须以醒目易懂的形式对用户进行告知,并让用户有权拒绝向第三方披露信息。

12.2 大数据的安全问题

传统的信息安全侧重于信息内容(信息资产)的管理,更多地将信息作为企业/机构的自有资产进行相对静态的管理,不能适应实时动态的大规模数据流转和大量用户数据处理的特点。大数据的特性和新的技术架构颠覆了传统的数据管理方式,在数据来源、数据处理、数据使用和数据思维等方面带来革命性的变化,这给大数据的安全防护带来了严峻的挑战。大数据的安全不仅是大数据平台的安全,而是以数据为核心,在全生命周期各阶段流转过程中,在数据采集汇聚、数据存储处理、数据共享使用等方面都面临新的安全挑战。

大数据的安全问题

云计算、社交网络和移动互联网的兴起,对数据存储的安全性要求随之增加。各种在线应用大量数据共享的一个潜在问题就是信息安全。虽然信息安全技术发展迅速,然而企图破坏和规避信息保护的各种网络犯罪的手段也在发展中,更加不易追踪和防范。

数据安全的另一方面是管理。在加强技术保护的同时,加强全民的信息安全意识,完善信息安全的政策和流程至关重要。

根据工业和信息化部(网安局)的相关定义,所谓数据安全风险信息,主要是通过检测、评估、信息搜集、授权监测等手段获取的,包括但不限于以下这些。

(1) 数据泄露,数据被恶意获取,或者转移、发布至不安全环境等相关风险。

(2) 数据篡改,造成数据破坏的修改、增加、删除等相关风险。

(3) 数据滥用,数据超范围、超用途、超时间使用等相关风险。

(4) 违规传输,数据未按照有关规定擅自进行传输等相关风险。

(5) 非法访问,数据遭未授权访问等相关风险。

(6) 流量异常,数据流量规模异常、流量内容异常等相关风险。

此外,数据安全风险还包括由相关政府部门组织授权监测的暴露在互联网上的数据库、大数据平台等数据资产信息等。

12.2.1 采集汇聚安全

在大数据环境下,随着物联网特别是 5G/6G 技术的发展,出现了各种不同的终端接入方式和各种各样的数据应用。来自大量终端设备和应用的超大规模数据源输入,对鉴别大数据源头的真实性提出了挑战,数据来源是否可信,源数据是否被篡改,都是需要防范的风险。数据传输需要各种协议相互配合,有些协议缺乏专业的数据安全保护机制,从数据源到大数据平台的数据传输可能带来安全风险。数据采集过程中存在的误差会造成数据本身的失真和偏差,数据传输过程中的泄露、破坏或拦截会带来隐私泄露、谣言传播等安全管理失控的问题。因此,大数据传输中信道安全、数据防破坏、防篡改和设备物理安全等几个方面都需要考虑。

12.2.2 存储处理安全

大数据平台处理数据的模式与传统信息系统不同(图 12-3)。传统数据的产生、存储、计算、传输都对应明确界限的实体,可以清晰地通过拓扑结构表示,这种处理信息方式用边界防护相对有效。但在大数据平台上,采用新的处理范式和数据处理方式(MapReduce、列存储等),存储平台同时也是计算平台,应用分布式存储、分布式数据库、NewSQL、NoSQL、分布式并行计算、流式计算等技术,一个平台内可以同时具有多种数据处理模式,完成多种业务处理,导致边界模糊,传统的安全防护方式难以奏效。

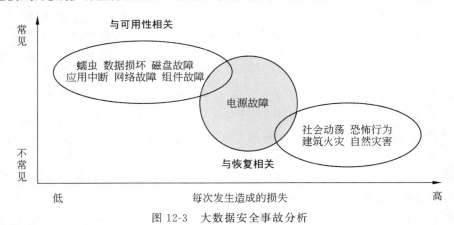

图 12-3 大数据安全事故分析

(1) 大数据平台的分布式计算涉及多台计算机和多条通信链路,一旦出现多点故障,容易导致分布式系统出现问题。此外,分布式计算涉及的组织较多,在安全攻击和非授权访问防护方面比较脆弱。

(2) 分布式存储由于数据被分块存储在各个数据节点,传统的安全防护在分布式存储方式下很难奏效,面临的主要安全挑战是数据丢失和数据泄露。

① 数据的安全域划分无效。

② 细粒度的访问存储访问控制不健全,用作服务器软件的 NoSQL 未有足够的安全内置访问控制措施,以致客户端应用程序需要内建安全措施,因此产生授权过程身份验证和输入验证等安全问题。

③ 分布式节点之间的传输网络易受到攻击、劫持和破坏,使得存储数据的完整性、机密性难以保证。

④ 数据分布式存储增大了各个存储节点暴露的风险,在开放的网络化社会,攻击者更容易找到侵入点,以相对较低的成本就可以获得"滚雪球"的收益,一旦遭受攻击,失窃的数据量和损失是十分巨大的。

⑤ 传统的数据存储加密技术在性能效率上面很难满足高速、大容量数据的加密要求。

(3) 大数据平台访问控制的安全隐患主要体现在:用户多样性和业务场景多样性带来的权限控制多样性和精细化要求,超过了平台自身访问控制能够实现的安全级别,策略控制无法满足权限的动态性需求,传统的角色访问控制不能将角色、活动和权限有效地对应起来。因此,在大数据架构下的访问控制机制需要对这些新问题进行分析和探索。

(4) 针对大数据的新型安全攻击中,最具代表性的是高级持续性攻击,由于其潜伏性和低频活跃性,使持续性成为一个不确定的实时过程,产生的异常行为不易被捕获。传统的基于内置攻击事件库的特征实时匹配检测技术对检测这种攻击无效。大数据应用为入侵者实施可持续的数据分析和攻击提供了极好的隐藏环境,一旦攻击得手,失窃的信息量甚至是难以估量的。

(5) 基础设施安全的核心是数据中心的设备安全问题。传统的安全防范手段,如网络防 DDoS 分布式拒绝服务攻击(指处于不同位置的多个攻击者同时向一个或数个目标发动攻击,或者一个攻击者控制了位于不同位置的多台机器并利用这些机器对受害者同时实施攻击)、存储加密、容灾备份、服务器安全加固、防病毒、接入控制、自然环境安全等。而主要来自大数据服务所依赖的云计算技术引起的风险,包括如虚拟化软件安全、虚拟服务器安全、容器安全,以及由于云服务引起的商业风险等。

(6) 服务接口安全。由于大数据业务应用的多样性,使得对外提供的服务接口千差万别,给攻击者带来机会。因此,如何保证不同的服务接口安全是大数据平台的又一巨大挑战。

(7) 数据挖掘分析使用安全。大数据的应用核心是数据挖掘,从数据中挖掘出高价值信息为企业所用,是大数据价值的体现。然而使用数据挖掘技术,为企业创造价值的同时,容易产生隐私泄露的问题。如何防止数据滥用和数据挖掘导致的数据泄密和隐私泄露问题,是大数据安全一个最主要的挑战性问题。

12.2.3　共享使用安全

互联网给人们生活带来方便,同时也使得个人信息的保护变得更加困难。

(1) 数据的保密问题。频繁的数据流转和交换使得数据泄露不再是一次性的事件,众多非敏感的数据可以通过二次组合形成敏感的数据。通过大数据的聚合分析能形成更有价值的衍生数据,如何更好地在数据使用过程中对敏感数据进行加密、脱敏、管控、审查等,阻止外部攻击者采取数据窃密、数据挖掘、根据算法模型参数梯度分析对训练数据的特征进行逆向工程推导等攻击行为,避免隐私泄露,仍然是大数据环境下的巨大挑战。

(2)数据保护策略问题。在大数据环境下,汇聚不同渠道、不同用途和不同重要级别的数据,通过大数据融合技术形成不同的数据产品,使大数据成为有价值的知识,发挥巨大作用。如何对这些数据进行保护,以支撑不同用途、不同重要级别、不同使用范围的数据充分共享、安全合规的使用,确保大数据环境下高并发多用户使用场景中数据不被泄露、不被非法使用,是大数据安全的又一个关键性问题。

(3)数据的权属问题。大数据场景下,数据的拥有者、管理者和使用者与传统的数据资产不同,传统的数据是属于组织和个人的,而大数据具有不同程度的社会性。一些敏感数据的所有权和使用权并没有被明确界定,很多基于大数据的分析都未考虑到其中涉及的隐私问题。在防止数据丢失、被盗取、被滥用和被破坏上存在一定的技术难度,传统的安全工具不再像以前那么有用。如何管控大数据环境下数据流转、权属关系、使用行为和追溯敏感数据资源流向,解决数据权属关系不清、数据越权使用等问题,是一个巨大的挑战。

12.3 大数据的管理维度

数据已成为国家基础性战略资源,建立健全大数据安全保障体系,对大数据的平台及服务进行安全评估,是推进大数据产业化工作的重要基础任务。中国《网络安全法》《网络产品和服务安全审查办法》《数据安全管理办法》等法律法规的陆续实施,对大数据运营商提出了诸多合规要求。如何应对大数据安全风险,确保其符合网络安全法律法规政策,成为亟需解决的问题。

大数据管理具有分布式、无中心、多组织协调等特点。因此有必要从数据语义、生命周期和信息技术(IT)三个维度(图12-4)去认识数据管理技术涉及的数据内涵,分析和理解数据管理过程中需要采用的IT安全技术及其管控措施和机制。

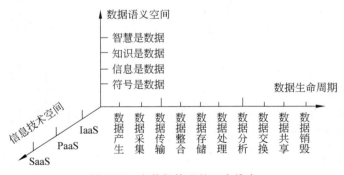

图12-4 大数据管理的三个维度

从大数据运营者的角度看,大数据生态系统应提供包括大数据应用安全管理、身份鉴别和访问控制、数据业务安全管理、大数据基础设施安全管理和大数据系统应急响应管理等业务安全功能,因此大数据业务目标应包括这5个方面。

在2020全国大数据标准化工作会议暨全国信标委大数据标准工作组第七次全会上发布了《大数据标准化白皮书(2020版)》。白皮书指出了目前大数据产业化发展面临的安全挑战,包括法律法规与相关标准的挑战、数据安全和个人信息保护的挑战、大数据技术和平台安全的挑战。针对这些挑战,我国已经在大数据安全指引、国家标准及法律法规建设方面取得阶段性成果,但大数据运营过程中的大数据平台安全机制不足、传统安全措施难以适应大数据平台和大数据应用、大数据应用访问控制困难、基础密码技术及密钥操作性等信息技术安全问题亟待解决。

12.4 大数据的安全体系

在大数据时代,如何确保网络数据的完整性、可用性和保密性,不受信息泄露和非法篡改的安全威胁影响,已成为政府机构、事业单位信息化健康发展所要考虑的核心问题。根据对大数据环境下面临的安全问题和挑战进行分析,提出基于大数据分析和威胁情报共享为基础的大数据协同安全防护体系,将大数据安全技术框架、数据安全治理、安全测评和运维管理相结合,在数据分类分级和全生命周期安全的基础上体系性地解决大数据不同层次的安全问题(图12-5)。

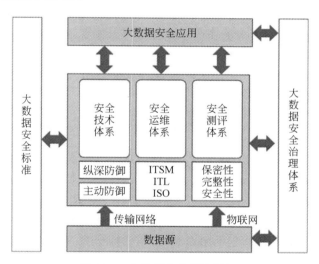

图 12-5 大数据安全保障框架

12.4.1 大数据安全技术体系

大数据的安全技术体系是大数据安全管理、安全运行的技术保障。以密码基础设施、认证基础设施、可信服务管理、密钥管理设施、安全监测预警等五大安全基础设施为支撑服务,结合大数据、人工智能和分布式计算存储能力,解决传统安全解决方案中数据离散、单点计算能力不足、信息孤岛和无法联动的问题(图12-6)。

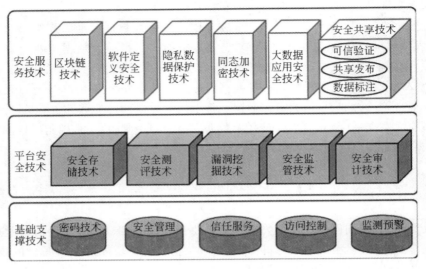

图 12-6　大数据安全技术框架

12.4.2　大数据安全治理

大数据安全治理的目标是确保大数据"合法合规"安全流转，在保障大数据安全的前提下实现其价值最大化，以支撑企业的业务目标。大数据安全治理体系建设过程中行使数据的安全管理、运行监管和效能评估的职能。主要内容包括：

（1）构架大数据安全治理的治理流程、治理组织结构、治理策略和确保数据在流转过程中的访问控制、安全保密和安全监管等安全保障机制。

（2）制定数据治理过程中的安全管理架构，包括人员组成、角色分配、管理流程和对大数据的安全管理策略等。

（3）明确大数据安全治理中元数据、数据质量、数据血缘、主数据管理和数据全生命周期安全治理方式，包括安全治理标准、治理方式、评估标准、异常和应急处置措施以及元数据、数据质量、数据标准等。

（4）对大数据环境下数据主要参与者，包括数据提供者（数据源）、大数据平台、数据管理者和数据使用者制定明确的安全治理目标，规划安全治理策略。

12.4.3　大数据安全测评

大数据安全测评是安全地提供大数据服务的支撑保障，目标是验证评估所有保护大数据的安全策略、安全产品和安全技术的有效性和性能等。确保所使用的安全防护手段都能满足主要参与者安全防护的需求。主要内容包括：

（1）构建大数据安全测评的组织结构、人员组成、责任分工和安全测评需要达到的目标等。

（2）明确大数据场景下安全测评的标准、范围、计划、流程、策略和方式等，大数据环境下的安全分析按评估方法包括基于场景的数据流安全评估、基于利益攸关者的需求安全评估等。

（3）制定评估标准，明确各个安全防护手段需要达到的安全防护效能，包括功能、性能、可靠性、可用性、保密性、完整性等。

（4）按照《大数据安全能力成熟度模型》评估安全态势，并形成相关的大数据安全评估报告等，作为大数据安全建设能够投入应用的依据。

12.4.4 大数据安全运维

大数据的安全运维主要确保大数据系统平台能安全持续稳定可靠地运行，在大数据系统运行过程中行使资源调配、系统升级、服务启停、容灾备份、性能优化、应急处置、应用部署和安全管控等职能。具体的职责包括：

（1）构建大数据安全运维体系的组织形式、运维架构、安全运维策略、权限划分等。

（2）制定不同安全运维流程和运维的重点方向等，包括基础设施安全管控、病毒防护、平台调优、资源分配和系统部署、应用和数据的容灾备份等业务流程。

（3）明确安全运维的标准规范和规章制度，由于运维人员具有较大的操作权限，为防范内部人员风险，要对大数据环境的核心关键部分、对危险行为做到事前、事中和事后有记录，可跟踪和能审计。

12.4.5 以数据为中心的安全要素

基于威胁情报共享和采用大数据分析技术的大数据安全防护技术体系，可以实现大数据安全威胁的快速响应，集安全态势感知、监测预警、快速响应和主动防御为一体，基于数据分级分类实施不同的安全防护策略，形成协同安全防护体系。围绕以数据为核心，以安全机制为手段，以涉及数据的承载主体为目标，以数据参与者为关注点，构建大数据安全协同主动防护体系（图12-7）。

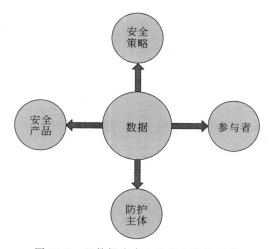

图 12-7 以数据为中心的安全防护要素

（1）数据是指需要防护的大数据对象，包括大数据流转的各个阶段，即采集、传输、存储、处理、共享、使用和销毁。

（2）安全策略是指对大数据对象进行安全防护的流程、策略、配置和方法等，如根据数据的不同安全等级和防护需求实施主动防御、访问控制、授权、隔离、过滤、加密、脱敏等。

（3）安全产品指在对大数据进行安全防护时使用的具体产品，如数据库防火墙、审计、主动防御系统、APT 检测、高速密码机、数据脱敏系统、云密码资源池、数据分级分类系统等。

（4）防护主体是指需要防护的承载大数据流转过程的软硬件载体，包括服务器、网络设备、存储设备，大数据平台、应用系统等。

（5）参与者是指参与大数据流转过程中的改变大数据状态和流转过程的主体，主要包括大数据提供者、管理者、使用者和大数据平台等。

12.4.6 主动防御协同体系

传统的安全防护技术注重某一个阶段或某一个点的安全防护，在大数据环境下需要构建具有主动防御能力的大数据协同安全防护体系，在总体上达到"协同联动，体系防御"的安全防御效果。大数据协同安全防护体系必须具备威胁的自动发现、策略决策的智能分析、防御策略的全局协同、安全资源的自动控制调度以及安全执行效果的综合评估等特征。其中威胁的自动发现和防御策略的全局协同是实现具有主动防御能力大数据协同安全防护体系的基础。大数据的安全应该以数据生命周期为主线，兼顾满足各个参与者的安全诉求（图 12-8）。

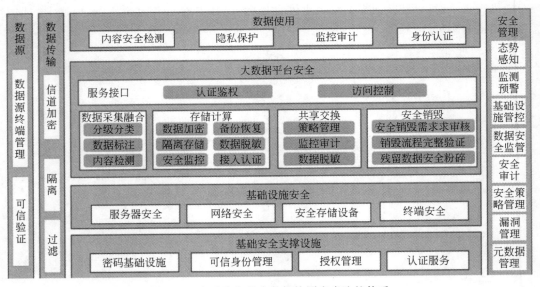

图 12-8 主动防御的大数据协同安全防护体系

12.4.7 协同安全防护流程

大数据协同安全防护强调的是安全策略全局调配的协同性、安全防护手段的主动性，以威胁的自动发现和风险的智能分析为前提，采用大数据的分析技术，通过安全策略的全局自动调配和防护手段的全局联动。具有主动防御能力的大数据协同安全防护流程如图12-9所示。

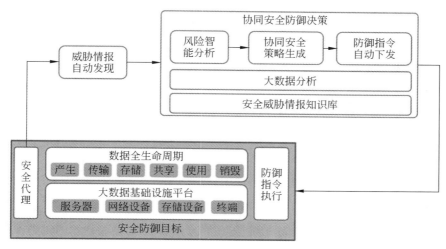

图12-9 大数据协同安全防护流程

12.5 大数据伦理与法规

人们逐渐认识到，为了让网络与信息技术长远地造福于社会，就必须规范对网络的访问和使用，这就对政府、学术界和法律界提出了挑战。人们面临的一个难题就是如何制定和完善网络法规，具体地说，就是如何在计算机空间里保护公民的隐私，规范网络言论，保护电子知识产权以及保障网络安全等。

12.5.1 大数据的伦理问题

大数据产业面临的伦理问题正日益成为阻碍其发展的瓶颈。这些问题主要包括数据主权和数据权问题、隐私权和自主权的侵犯问题、数据利用失衡问题。这三个问题影响了大数据的生产、采集、存储、交易流转和开发使用全过程。

1. 数据主权和数据权问题

由于跨境数据流动剧增、数据经济价值凸显、个人隐私危机爆发等多方面因素，数据主权和数据权已成为大数据产业发展遭遇的关键问题。数据的跨境流动是不可避免的，但这也给国家安全带来了威胁，数据的主权问题由此产生。数据主权是指国家对其政权管辖地域内的数据享有生成、传播、管理、控制和利用的权力。数据主权是国家主权在信息化、数字化和全球化发展趋势下新的表现形式,是各国在大数据时代维护国家主权和独立,反对数据垄断和霸权主义的必然要求。数据主权是国家安全的保障。

数据权包括机构数据权和个人数据权。机构数据权是企业和其他机构对个人数据的采集权和使用权。个人数据权是指个人拥有对自身数据的控制权,以保护自身隐私信息不受侵犯的权利。数据权是企业的核心竞争力,也是个人的基本权利,个人在互联网上产生了大量的数据,这些数据与个人的隐私密切相关,个人也拥有对这些数据的财产权。

数据财产权是数据主权和数据权的核心内容。以大数据为主的信息技术赋予了数据以财产属性,数据财产是指将数据符号固定于介质之上,具有一定的价值,能够为人们所感知和利用的一种新型财产。数据财产包含形式要素和实质要素两个部分,数据符号所依附的介质为其形式要素,数据财产所承载的有价值的信息为其实质要素。2001年,世界经济论坛将个人数据指定为"新资产类别"。数据成为一种资产,并且像商品一样被交易。然而,数据权属问题目前还没有得到彻底解决,数据主权的争夺也日益白热化。数据权属不明的直接后果就是国家安全受到威胁,数据交易活动存在法律风险和利益冲突,个人的隐私和利益受到侵犯。

2. 隐私权和自主权的侵犯问题

数据的使用和个人的隐私保护是大数据产业发展面临的一大冲突。在大数据环境下,个人在互联网上的任何行为都会变成数据被沉淀下来,而这些数据的汇集都可能最终导致个人隐私的泄露。绝大多数互联网企业通过记录用户不断产生的数据监控用户在互联网上所有的行为,互联网公司据此对用户画像,分析其兴趣爱好、行为习惯,对用户做各种分类,然后以精准广告的形式给用户提供符合其偏好的产品或服务。另外,互联网公司还可以通过消费数据等分析评估消费者的信用,从而提供精准的金融服务,进行盈利。在这两种商业模式中,用户成为被观察、分析和监测的对象,这是用个人生活和隐私来成全的商业模式。

3. 数据利用的失衡问题

数据利用的失衡主要体现在两个方面。第一,数据的利用率较低。随着移动互联网的发展,每天都有海量的数据产生,全球数据规模实现指数级增长,但是福瑞斯特研究对大型企业的调研结果显示,企业大数据的利用率仅在12%左右。就掌握大量数据的政府而言,数据的利用率更低。第二,数字鸿沟现象日益显著。数字鸿沟束缚数据流通,导致数据利用水平较低。大数据的"政用""民用"和"工用",相对于大数据在商用领域的发展,无论技术、人才还是数据规模都有巨大的差距。

现阶段,我国大数据应用较为成熟的行业是电商、电信和金融领域,医疗、能源、教育等领域则处于起步阶段。由于大数据在电商、电信、金融等商用领域产生巨大利益,数据资源、社会资源、人才资源均往这些领域倾斜,涉及政务、民生、工业等经济利益较弱的领域,市场占比很少。在"商用"领域内,优势的行业或优势的企业也往往占据了大量的大数据资源。例如,大型互联网公司的大数据发展指数对比中小企业的就呈现碾压态势。大数据的"政用""民用"和"工用"对于改善民生、辅助政府决策、提升工业信息化水平、推动社会进步可以起到巨大的作用。因此大数据的发展应该更加均衡,这也符合国家大数据战略中服务经济社会发展和人民生活改善的方向。

12.5.2 大数据的伦理规则

为了有效保护个人数据权利,促进数据的共享流通,世界各国对大数据产业发展提出了各自的伦理和法律规制方案。欧盟在2018年5月起正式实施《通用数据保护条例》(GDPR),也成为世界各国在个人数据立法方面的重要参考。GDPR充分保障数据主权,其地域适用范围可适用于欧盟境外的企业。GDPR将"同意"作为数据处理的法律基础,由"同意"来行使个人数据权利,相应地体现透明机制。GDPR建立有效的问责机制和惩罚机制,高额的罚款让企业不得不进行数据合规。规模以上企业应设立数据保护专员(DPO),DPO机制就相当于内审机制,企业可以专业地、实时地进行内审合规。GDPR的立法理念和部分条款值得我们参考,我们可以结合我国大数据产业现状,建立起一套符合我国大数据产业的伦理规制体系和法律保障体系,为我国大数据战略实施保驾护航。

大数据战略已经成为我国的国家战略,从国家到地方都纷纷出台大数据产业的发展规划和政策条例。2013年2月1日正式颁布并实施《信息安全技术公共及商用服务信息系统个人信息保护指南》,2016年实施《中华人民共和国网络安全法》。

1. 建立规范的数据共享机制和数据共享标准

以开放共享的伦理精神为指导,建立规范的数据共享机制,解决目前大数据产业由于开放共享伦理的缺位和泛滥而导致的数据孤岛、共享缺失、权力极化、资源危机,以及数据滥用、共享滥用、权力滥用、侵犯人权两类极端的问题。同时针对不同的数据类型和不同行业领域的数据价值开发制定合理的数据共享标准。最终达到维护国家数据主权保障机构和个人的数据权利,优化大数据产业结构,保障大数据产业健康发展的目标。

2. 尊重个人的数据权利,提高国民大数据素养

大数据技术创新、研发和应用的目的是促进人的幸福和提高人生活质量,任何行动都应根据不伤害人和有益于人的伦理原则给予评价。大数据产业的发展应当以尊重和保护个人的数据权利为前提,个人的数据权利主要包括访问权、修改权、删除或遗忘权、可携带权、决定权。随着社会各界越来越关注个人的数据权利,我国不仅在大数据产业的发展中应尊重个人的数据权利,在国家立法层面也应逐步完善保护个人信息的立法。

相对于机构,个人处于弱势,国民应提高大数据素养,主动维护自身的数据权利。因此,我们应普及大数据伦理的宣传和教育,专家学者要从多方面向企业、政府和公众开展大数据讲座,帮助群众提升大数据素养,以缩小甚至消除个人数据权利和机构数据权力的失衡。

3. 建立大数据算法的透明审查机制

大数据算法是大数据管理与挖掘的核心主题,大数据的处理、分析、应用都是由大数据算法来支撑和实现的。随着大数据"杀熟"、大数据算法歧视等事件的出现,社会对大数据算法的"黑盒子"问题的质疑也越来越多。企业和政府在使用数据的过程中,必须提高该过程中对公众的透明度,"将选择权回归个人"。例如,应该参照药品说明书建立大数据算法的透明审查机制,向社会公布大数据算法的"说明书"。药品说明书不仅包含药品名称、规格、生产企业、有效期、主要成分、适应证、用法用量等基本药品信息,还包含了药理作用、药代动力学等重要信息。对大数据算法的管理应参照这类说明书的管理规定。

4. 建立大数据行业的道德自律机制和监督平台

企业在大数据产业中占主导地位,建立行业的道德自律对于解决大数据产业的伦理问题有积极作用,也是大数据产业健康发展的重要保障,因此应建立大数据行业的道德自律机制和共同监督平台。在目前相关伦理规范相对滞后的发展阶段,如果不加强道德自律建设,大数据技术就有可能引发灾难性的后果,因此加强道德自律建设必须从现在开始。

12.5.3 大数据安全法规进展

在我国,网络立法已经受到有关方面的高度重视,出台了多部有关网络使用规范、网络安全和网络知识产权保护的规定。如1997年5月20日修正的《中华人民共和国计算机信息网络国际联网管理暂行规定》,2000年发布的《互联网信息服务管理办法》《中文域名注册管理办法(试行)》《教育网站和网校暂行管理办法》《计算机病毒防治管理办法》《关于音像制品网上经营活动有关问题的通知》《计算机信息系统国际联网保密管理规定》和《全国人大常委会关于维护互联网安全的决定》等,这些管理规定的制定标志着我国网络法规的起步。

鉴于大数据的战略意义,我国高度重视大数据安全问题,发布了一系列大数据安全相关的法律法规和政策。2012年,云安全联盟(CSA)成立大数据工作组,旨在寻找大数据安全和隐私问题的解决方案。2013年7月,工业和信息化部公布了《电信和互联网用户个人信息保护规定》,明确电信业务经营者、互联网信息服务提供者收集、使用用户个人信息的规则和信息安全保障措施要求。2015年8月,国务院印发了《促进大数据发展行动纲要》,提出要健全大数据安全保障体系,完善法律法规制度和标准体系。2016年3月,第十二届全国全国人民代表大会第四次会议表决通过了《中华人民共和国国民经济和社会发展第十三个五年规划纲要》,提出把大数据作为基础性战略资源,明确指出要建立大数据安全管理制度,实行数据资源分类分级管理,保障安全、高效、可信。在产业界和学术界,对大数据安全的研究已经成为热点。国际标准化组织、产业联盟、企业和研究机构等都已开展相关研究,以解决大数据安全问题。

2016年,全国信息安全标准化技术委员会正式成立大数据安全标准特别工作组,负责大数据和云计算相关的安全标准化研制工作。在标准化方面,国家层面制定了《大数据服务安全能力要求》《大数据安全管理指南》《大数据安全能力成熟度模型》等数据安全标准。由于数据与业务关系紧密,各行业也纷纷出台了各自的数据安全分级分类标准,典型的如《银行数据资产安全分级标准与安全管理体系建设方法》《电信和互联网大数据安全管控分类分级实施指南》《JR/T 0158—2018 证券期货业数据分类分级指引》等,对各自业务领域的敏感数据按业务线条进行分类,按敏感等级(数据泄露后造成的影响)进行数据分级。安全防护系统可以根据相应级别的数据采用不同严格程度的安全措施和防护策略。在大数据安全产品领域,形成了平台厂商和第三方安全厂商的两类发展模式。

阿里巴巴不但是全国最大规模的电子商务公司,也是最大规模的公有云服务商,围绕其掌握的电子商务、智慧城市数据,致力于数据治理、反欺诈等数据安全工作;通信巨头华为依赖其布局全球的通信运维网络建立了可共享访问的"华为安全中心平台",可实时查看全球正在发生的攻击事件;第三方安全厂商阵营,除了有卫士通、深信服、绿盟等传统综合性网络安全企业,诸多创业公司也如雨后春笋般出现,包括明朝万达、天空卫士、中安威士等企业,它们围绕数据防泄露(LDP)、内部威胁防护(ITP)和数据安全态势等产品的数据安全整体解决方案和产品也各有优势;与此同时,顺丰速运深知数据安全的重要性,也在自身业务领域积极开展了围绕物流全生命周期、基于区块链的数据安全实践,成效显著。

我国一些新的与大数据等信息技术相关的法律法规如下。
- 《新一代人工智能伦理规范》(2021年9月25日)。
- 《关于进一步压实网站平台信息内容主体责任的意见》(2021年9月15日)。
- 《关于加强互联网信息服务算法综合治理的指导意见》(国信办发文〔2021〕7号)(2021年9月17日)。
- 《关于进一步严格管理切实防止未成年人沉迷网络游戏的通知》及国家新闻出版署有关负责人就《关于进一步严格管理切实防止未成年人沉迷网络游戏的通知》答记者问(2021年8月30日)。
- 关于进一步加强"饭圈"乱象治理的通知(2021年08月27日)。
- 《中华人民共和国个人信息保护法》已由中华人民共和国第十三届全国人民代表大会常务委员会第三十次会议于2021年8月20日通过,现予公布,自2021年11月1日起施行(2021年8月20日)。
- 《汽车数据安全管理若干规定(试行)》正式公布,自2021年10月1日起施行(2021年8月16日)。
- 《人民日报》头版发布《中国共产党党内法规体系》一文。与此同时,《中国共产党党内法规汇编》由法律出版社公开出版发行,该书正式解密公开了《党委(党组)网络安全工作责任制实施办法》(2017年8月15日中共中央批准2017年8月15日中共中央办公厅发布)(2021年8月4日)。
- 国务院总理李克强签署第745号国务院令,公布《关键信息基础设施安全保护条例》,自2021年9月1日起施行。司法部、网信办、工业和信息化部、公安部负责人就《条例》有关问题回答了记者提问(2021年7月30日)。
- 《最高人民法院关于审理使用人脸识别技术处理个人信息相关民事案件适用法律若干问题的规定》及最高法相关负责人就审理使用人脸识别技术处理个人信息相关民事案件的司法解释回答记者提问(2021年7月28日)以及全国信安标委征求《信息安全技术人脸识别数据安全要求》国家标准(征求意见稿)意见(2021年4月23日)。

- 《关于落实网络餐饮平台责任切实维护外卖送餐员权益的指导意见》(国市监网监发〔2021〕38号)(2021年7月26日)以及国务院新闻办公室举行国务院政策例行吹风会,介绍国务院常务会议审议通过的《关于维护新就业形态劳动者劳动保障权益的指导意见》相关情况(2021年8月18日),向"美团"发出的国家市场监督管理总局行政指导书(国市监行指〔2021〕2号)(2021年10月8日)以及关于印发《浙江省维护新就业形态劳动者劳动保障权益实施办法》的通知(2021年10月12日)。
- 《数字经济对外投资合作工作指引》(2021年7月23日)。
- 《网络产品安全漏洞管理规定》(2021年7月13日)。
- 《人民法院在线诉讼规则》,已于2021年5月18日由最高人民法院审判委员会第1838次会议通过,自2021年8月1日起施行(2021年6月16日)。
- 《中华人民共和国数据安全法》由第十三届全国人民代表大会常务委员会第二十九次会议通过,自2021年9月1日起施行(2021年6月10日)。
- 《中华人民共和国反外国制裁法》全文及官方答记者问(2021年6月10日)。
- 《关于加强重点领域信用监管的实施意见》(国市监信发〔2021〕28号)(2021年6月8日)。
- 《网络直播营销管理办法(试行)》,自2021年5月25日起施行。国家网信办负责人就《网络直播营销管理办法(试行)》答记者问(2021年4月23日)。
- 关于印发《常见类型移动互联网应用程序必要个人信息范围规定》的通知(国信办秘字〔2021〕14号)(2021年3月22日)及国家网信办负责人就《常见类型移动互联网应用程序必要个人信息范围规定》答记者问(2021年4月29日)。
- 《广播电视法(征求意见稿)》征求意见(全文及起草说明)(2021年3月16日)。
- 《网络交易监督管理办法》全文及答记者问(2021年3月16日)。
- 《关于加强网络直播规范管理工作的指导意见》(国信办发文〔2021〕3号)(2021年2月9日)。
- 《关于平台经济领域的反垄断指南》全文及官方解读(2021年2月7日)。

【作　　业】

1. 要在业务中运用大数据,就不可避免地会遇到(　　)问题。
   A. 设备　　　　B. 隐私　　　　C. 资金　　　　D. 场地
2. 涉及个人及其相关信息的经营者,在确定使用目的的基础上(　　)用户同意,并在使用目的发生变化时以易懂的形式告知。
   A. 事后征得　　B. 无须征求　　C. 事先征得　　D. 匿名得到
3. (　　)年2月23日,美国《消费者隐私权法案》正式颁布。这项法案对消费者的权利进行了具体规定。
   A. 2018　　　　B. 1956　　　　C. 2021　　　　D. 2012
4. 美国《消费者隐私权法案》中对消费者的(　　)权利规定了企业可收集哪些个人数据,并如何使用这些数据,消费者拥有控制权。

A. 个人控制　　　　B. 透明度　　　　　C. 安全　　　　　　D. 尊重背景

5. 在美国《消费者隐私权法案》中,(　　)是指对于隐私权及安全机制的相关信息,消费者拥有知情、访问的权利。前者的价值在于加深消费者对隐私风险的认识,并让风险变得可控。

A. 个人控制　　　　B. 透明度　　　　　C. 安全　　　　　　D. 尊重背景

6. 在美国《消费者隐私权法案》中,(　　)权利是指消费者有权期望企业按照与自己提供数据时的背景相符的形式对个人信息进行收集、使用和披露。

A. 个人控制　　　　B. 透明度　　　　　C. 安全　　　　　　D. 尊重背景

7. 在美国《消费者隐私权法案》中,(　　)权利是指消费者有权要求个人数据得到安全保障,且负责任地被使用。

A. 个人控制　　　　B. 透明度　　　　　C. 安全　　　　　　D. 尊重背景

8. 在美国《消费者隐私权法案》的消费者7项权利中,对于准备运用大数据的经营者来说,(　　)是尤为重要的一条。

A. 第三条"尊重背景"　　　　　　　　B. 第二条"透明度"
C. 第四条"安全"　　　　　　　　　　D. 第一条"个人控制"

9. 传统的信息安全侧重于(　　)的管理,更多地将其作为企业/机构的自有资产进行相对静态的管理。

A. 基础设施　　　　B. 数据算法　　　　C. 信息设备　　　　D. 信息内容

10. 大数据的安全不仅是大数据平台的安全,而是以(　　)为核心,在全生命周期各阶段流转过程中,在采集汇聚、存储处理、共享使用等方面都面临新的安全挑战。

A. 管理　　　　　　B. 数据　　　　　　C. 设备　　　　　　D. 网络

11. 数据安全的一个方面是(　　)。在加强技术保护的同时,加强全民的信息安全意识,完善信息安全的政策和流程至关重要。

A. 管理　　　　　　B. 数据　　　　　　C. 设备　　　　　　D. 网络

12. 所谓数据安全风险信息,是通过检测、评估、信息搜集、授权监测等手段获取的,其中包括(　　)。

① 数据泄露　　② 算法白盒　　③ 数据篡改　　④ 数据滥用
A. ①②④　　　　B. ①②③　　　　C. ②③④　　　　D. ①③④

13. 所谓数据安全风险信息,是通过检测、评估、信息搜集、授权监测等手段获取的,其中包括(　　)。

① 违规传输　　② 非法访问　　③ 流量异常　　④ 过程紊乱
A. ①②④　　　　B. ①②③　　　　C. ②③④　　　　D. ①③④

14. (　　)安全是指:在大数据环境下,物联网、5G技术的发展带来各种不同的终端接入方式和各种各样的数据应用,对鉴别大数据源头的真实性提出了挑战,数据来源是否可信,源数据是否被篡改,都是需要防范的风险。

A. 存储处理　　　　B. 算法优化　　　　C. 采集汇聚　　　　D. 共享使用

15. (　　)安全是指:在大数据平台上,采用新的处理范式和数据处理方式,存储平台同时也是计算平台,一个平台内可以同时具有多种数据处理模式,完成多种业务处理,导致边界模糊,传统的安全防护方式难以奏效。
  A. 存储处理 B. 算法优化 C. 采集汇聚 D. 共享使用

16. ( )安全是指:互联网给人们生活带来方便,同时也使得个人信息的保护变得更加困难。
  A. 存储处理 B. 算法优化 C. 采集汇聚 D. 共享使用

17. 大数据管理具有分布式、无中心、多组织协调等特点。因此有必要从( )三个维度去认识数据管理技术涉及的数据内涵,分析和理解数据管理过程中需要采用的IT安全技术及其管控措施和机制。
  ① 拓扑结构 ② 数据语义 ③ 生命周期 ④ 信息技术
  A. ①②④ B. ①②③ C. ②③④ D. ①③④

18. 大数据的安全技术体系是大数据安全管理、安全运行的技术保障。以密码基础设施、( )、安全监测预警等五大安全基础设施为支撑服务。
  ① 认证基础设施   ② 可信服务管理
  ③ 生命周期回溯   ④ 密钥管理设施
  A. ①②④ B. ①②③ C. ②③④ D. ①③④

19. 大数据产业面临的伦理问题正日益成为阻碍其发展的瓶颈。这些问题主要包括( ),这三个问题影响了大数据的生产、采集、存储、交易流转和开发使用全过程。
  ① 认证与诚信基础   ② 数据主权和数据权问题
  ③ 隐私权和自主权的侵犯问题 ④ 数据利用失衡问题
  A. ①②④ B. ①②③ C. ②③④ D. ①③④

20. 为了有效保护个人数据权利,促进数据的共享流通,欧盟在( )年5月起正式实施《通用数据保护条例》(GDPR),这也成为世界各国在个人数据立法方面的重要参考。
  A. 2018 B. 1956 C. 2021 D. 2012

【实验与思考】 熟悉大数据安全定义与法规

1. 实验目的

(1) 熟悉和尊重大数据时代的消费者隐私权。
(2) 熟悉大数据的安全问题,了解大数据安全问题的管理维度。
(3) 了解大数据的安全体系和主要安全技术。
(4) 熟悉大数据伦理,了解大数据相关的法律法规。

2. 工具/准备工作

在开始本实验之前,请认真阅读课程的相关内容。
需要准备一台带有浏览器、能够访问因特网的计算机。

3. 实验内容与步骤

(1) 请结合查阅相关文献资料,为"大数据安全"给出一个比较权威性的定义。

答：_____

（2）请结合查阅相关文献资料，为"大数据伦理"给出一个权威性的定义。
答：_____

（3）请简单阐述大数据技术的应用为什么要重视伦理素养的培养与建设。
答：_____

4. 实验总结

_____

5. 实验评价（教师）

_____

数据科学与数据科学家

【导读案例】

得数据者得天下

我们的衣食住行都与大数据有关,每天的生活都离不开大数据,每个人都被大数据裹挟着。大数据提高了我们的生活品质,为每个人提供创新平台和机会。

大数据通过数据整合分析和深度挖掘发现规律,创造价值,进而建立起物理世界到数字世界到网络世界的无缝链接。在大数据时代,线上与线下、虚拟与现实、软件与硬件跨界融合,将重塑我们的认知和实践模式,开启一场新的产业突进与经济转型革命。

国家行政学院常务副院长马建堂说,大数据其实就是海量的、非结构化的、电子形态存在的数据,通过数据分析,能产生价值、带来商机的数据。

而《大数据时代》的作者维克多·舍恩伯格这样定义大数据:"大数据是人们在大规模数据的基础上可以做到的事情,而这些事情在小规模数据的基础上无法完成。"

1. 大数据是"21世纪的石油和金矿"

工业和信息化部部长苗圩在为《大数据领导干部读本》作序时形容大数据为"21世纪的石油和金矿",是一个国家提升综合竞争力的又一关键资源。

而马建堂在致辞中也指出,大数据可以大幅提升人类认识和改造世界的能力,正以前所未有的速度颠覆着人类探索世界的方法,焕发出变革经济社会的巨大力量。"得数据者得天下"已成全球普遍共识。

"从资源的角度看,大数据是'未来的石油';从国家治理的角度看,大数据可以提升治理效率、重构治理模式,将掀起一场国家治理革命;从经济增长角度看,大数据是全球经济低迷环境下的产业亮点;从国家安全角度看,大数据能成为大国之间博弈和较量的利器。"马建堂在《大数据领导干部读本》的序言中这样界定大数据的战略意义。

总之,国家竞争焦点因大数据而改变,国家间的竞争将从资本、土地、人口、资源转向对大数据的争夺,全球竞争版图将分成数据强国和数据弱国两大新阵营。

苗圩在《大数据领导干部读本》序言中说,数据强国主要表现为拥有数据的规模、活跃程度及解释、处置、运用的能力。数字主权将成为继边防、海防、空防之后另一大国博弈的空间。谁掌握了数据的主动权和主导权,谁就能赢得未来。新一轮的大国竞争,并不只是在硝烟弥漫的战场,更是通过大数据增强对整个世界局势的影响力和主导权。

2. 大数据可促进国家治理变革

专家们普遍认为,大数据的渗透力远超人们想象,它正改变甚至颠覆我们所处的时代,将对经济社会发展、企业经营和政府治理等方方面面产生深远影响。

的确,大数据不仅是一场技术革命,还是一场管理革命。它提升人们的认知能力,是促进国家治理变革的基础性力量。在国家治理领域,打造阳光政府、责任政府、智慧政府建设都离不开大数据,大数据为解决以往的"顽疾"和"痛点"提供强大支撑;大数据还能将精准医疗、个性化教育、社会监管、舆情监测预警等以往无法实现的环节变得简单、可操作。

中国行政体制改革研究会副会长周文彰认同大数据是一场治理革命。他说:"大数据将通过全息数据呈现,使政府从'主观主义''经验主义'的模糊治理方式迈向'实事求是''数据驱动'的精准治理方式。在大数据条件下,'人在干、云在算、天在看',数据驱动的'精准治理体系''智慧决策体系''阳光权力平台'都将逐渐成为现实。"

马建堂在为《大数据领导干部读本》作序时也说,对于决策者而言,大数据能实现整个苍穹尽收眼底,可以解决"坐井观天""一叶障目""瞎子摸象"和"城门失火,殃及池鱼"的问题。另外,大数据是人类认识世界和改造世界能力的升华,能提升人类"一叶知秋""运筹帷幄,决胜千里"的能力。

专家们认为,大数据时代开辟了政府治理现代化的新途径:大数据助力决策科学化,公共服务个性化、精准化;实现信息共享融合,推动治理结构变革,从一元主导到多元合作;大数据催生社会发展和商业模式变革,加速产业融合。

3. 中国具备数据强国潜力,2020年数据规模位居第一

2015年是中国建设制造强国和网络强国承前启后的关键之年。此后的中国,大数据充当着越来越重要的角色,中国也具备成为数据强国的优势条件。

马建堂说,近年来,党中央、国务院高度重视大数据的创新发展,准确把握大融合、大变革的发展趋势,制定发布了《中国制造2025》和"互联网+"行动计划,出台了《关于促进大数据发展的行动纲要》,为我国大数据的发展指明了方向,可以看作是大数据发展"顶层设计"和"战略部署",具有划时代的深远影响。

工信部为正在构建大数据产业链,推动公共数据资源开放共享,将大数据打造成经济提质增效的新引擎。

另外,中国是人口大国、制造业大国、互联网大国、物联网大国,这些都是最活跃的数据生产主体,未来几年成为数据大国也是逻辑上的必然结果。中国成为数据强国的潜力极为突出,2010年中国数据占全球比例为10%,2013年占比为13%,2020年占比达18%。不久,中国的数据规模将超过美国,位居世界第一。专家指出,中国许多应用领域已与主要发达国家处于同一起跑线上,具备了厚积薄发、登高望远的条件,在新一轮国际竞争和大国博弈中具有超越的潜在优势。中国应顺应时代发展趋势,抓住大数据发展带来的契机,拥抱大数据,充分利用大数据提升国家治理能力和国际竞争力。

阅读上文,请思考、分析并简单记录:

(1) 时任国家工业和信息化部部长苗圩曾经将大数据形容为"21世纪的石油和金矿",是国家提升综合竞争力的又一关键资源,它可以大幅提升人类认识和改造世界的能力。请简述你对大数据发展的看法。

答：_____
_____
_____

(2) 有专家认为,大数据是一场治理革命,它将通过全息数据呈现,使政府从"主观主义""经验主义"的模糊治理方式,迈向"实事求是""数据驱动"的精准治理方式。请通过网络搜索,给出"数据驱动"的简单定义。

答：_____
_____
_____

(3) 中国是人口大国、制造业大国、互联网大国、物联网大国,这些都是最活跃的数据生产主体,未来几年成为数据大国也是逻辑上的必然结果。请简述社交互联网、物联网和工业互联网对大数据来源的意义。

答：_____
_____
_____
_____

(4) 请简单描述你所知道的上一周发生的国际、国内或者身边的大事。

答：_____
_____
_____
_____

13.1 计算思维

所谓数据素养,是指具备数据意识和数据敏感性,能够有效且恰当地获取、分析、处理、利用和展现数据,是对统计素养、媒介素养和信息素养的一种延伸和扩展。可以从五个维度来思考数据素养,即对数据的敏感性;数据的收集能力;数据的分析、处理能力;利用数据进行决策的能力;对数据的批判性思维。

第一次明确使用"计算思维"这一概念的是美国卡内基-梅隆大学计算机科学系主任周以真教授(图13-1)。2006年3月,周教授在美国计算机权威期刊 Communications of the ACM 给出并定义了计算思维。

图13-1 周以真在第九届教育部教学研讨会上的演讲

13.1.1 计算思维的概念

周以真教授认为：计算思维是运用计算机科学的基础概念进行问题求解、系统设计以及人类行为理解等涵盖计算机科学之广度的一系列思维活动。

为了让人们更易于理解，周教授又将它进一步定义为：通过约简、嵌入、转化和仿真等方法，把一个看来困难的问题重新阐释成一个我们知道问题怎样解决的方法；是一种递归思维、并行处理，把代码译成数据，又能把数据译成代码的方法；是一种多维分析推广的类型检查方法；是一种采用抽象和分解来控制庞杂的任务或进行巨大复杂系统设计的方法；是基于关注分离的方法，即在系统中为达到目的而对软件元素进行划分与对比，通过适当的关注分离，将复杂的东西变成可管理的。计算思维也是一种选择合适的方式去陈述一个问题，或对一个问题的相关方面建模，使其易于处理的思维方法；是按照预防、保护及通过冗余、容错、纠错的方式，并从最坏情况进行系统恢复的一种思维方法；是利用启发式推理寻求解答，也即在不确定情况下的规划、学习和调度的思维方法；是利用海量数据来加快计算，在时间和空间之间、在处理能力和存储容量之间进行折中的思维方法。

计算思维吸取了问题解决所采用的一般数学思维方法，现实世界中巨大复杂系统的设计与评估的一般工程思维方法，以及复杂性、智能、心理、人类行为的理解等的一般科学思维方法。

计算思维建立在计算过程的能力和限制之上。计算方法和模型使我们敢于去处理那些原本无法由个人独立完成的问题求解和系统设计。计算思维直面机器智能的不解之谜：最基本的问题是，什么是可计算的？

计算思维最根本的内容，即其本质是抽象和自动化。计算思维中的抽象完全超越物理的时空观，并完全用符号来表示，其中，数字抽象只是一类特例。

与数学和物理科学相比，计算思维中的抽象显得更为丰富，也更为复杂。数学抽象的最大特点是抛开现实事物的物理、化学和生物学等特性，而仅保留其量的关系和空间的形式，而计算思维中的抽象却不仅仅如此。

13.1.2 计算思维的作用

计算思维是每个人的基本技能（图13-2）。在培养学生的解析能力时，不仅要掌握阅读、写作和算术（Reading，wRiting，and aRithmetic——3R），还要学会计算思维。正如印刷出版促进了3R的普及，计算和计算机也以类似的正反馈促进了计算思维的传播。

当我们必须求解一个特定问题时，首先会问：解决这个问题有多么困难？怎样才是最佳的解决方法？计算机科学根据坚实的理论基础来准确地回答这些问题。表述问题的难度就是工具的基本能力，必须考虑的因素包括机器的指令系统、资源约束和操作环境。

为了有效地求解一个问题，我们可能要进一步问：一个近似解是否就够了，是否可以利用一下随机化，以及是否允许误报和漏报。计算思维就是通过约简、嵌入、转化和仿真等方法，把一个看来困难的问题重新阐释成一个我们知道怎样解决的问题。

计算思维是一种递归思维，它是并行处理，把代码译成数据，又把数据译成代码。它是由广义量纲分析进行的类型检查。对于别名或赋予人与物多个名字的做法，它既知道

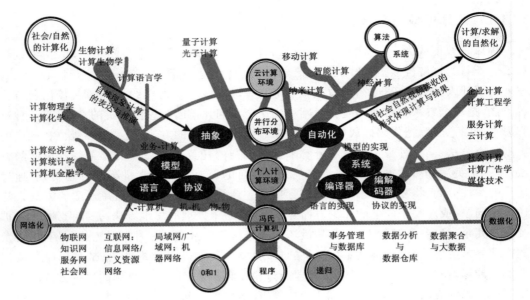

图 13-2 计算之树：计算思维教育空间

其益处，又了解其害处。对于间接寻址和程序调用的方法，它既知道其威力，又了解其代价。它评价一个程序时，不仅仅根据其准确性和效率，还有美学的考量，而对于系统的设计，还考虑简洁和优雅。

计算思维通过抽象和分解来迎接庞杂的任务，或者设计巨大复杂的系统。它是关注的分离，选择合适的方式去陈述一个问题，或选择合适的方式对一个问题的相关方面建模，使其易于处理。它是利用不变量简明扼要且表述性地刻画系统的行为。它使我们在不必理解每一个细节的情况下就能够安全地使用、调整和影响一个大型复杂系统的信息。它就是为预期的未来应用而进行的预取和缓存。

计算思维是按照预防、保护及通过冗余、容错、纠错的方式，从最坏情形恢复的一种思维。它称堵塞为"死锁"，称约定为"界面"。计算思维就是学习在同步相互会合时如何避免"竞争条件"(亦称"竞态条件")的情形。

计算思维利用启发式推理来寻求解答，就是在不确定情况下的规划、学习和调度。它就是搜索，搜索，再搜索，结果是一系列的网页，一个赢得游戏的策略或者一个反例。计算思维利用海量数据来加快计算，在时间和空间之间、在处理能力和存储容量之间进行权衡。

计算思维将渗透到我们每个人的生活之中，到那时，诸如算法和前提条件这些词汇将成为每个人日常语言的一部分，对"非确定论"和"垃圾收集"这些词的理解会和计算机科学里的含义趋近，而树已常常被倒过来画了。

我们已经见证了计算思维在其他学科中的影响。例如，机器学习改变了统计学。就数学尺度和维数而言，统计学习用于各类问题的规模仅在几年前还是不可想象的。各种组织的统计部门都聘请了计算机科学家。计算机院系正在与统计学系联姻。

计算机科学家们对生物科学越来越感兴趣，因为他们坚信生物学家能够从计算思维中获益。计算机科学对生物学的贡献决不限于其能够在海量序列数据中搜索寻找模式规律的本领。最终希望是数据结构和算法(我们自身的计算抽象和方法)能够以其体现自身功能的方式来表示蛋白质的结构。计算生物学正在改变着生物学家的思考方式。类似地,计算博弈理论正改变着经济学家的思考方式,纳米计算改变着化学家的思考方式,量子计算改变着物理学家的思考方式。

这种思维将成为每个人的技能组合成分,而不仅仅限于科学家。普适计算之于今天就如计算思维之于明天。普适计算是已成为今日现实的昨日之梦,而计算思维就是明日现实。

13.1.3 计算思维的特点

计算思维有以下几个特点。

(1) 概念化,不是程序化。计算机科学不是计算机编程。像计算机科学家那样去思维意味着远不止能为计算机编程,还要求能够在抽象的多个层次上思维。

许多人将计算机科学等同于计算机编程。许多人为主修计算机科学的学生们看到的只是一个狭窄的就业范围。许多人认为计算机科学的基础研究已经完成,剩下的只是工程问题。当我们行动起来去改变这一领域的社会形象时,计算思维就是一个引导着计算机教育家、研究者和实践者的宏大愿景。

(2) 根本的,不是刻板的技能。根本技能是每一个人为了在现代社会中发挥职能所必须掌握的。刻板技能意味着机械地重复。具有讽刺意味的是,当计算机像人类一样思考之后,思维可就真的变成机械的了。

(3) 是人的,不是计算机的思维方式。计算思维是人类求解问题的一条途径,但决非要使人类像计算机那样地思考。计算机枯燥且沉闷,人类聪颖且富有想象力。是人类赋予计算机激情。配置了计算设备,就能用自己的智慧去解决那些在计算时代之前不敢尝试的问题,实现"只有想不到,没有做不到"的境界。

(4) 数学和工程思维的互补与融合。计算机科学在本质上源自数学思维,因为像所有的科学一样,其形式化基础建筑于数学之上。计算机科学又从本质上源自工程思维,因为人们建造的是能够与实际世界互动的系统,基本计算设备的限制迫使计算机学家必须计算性地思考,不能只是数学性地思考。构建虚拟世界的自由使我们能够设计超越物理世界的各种系统。

(5) 是思想,不是人造物。不只是人们生产的软件硬件等人造物将以物理形式到处呈现,并时时刻刻触及人们的生活,更重要的是还将有人们用以接近和求解问题、管理日常生活、与他人交流和互动的计算概念;而且面向所有的人、所有地方。当计算思维真正融入人类活动的整体,以致不再表现为一种显式之哲学的时候,它就将成为一种现实(图 13-3)。

图 13-3 计算思维

因此,特别需要向人们传送下面两个主要信息。

(1) 智力上的挑战和引人入胜的科学问题依旧亟待理解和解决。这些问题和解答仅仅受限于人们自己的好奇心和创造力。一个人可以主修英语或数学,接着从事各种各样的职业。计算机科学也一样。一个人可以主修计算机科学,接着从事医学、法律、商业、政治,以及任何类型的科学和工程,甚至艺术工作。

(2) 应该让"怎么像计算机科学家一样思维"这样的课程面向所有专业,而不仅仅是计算机科学专业的学生。应当使广大学生接触计算的方法和模型,设法激发公众对计算机领域科学探索的兴趣。应当传播计算机科学的快乐和力量,致力于使计算思维成为常识。

13.2 数据工程师的社会责任

数据工程师的社会责任

计算机、网络、大数据和人工智能技术正在使世界经历一场巨大的变革,这种变革不但体现在人们的日常工作和生活中,而且深刻地反映在社会经济、文化等各个方面。比如:网络信息的膨胀正在逐步瓦解信息集中控制的现状;与传统的通信方式相比,计算机通信更有利于不同性别、种族、文化和语言的人们之间的交流,更有助于减少交流中的偏见和误解。

图 13-4　社会信息化程度

13.2.1　职业化和道德责任

"职业化"通常也被称为"职业特性""职业作风"或"专业精神"等,应该视为从业人员、职业团体及其服务对象——公众之间的三方关系准则。该准则是从事某一职业,并得以生存和发展的必要条件。实际上,该准则隐含地为从业人员、职业团体(由雇主作为代表)和公众(或社会)拟订了一个三方协议,其中规定的各方的需求、期望和责任就构成了职业化的基本内涵。如从业人员希望职业团体能够抵制来自社会的不合理要求,能够对职业目标、指导方针和技能要求不断进行检查、评价和更新,从而保持该职业的吸引力。反过来,职业团体也对从业人员提出了要求,要求从业人员具有与职业理想相称的价值观念,具有足够的、完成规定服务所要求的知识和技能。类似地,社会对职业团体以及职业团体对社会都具有一定的期望和需求。任何领域提供的任何一项专业服务都应该达到三方的满意,至少能够使三方彼此接受对方。

"职业化"是一个适用于所有职业的总的原则性协议,但具体到某一个行业时,还应考虑其自身特殊的要求。虽然职业道德规范没有法律法规所具有的强制性,但遵守这些规范对行业的健康发展是至关重要的。

道德准则被设计来帮助计算机专业人士决定其有关道德问题的判断。许多专业机构(如美国计算机协会、英国计算机协会、澳大利亚计算机协会以及美国计算机伦理研究所等)都颁布了道德准则,每种准则在细节上存在着差别,为专业人士行为提供了整体指南准则。

计算机伦理研究所颁布的最短准则如下。

(1) 不要使用计算机来伤害他人。
(2) 不要干扰他人的计算机工作。
(3) 不要监控他人的文件。
(4) 不要使用计算机来偷窃。
(5) 不要使用计算机来提供假证词。
(6) 不要使用或者复制你没有付费的软件。
(7) 不要在没有获得允许的情况下使用他人的计算机资源。
(8) 不要盗用他人的智能成果。
(9) 应该考虑到自己所编写程序的社会后果。
(10) 使用计算机时应该体现出对信息的尊重。

13.2.2 ACM职业道德责任

美国计算机协会(ACM)为专业人士行为制定的道德准则包含21条,包括"美国计算机协会成员必须遵守现有的本地、州、地区、国家以及国际法律,除非有明确准则要求不必这样做。"

在计算机日益成为各个领域及各项社会事务中心角色的今天,那些直接或间接从事软件设计和软件开发的人员,有着既可从善也可从恶的极大机会,还可影响周围其他从事该职业的人的行为。为保证使其尽量发挥有益的作用,就必须要求软件工程师致力于使软件工程成为一个有益的和受人尊敬的职业。为此,1998年,IEEE-CS和ACM联合特别工作组在对多个计算学科和工程学科规范进行广泛研究的基础上,制定了软件工程师职业化的一个关键规范《软件工程资格和专业规范》。该规范不代表立法,它只是向实践者指明社会期望他们达到的标准,以及同行们的共同追求和相互期望。该规范要求软件工程师应该坚持以下8项道德规范。

原则1:公众。从职业角色来说,软件工程师应当始终关注公众的利益,按照与公众的安全、健康和幸福相一致的方式发挥作用。

原则2:客户和雇主。软件工程师应当有一个认知,即什么是其客户和雇主的最大利益。他们应当总是以职业的方式担当他们的客户或雇主的忠实代理人和委托人。

原则3:产品。软件工程师应当尽可能地确保他们开发的软件对于公众、雇主、客户以及用户是有用的,在质量上是可接受的,在时间上要按期完成并且费用合理,同时没有错误。

原则4：判断。软件工程师应当完全坚持自己独立自主的专业判断，并维护其判断的声誉。

原则5：管理。软件工程的管理者和领导应当通过规范的方法赞成和促进软件管理的发展与维护，并鼓励他们所领导的人员履行个人和集体的义务。

原则6：职业。软件工程师应该提高他们职业的正直性和声誉，并与公众的兴趣保持一致。

原则7：同事。软件工程师应该公平合理地对待他们的同事，并应该采取积极的步骤支持社团的活动。

原则8：自身。软件工程师应当在他们的整个职业生涯中积极参与有关职业规范的学习，努力提高从事自己的职业应该具有的能力，以推进职业规范的发展。

13.2.3 软件工程师道德基础

在软件开发的过程中，软件工程师及工程管理人员不可避免地会在某些与工程相关的事务上产生冲突。软件工程师应该以符合道德的方式减少和妥善地处理这些冲突。

1996年11月，IEEE道德规范委员会指定并批准了《工程师基于道德基础提出异议的指导方针》，提出了以下9条指导方针。

（1）确立清晰的技术基础：尽量弄清事实，充分理解技术上的不同观点，而且一旦证实对方的观点是正确的，就要毫不犹豫地接受。

（2）使自己的观点具有较高的职业水准，尽量使其客观和不带有个人感情色彩，避免涉及无关的事务和感情冲动。

（3）及早发现问题，尽量在最低层的管理部门解决问题。

（4）在因为某事务而决定单干之前，要确保该事务足够重要，值得为此冒险。

（5）利用组织的争端裁决机制解决问题。

（6）保留记录，收集文件。当认识到自己处境严峻的时候，应着手制作日志，记录自己采取的每一项措施及其时间，并备份重要文件，防止突发事件。

（7）辞职：当在组织内无法化解冲突的时候，要考虑自己是去还是留。选择辞职既有好处也有缺点，做出决定之前要慎重考虑。

（8）匿名：工程师在认识到组织内部存在严重危害，而且公开提请组织的注意可能会招致有关人员超出其限度的强烈反应时，对该问题的反映可以考虑采用匿名报告的形式。

（9）外部介入：组织内部化解冲突的努力失败后，如果工程人员决定让外界人员或机构介入该事件，那么不管他是否决定辞职，都必须认真考虑让谁介入。可能的选择有执法机关、政府官员、立法人员或公共利益组织等。

13.3　IEEE/ACM《计算学科教学计划》的相关要求

随着计算机技术（特别是网络技术）的迅猛发展和广泛应用，由新技术带来的诸如网络空间的自由化、网络环境下的知识产权、计算机从业人员的价值观与职业素质等社会和职业问题已极大地影响着信息产业的发展，并引起业界人士的高度重视。无论是购买计

数据科学与职业技能

算机还是选择职业,作为一个专业学生,同时也是消费者,了解计算机行业非常重要。

1990年,IEEE/ACM研究的《计算学科教学计划》(CC1991报告)将"社会、道德和职业的问题"列入计算学科主领域中,并强调它对计算学科的重要作用和影响。之后,CC2001充分肯定了CC1991关于"社会、道德和职业的问题"的论述,并将它改为"社会和职业的问题",继续强调它对计算学科的重要作用和影响。

"社会和职业的问题"属于学科价值观方面的内容。《计算学科教学计划》要求计算专业的学生不但要了解专业,还要了解社会。例如,要求学生了解计算学科的基本文化、社会、法律和道德方面的固有问题;了解计算学科的历史和现状;理解它的历史意义和作用。另外,作为未来的实际工作者,他们还应当具备其他方面的一些能力,如能够回答和评价有关计算机对社会的冲击这类严肃问题,并能预测将已知产品投放到给定环境中去会造成什么样的冲击;知道软件和硬件的卖方及用户的权益,并树立以这些权益为基础的道德观念;意识到他们各自承担的责任,以及不承担这些责任可能产生的后果等。

《计算学科教学计划》将"社会和职业的问题"主领域划分为以下10个子领域。

(1) 计算的历史。
(2) 计算的社会背景。
(3) 道德分析的方法和工具。
(4) 职业和道德责任。
(5) 基于计算机系统的风险与责任。
(6) 知识产权。
(7) 隐私与公民的自由。
(8) 计算机犯罪。
(9) 与计算有关的经济问题。
(10) 哲学框架。

13.4 数据科学与职业技能

数据科学可以简单地理解为预测分析和数据挖掘,是统计分析和机器学习技术的结合,用于获取数据中的推断和洞察力。相关方法包括回归分析、关联规则(如市场购物篮分析)、优化技术和仿真(如蒙特卡罗仿真用于构建场景结果)。

数据科学的典型技术和数据类型包括:
- 优化模型、预测模型、预报、统计分析。
- 结构化/非结构化数据、多种类型数据源、超大数据集。

商业智能和数据科学都是企业需要的,用于应对不断出现的各种商业挑战。商业智能和数据科学有不同的定位和范畴,商业智能更关注于过去的旧数据,其结果的商业价值相对较低;而数据科学更着眼于新数据和对未来的预测,其商业价值相对更高。但是,它们并不存在一个明确的划分,只是各有偏重而已。

大数据需要数据科学,数据科学要做到的不仅是存储和管理,而是预测式的分析(如果这样做,会发生什么)。数据学科是统计学的论证,真正利用到统计学的力量。只有这样才能从数据中获得经验和未来方向的指导。但是,数据科学并非简单的统计学,需要新的应用、新的平台和新的数据观,而不仅是现有的传统的基础架构与软件平台。

13.4.1 数据科学的重要技能

通常,数据科学的实践需要3个一般领域的技能,即商业洞察、计算机技术/编程和统计学/数学。而另一方面,不同工作对象的具体技能集合会有所不同。为探索数据科学家应该具有的职业技能,多个研究项目进行了不同的探索,综合得出数据科学从业人员相关的25项技能,如表13-1所示。

表13-1 数据科学中的25项技能

技能领域	技能详情
商业	1. 产品设计和开发 2. 项目管理 3. 商业开发 4. 预算 5. 管理和兼容性(如安全性)
技术	6. 处理非结构化数据(如 NoSQL) 7. 管理结构化数据(如 SQL、JSON、XML) 8. 自然语言处理(NLP)和文本挖掘 9. 机器学习(如决策树、神经网络、支持向量机、聚类) 10. 大数据和分布式数据(如 Hadoop、MapReduce、Spark)
数学 & 建模	11. 最优化(如线性、整数、凸优化、全局) 12. 数学(如线性代数、实变分析、微积分) 13. 图模型(如社会网络) 14. 算法(如计算复杂性、计算科学理论)和仿真(例如:离散、基于 Agent、连续) 15. 贝叶斯统计(如马尔可夫链蒙特卡罗方法)
编程	16. 系统管理(如 UNIX)和设计 17. 数据库管理(如 MySQL、NoSQL) 18. 云管理 19. 后端编程(如 Java、Rails、Objective C) 20. 前端编程(如 JavaScript、HTML、CSS)
统计	21. 数据管理(如重编码、去重复项、整合单个数据源、网络抓取) 22. 数据挖掘(如 R、Python、SPSS、SAS)和可视化(如图形、地图、基于 Web 的数据可视化)工具 23. 统计学和统计建模(如一般线性模型、时空数据分析、地理信息系统) 24. 科学/科学方法(如实验设计、研究设计) 25. 沟通(如分享结果、写作/发表、展示、博客)

* 可以使用这样的量表:不知道(0)、略知(20)、新手(40)、熟练(60)、非常熟练(80)、专家(100),来衡量对上述25项技能的熟悉程度。

表13-1列出的25项技能反映了通常与数据科学家相关的技能集合。在进行针对数据科学家的调查中,调查者要求数据专业人员指出他们在25项不同数据科学技能上的熟练程度。

在研究中，选择"中等了解"水平作为数据专业人员拥有该技能的标准。"中等了解"说明一个数据专业人员能够按照要求完成任务，并且通常不需要他人的帮助。一项基于620名数据专业人士的研究表明了这样的数字：商业经理＝250；开发人员＝222；创意人员＝221；专业研究人员＝353。

13.4.2　重要的数据科学技能

以拥有该技能的数据专业人员百分比对表 13-1 的 25 项技能进行排序。分析表明，所有数据专业人员中最常见的数据科学十大技能如下。

统计——沟通(87%)。

技术——处理结构化数据(75%)。

数学 & 建模——数学(71%)。

商业——项目管理(71%)。

统计——数据挖掘和可视化工具(71%)。

统计——科学/科学方法(65%)。

统计——数据管理(65%)。

商业——产品设计和开发(59%)。

统计——统计学和统计建模(59%)。

商业——商业开发(53%)。

许多重要的数据科学技能都属于统计领域：所有的 5 项与统计相关的技能都出现在前 10 项中，包括沟通、数据挖掘和可视化工具、科学/科学方法以及统计学和统计建模；另外，与商业洞察力相关的 3 项技能出现在前 10 项中，包括项目管理、产品设计以及开发；而没有编程技能出现在前 10 项中。

13.4.3　技能因职业角色而异

我们按不同的职业角色(商业经理、开发人员、创意人员、研究人员)来看看他们的十大技能。分析中指出了对于每个职业角色的数据专业人士所拥有每项技能的频率。可以看到，一些重要数据科学技能在不同角色中是通用的。这包括沟通、管理结构化数据、数学、项目管理、数据挖掘和可视化工具、数据管理以及产品设计和开发。然而，除了这些相似之处，还有相当大的差异。

1. 商业经理

那些认为自己是商业经理(尤其是领导者、商务人士和企业家)的数据专业人士中的十大数据科学技能如下。

统计——沟通(91%)。

商业——项目管理(86%)。

商业——商业开发(77%)。

技术——处理结构化数据(74%)。

商业——预算(71%)。

商业——产品设计和开发(70%)。

数学&建模——数学(65%)。

统计——数据管理(64%)。

统计——数据挖掘和可视化工具(64%)。

商业——管理和兼容性(61%)。

只与商业经理相关的重要技能,毫无疑问的是商业领域的。这些技能包括商业开发、预算以及管理和兼容性。

2. 开发人员

那些认为自己是开发工作者(尤其是开发者和工程师)的数据专业人士中的十大数据科学技能如下。

技术——管理结构化数据(91%)。

统计——沟通(85%)。

统计——数据挖掘和可视化工具(76%)。

商业——产品设计(75%)。

数学&建模——数学(75%)。

统计——数据管理(75%)。

商业——项目管理(74%)。

编程——数据库管理(73%)。

编程——后端编程(70%)。

编程——系统管理(65%)。

只与开发者相关的技能是技术和编程。这些重要的技能包括后端编程、系统管理以及数据库管理。虽然这些数据专业人员具备这些技能,但他们中只有少数人拥有那些在大数据世界中很重要的,更加技术化、更加依赖编程的技能。例如,少于一半人掌握云管理(42%)技术,大数据和分布式数据(48%)和NLP以及文本挖掘(42%)。思考这些百分比是否会随着更多数据科学项目的毕业生开始就业而上升。

3. 创意人员

那些认为自己是创意工作者(尤其是艺术家和黑客)的数据专业人士中的十大数据科学技能如下。

统计——沟通(87%)。

技术——处理结构化数据(79%)。

商业——项目管理(77%)。

统计——数据挖掘和可视化工具(77%)。

数学&建模——数学(75%)。

商业——产品设计和开发(68%)。

统计——科学/科学方法(68%)。

统计——数据管理(67%)。

统计——统计学和统计建模(63%)。

商业——商业开发(58%)。

这里并没有指针对创意人员的重要技能。事实上,他们的重要数据科学技能列表与那些研究者紧密匹配,十项中有八项一致。

4. 研究人员

那些认为自己是研究工作者(尤其是研究员、科学家和统计学家)的数据专业人士中的十大数据科学技能如下。

统计——沟通(90%)。

统计——数据挖掘和可视化工具(81%)。

数学 & 建模——数学(80%)。

统计——科学/科学方法(78%)。

统计——统计学和统计建模(75%)。

技术——处理结构化数据(73%)。

统计——数据管理(69%)。

商业——项目管理(68%)。

技术——机器学习(58%)。

数学——最优化(56%)。

研究人员的重要数据科学技能主要在统计领域。另外,只在研究工作者上体现的重要数据科学技能是高度定量性质,包括机器学习和最优化。

上述研究列举的重要数据科学技能取决于你正在考虑成为哪种类型的数据科学家。虽然一些技能看起来在不同专业人士间通用(尤其是沟通、处理结构化数据、数学、项目管理、数据挖掘和可视化工具、数据管理以及产品设计和开发),但是其他数据科学技能对特定领域也有独特之处。开发人员的重要技能包含与编程技能,研究人员则包含数学相关的技能,当然商业经理的重要技能包含商业相关的技能。

这些结果对数据专业人员感兴趣的领域和他们的招聘者及组织都有影响。数据专业人员可以使用结果来了解不同类型工作需要具备的技能种类。如果你有较强的统计能力,可能会寻找一个有较强研究成分的工作。了解你的技能并找到那些对应的工作。

13.5　数据科学家

通常,企业自身业务所产生的数据,再加上政府公开的统计数据,还有与数据聚合商等其他公司结成的战略联盟等,通过这些手段就可以获得业务上所需的数据了。

从技术方面来看,硬盘价格下降、NoSQL 数据库等技术的出现,使得和过去相比,大量数据能够以廉价高效的方式存储。此外,像 Hadoop 这样能够在通用性服务器上工作的分布式处理技术的出现,也使得对庞大的非结构化数据进行统计处理的工作比以往更快速且更廉价。

然而,就算拥有的工具再完美,工具本身是不可能让数据产生价值的。事实上,还需

数据科学家

要能够运用这种工具的专门人才,他们能够从堆积如山的大量数据中找到金矿,并将数据的价值以易懂的形式传达给决策者,最终得以在业务上实现。具备这种技能的人才就是数据科学家(图13-5)。数据科学家很可能是如今最热门的头衔之一,他们是数据科学行业的高层人才。他们会利用最新的科技手段处理原始数据,进行必要的分析,并以一种信息化的方式将获得的知识展示给他的同事。

图13-5　数据科学家

13.5.1　大数据生态系统关键角色

大数据的出现催生了新的数据生态系统。为了提供有效的数据服务,它需要3种典型角色。表13-2介绍了这3种角色,以及每种角色具有代表性的专业人员举例。

表13-2　新数据生态系统中的3个关键角色

角色	描述	专业人员举例
深度分析人才	通过定量学科(如数学、统计学和机器学习)高等训练的人员:精通技术,具有非常强的分析技能和处理原始数据、非结构化数据的综合能力,熟悉大规模复杂分析技术	数据科学家、统计学家、经济学家、数学家
数据理解专业人员	具有统计学和/或机器学习基本知识的人员:知道如何定义使用先进分析方法可以解决的关键问题	金融分析师、市场研究分析师、生命科学家、运营经理、业务和职能经理
技术和数据的使能者	提供专业技术,用于支持分析型项目的人员:技能包括计算机程序设计和数据库管理	计算机程序员、数据库管理员、计算机系统分析师

典型的分析型项目需要多种角色。值得注意的是,数据科学家自身结合了多种以前被分离的技能,成为一个单一的角色。以前是不同的人用于一个项目的各个方面,比如,有的人去应对业务线上的终端用户,另外的具有技术和定量专长的人去解决分析问题。数据科学家是这些方面的结合体,有助于提供连续性的分析过程。

对数据科学家的关注,源于大家逐步认识到,谷歌、亚马逊、脸书等公司成功的背后存在着这样的一批专业人才。这些互联网公司对于大量数据不是仅进行存储而已,而是将其变为有价值的金矿——例如,搜索结果、定向广告、准确的商品推荐、可能认识的好友列表等。

数据科学是一个很久之前就存在的词汇，但数据科学家却是几年前突然出现的一个新词。关于这个词的起源说法不一，其中在《数据之美》（托比·塞加兰、杰夫·哈默巴赫编著）一书中，对于脸书的数据科学家，有如下叙述：

"在脸书，我们发现传统的头衔，如商业分析师、统计学家、工程师和研究科学家都不能确切地定义我们团队的角色。该角色的工作是变化多样的：在任意给定的一天，团队的一个成员可以用 Python 实现一个多阶段的处理管道流、设计假设检验、用工具 R 在数据样本上执行回归测试、在 Hadoop 上为数据密集型产品或服务设计和实现算法，或者把我们分析的结果以清晰简洁的方式展示给企业的其他成员。为了掌握完成这多方面任务需要的技术，我们创造了'数据科学家'这种角色。"

数据科学家这个职业已经被誉为"今后 10 年 IT 行业最重要的人才"。谷歌首席经济学家、加州大学伯克利分校教授哈尔·范里安在 2008 年 10 月与麦肯锡总监詹姆斯·曼尼卡先生的对话中，曾经讲过下面一段话。

"我总是说，在未来 10 年里，最有意思的工作将是统计学家。人们都认为我在开玩笑。但是，过去谁能想到电脑工程师会成为 20 世纪 90 年代最有趣的工作？在未来 10 年里，获取数据——以便能理解它、处理它，从中提取价值，使其形象化，传送它的能力将成为一种极其重要的技能，不仅在专业层面上是这样，而且在教育层面（包括对中小学生、高中生和大学生的教育）也是如此。由于如今我们已真正拥有实质上免费的和无所不在的数据，因此，与此互补的稀缺要素是理解这些数据并从中提取价值的能力。"

范里安教授在当初的对话中使用的是统计学家一词，虽然当时他没有使用数据科学家这个词，但这里所指的，正是现在我们所讨论的数据科学家。

数据科学家的关键活动包括：
- 将商业挑战构建成数据分析问题。
- 在大数据上设计、实现和部署统计模型和数据挖掘方法。
- 获取有助于引领可操作建议的洞察力。

13.5.2 数据科学家所需的技能

数据科学家这一职业并没有固定的定义，但大体上指的是这样的人才："运用统计分析、机器学习、分布式处理等技术，从大量数据中提取出对业务有意义的信息，以易懂的形式传达给决策者，并创造出新的数据运用服务的人才。"

数据科学家所需的技能如下。

（1）计算机科学。一般来说，数据科学家大多要求具备编程、计算机科学相关的专业背景。简单来说，就是对处理大数据所必需的 Hadoop、Mahout 等大规模并行处理技术与机器学习相关的技能。

（2）数学、统计、数据挖掘等。除了数学、统计方面的素养之外，还需要具备使用 SPSS、SAS 等主流统计分析软件的技能。其中，面向统计分析的开源编程语言及其运行环境 R 最近备受瞩目。R 的强项不仅在于其包含了丰富的统计分析库，而且具备将结果进行可视化的高品质图表生成功能，并可以通过简单的命令来运行。

（3）数据可视化。信息的质量很大程度上依赖于其表达方式。对数字罗列所组成的数据中所包含的意义进行分析，开发 Web 原型，使用外部 API 将图表、地图等其他服务统一起来，从而使分析结果可视化，这对于数据科学家来说是十分重要的技能之一。

将数据与设计相结合，让晦涩难懂的信息以易懂的形式进行图形化展现的信息图最近正受到越来越多的关注，这也是数据可视化的手法之一（图 13-6）。

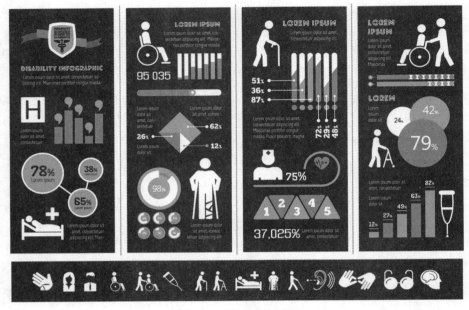

图 13-6 信息图的示例

作为参考，下面节选了脸书和推特的数据科学家招聘启事。对于现实中的企业需要怎样的技能，这则启事应该可以为大家提供一些更实际的体会。

脸书招聘数据科学家

脸书计划为数据科学团队招聘数据科学家。应聘该岗位的人，将担任软件工程师、量化研究员的工作。理想的候选人应对在线社交网络的研究有浓厚兴趣，找出创造最佳产品过程中所遇到的课题，并对解决这些课题拥有热情。

职务内容
- 确定重要的产品课题，并与产品工程团队密切合作，寻求解决方案
- 通过对数据运用合适的统计技术来解决课题
- 将结论传达给产品经理和工程师
- 推进新数据的收集以及对现有数据源的改良。对产品的实验结果进行分析和解读
- 找到测量、实验的最佳实践方法，传达给产品工程团队

必要条件
- 相关技术领域的硕士或博士学位，或者具备 4 年以上相关工作经验
- 对使用定量手段解决分析性课题拥有丰富的经验

- 能够轻松操作和分析来自各方的、复杂且大量的多维数据
- 对实证性研究以及解决数据相关的难题拥有极大的热情
- 能对各种精度级别的结果采用灵活的分析手段
- 具备以实际、准确且可行的方法传达复杂定量分析的能力
- 至少熟练掌握一种脚本语言,如 Python、PHP 等
- 精通关系型数据库和 SQL
- 对 R、MATLAB、SAS 等分析工具具备专业知识
- 具备处理大量数据集的经验,以及使用 MapReduce、Hadoop、Hive 等分布式计算工具的经验

推特招聘数据科学家(负责增加用户数量)

关于业务内容

推特计划招聘能够为增加其用户数提供信息和方向、具备行动力和高超技能的人才。应聘者需要具备统计和建模方面的专业背景,以及大规模数据集处理方面的丰富经验。

我们期待应聘者所具有的判断力能够在多个层面上决定推特产品群的方向。

职责

- 使用 Hadoop、Pig 编写 MapReduce 格式的数据分析
- 能够针对临时数据挖掘流程和标准数据挖掘流程编写复杂的 SQL 查询
- 能够使用 SQL、Pig、脚本语言、统计软件包编写代码
- 以口头及书面形式对分析结果进行总结,并做出报告
- 每天对数 TB 规模、10 亿条以上事务级别的大规模结构化及非结构化数据进行处理

必要条件

- 计算机科学、数学、统计学的硕士学位或者同等的经验
- 2 年以上数据分析经验
- 大规模数据集及 Hadoop、MapReduce 等方面的经验
- 脚本语言及正则表达式等方面的经验
- 对离散数学、统计、概率方面感兴趣
- 将业务需求映射到工程系统方面的经验

13.5.3 数据科学家所需的素质

如今,除了谷歌、亚马逊这样的互联网企业之外,重视数据分析的企业,无论是哪个行业,都在积极招募数据科学家。

通常,数据科学家需要具备的素质有以下这些:

(1)沟通能力:即便从大数据中得到了有用的信息,但如果无法在业务上实现的话,其价值就会大打折扣。为此,面对缺乏数据分析知识的业务部门员工以及经营管理层,将数据分析的结果有效传达给他们的能力是非常重要的。

(2)创业精神:以世界上尚不存在的数据为中心创造新型服务的创业精神,也是数

据科学家必需的一个重要素质。谷歌、亚马逊、脸书等通过数据催生出新型服务的企业，都是通过对庞大的数据到底能创造出怎样的服务进行艰苦的探索才获得成功的。

（3）好奇心：庞大的数据背后到底隐藏着什么，要找出答案需要很强的好奇心。除此之外，成功的数据科学家都有一个共同点，即并非局限于艺术、技术、医疗、自然科学等特定领域，而是对各个领域都拥有旺盛的好奇心。通过对不同领域数据的整合和分析，就有可能发现以前从未发现过的有价值的观点。

美国的数据科学家大多拥有丰富的从业经历，如实验物理学家、计算机化学家、海洋学家，甚至是神经外科医生等。也许有人认为这是人才流动性高的美国所特有的现象，但其实在中国，也出现了一些积极招募不同职业背景人才的企业，这样的局面距离我们已经不再遥远。

数据科学家需要具备广泛的技能和素质，因此预计这一职位将会陷入供不应求的状态。例如，麦肯锡全球研究院发表的题为《大数据：未来创新、竞争、生产力的指向标》的报告中指出，在美国具备高度分析技能的人才（大学及研究生院中学习统计和机器学习专业的学生）供给量，2008年为15万人，到2018年翻一番，达到30万人。然而，预计届时对这类人才的需求将超过供给，达到44万～49万人的规模，这意味着将产生14万～19万的人才缺口。

大型IT厂商EMC发表的一份关于数据科学家的调查报告《EMC数据科学研究》中提出了一些非常有意思的见解。

该调查的对象包括美国、英国、法国、德国、印度、中国的数据科学家，以及商业智能专家等IT部门的决策者，共计462人。除此之外，EMC还从2011年5月在拉斯维加斯召开的"数据科学家峰会"的参加者，以及在线数据科学家社区Kaggle中邀请了35人参加这项调查。该调查结果的要点如下。

首先，三分之二的参加者认为数据科学家供不应求。这一点与前面提到的麦肯锡的报告是相同的。

对于新的数据科学家供给来源，有三分之一的人期待"计算机科学专业的学生"，排名第一，而另一方面，期待现有商业智能专家的却只有12%，这一结果比较出人意料（图13-7）。也就是说，大部分人认为，现在的商业智能专家无法满足对数据科学家的需求。

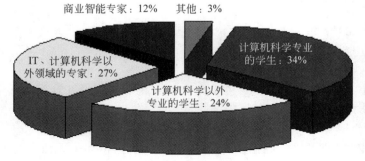

图13-7 数据科学家人才新的供给来源

数据科学家与商业智能专家之间的区别在于，从包括公司外部数据在内的数据获取阶段,一直到基于数据最终产生业务上的决策,数据科学家大多会深入数据的整个生命周期。这一过程也包括对数据的过滤、系统化、可视化等工作(图13-8)。

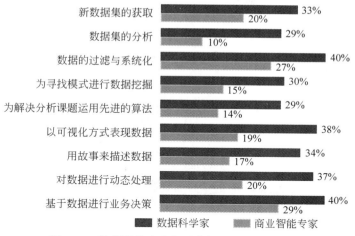

图13-8　数据科学家参与了数据的整个生命周期

关于数据科学家与商业智能专家的专业背景,也有一些很有意思的调查结果。数据科学家在大学大多学习计算机科学、工程学、自然科学等专业,而商业智能专家则大多学习商业专业(图13-9)。而且,和商业智能专家相比,数据科学家中拥有硕士和博士学位的人数也比较多(图13-10)。

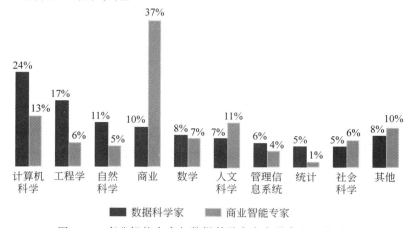

图13-9　商业智能专家与数据科学家在大学专业上的对比

13.5.4　数据科学家的学习内容

随着大数据分析需求的高涨,未来必将面临数据科学家严重不足的情况。为了解决这一问题,美国一些大学已经开始成立分析学专业。

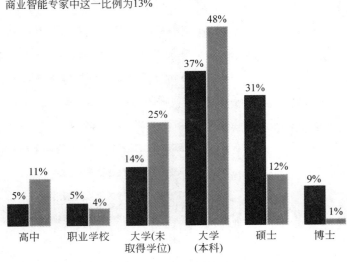

图 13-10　商业智能专家与数据科学家在学位上的对比

以美国西北大学为例，该大学从 2012 年 9 月起在其工程学院下成立了一个主攻大数据分析课程的分析学研究生院，并开始招生。西北大学对于成立该研究生院是这样解释的："虽然只要具备一些 Hadoop 和 Cassandra 的基本知识就很容易找到工作，但拥有深入知识的人才却是十分缺乏的。"

此外，该研究生院的课程计划以"传授和指导将业务引向成功的技能，培养能够领导项目团队的优秀分析师"为目标，授课内容在数学、统计学的基础上融合了尖端计算机工程学和数据分析。课程预计将涵盖分析领域中主要的三种数据分析方法：预测分析、描述分析（商业智能和数据挖掘）和规范分析（优化和模拟）。具体内容如下。

1．秋季学期

（1）数据挖掘相关的统计方法（多元 Logistic 回归分析、非线性回归分析、判别分析等）。

（2）定量方法（时间轴分析、概率模型、优化）。

（3）决策分析（多目的决策分析、决策树、影响图、敏感性分析）。

（4）树立竞争优势的分析（通过项目和成功案例学习基本的分析理念）。

2．冬季学期

（1）数据库入门（数据模型、数据库设计）。

（2）预测分析（时间轴分析、主成分分析、非参数回归、统计流程控制）。

（3）数据管理（ETL、数据治理、管理责任、元数据）。

（4）优化与启发（整数计划法、非线性计划法、局部探索法、超启发（模拟退火、遗传算法))。

3. 春季学期

(1) 大数据分析(非结构化数据概念的学习、MapReduce 技术、大数据分析方法)。
(2) 数据挖掘(聚类(k-means 法、分割法)、关联性规则、因子分析、存活时间分析)。
(3) 其他,以下任选两门(社交网络,文本分析,Web 分析,财务分析,服务业中的分析,能源、健康医疗、供应链管理、综合营销沟通中的概率模型)。

4. 秋季学期

(1) 风险分析与运营分析的计算机模拟。
(2) 软件层面的分析学(组织层面的分析课题、IT 与业务用户、变革管理、数据课题、结果的展现与传达方法)。
(3) 毕业设计。

【作　　业】

1. 所谓"计算思维",是运用(　　)的基础概念进行问题求解、系统设计以及人类行为理解等涵盖计算机科学之广度的一系列思维活动。

　　A. 算术与微积分　　　　　　　B. 计算机科学
　　C. 工程科学　　　　　　　　　D. 算法分析

2. 美国计算机协会(ACM)为专业人士行为制定了道德准则,要求软件工程师应该坚持 8 项道德规范,但其中不包括(　　)。

　　A. 软件工程师应当始终关注公众的利益,按照与公众的安全、健康和幸福相一致的方式发挥作用
　　B. 即使在与现行法律相左的情况下,软件工程师也应该坚持维护雇主的最大利益
　　C. 软件工程师应当尽可能地确保他们开发的软件对于公众、雇主、客户以及用户是有用的,在质量上是可接受的,在时间上要按期完成并且费用合理,同时没有错误
　　D. 软件工程师应当在他们的整个职业生涯中积极参与有关职业规范的学习,努力提高从事自己的职业所应该具有的能力,以推进职业规范的发展

3. 为了减少和妥善地处理冲突,IEEE 道德规范委员会制定并批准了《工程师基于道德基础提出异议的指导方针》,提出了 9 条指导方针。但是,(　　)不在这 9 条中。

　　A. 确立清晰的技术基础:尽量弄清事实,充分理解技术上的不同观点,而且一旦证实对方的观点是正确的,就要毫不犹豫地接受
　　B. 使自己的观点具有较高的职业水准,尽量使其客观和不带有个人感情色彩,避免涉及无关的事务和感情冲动
　　C. 及早发现问题,尽量向管理高层反映情况,以求问题的及时解决
　　D. 利用组织的争端裁决机制解决问题

4. IEEE/ACM研究的《计算学科教学计划》将"（　　）社会和职业的问题"列入到计算学科主领域中，以强调它对计算学科的重要作用和影响。
　　A. 社会和职业　　　　　　　　　　B. 职业和道德
　　C. 职业和经验　　　　　　　　　　D. 道德和经验

5.《计算学科教学计划》将"社会和职业的问题"主领域划分为10个子领域，但不包括（　　）。
　　A. 计算的历史　　　　　　　　　　B. 计算的社会背景
　　C. 二进制编码体系　　　　　　　　D. 职业和道德责任

6.《计算学科教学计划》将"社会和职业的问题"主领域划分为10个子领域，但不包括（　　）。
　　A. 基于计算机系统的风险与责任　　B. 知识产权
　　C. 隐私与公民的自由　　　　　　　D. 软件开发方法

7.《计算学科教学计划》将"社会和职业的问题"主领域划分为10个子领域，但不包括（　　）。
　　A. Java程序设计　　　　　　　　　B. 计算机犯罪
　　C. 与计算有关的经济问题　　　　　D. 哲学框架

8. 数据科学可以简单地理解为预测分析和数据挖掘，是统计分析和机器学习技术的结合，用于获取数据中的推断和洞察力。以下（　　）不是数据科学的相关方法。
　　A. 回归分析　　　　　　　　　　　B. 关联规则
　　C. 网格分析　　　　　　　　　　　D. 仿真

9. 数据科学的典型技术不包括（　　）。
　　A. 冰点分析　　　　　　　　　　　B. 优化模型
　　C. 预测模型　　　　　　　　　　　D. 统计分析

10. 商务智能更关注于过去的旧数据，其结果的商业价值相对较低；而数据科学更着眼于（　　），其商业价值相对更高。
　　A. 在对旧数据提炼后综合新数据　　B. 对旧数据的深度提炼
　　C. 新旧数据的综合　　　　　　　　D. 新数据和对未来的预测

11. 数据科学并不是简单应用统计学，不仅是现有的传统的基础架构与软件平台，而是需要新的应用、新的平台和新的（　　）。
　　A. 认知观　　　B. 数据观　　　C. 哲学观　　　D. 体验观

12. 通常，数据科学的实践需要3个一般领域的技能，（　　）不是其中之一。
　　A. 商业洞察　　　　　　　　　　　B. 计算机技术/编程
　　C. 博弈论和决策论　　　　　　　　D. 统计学/数学

13. 在数据科学领域中，开发人员的重要技能包含（　　）相关的技能，研究人员则包含（　　）相关的技能，商业经理的重要技能包含（　　）相关的技能。
　　A. 硬件、电子、管理　　　　　　　B. 工程、物理、运筹学
　　C. 编程、电子、运筹学　　　　　　D. 编程、数学、商业

14. 就算所拥有的工具再完美，工具本身是不可能让数据产生价值的。事实上，我们

还需要能够运用这些工具的专门人才,即( ),他们能够从堆积如山的大量数据中找到金矿,并将数据的价值以易懂的形式传达给决策者,最终得以在业务上实现。

  A. 数据科学家   B. 高级程序员
  C. 软件工程师   D. 网络工程师

15. 大数据的出现催生了新的数据生态系统,但( )不是它需要的典型人才。

  A. 深度分析人才   B. 数据理解专业人员
  C. 网络维护资深工程师   D. 技术和数据的使能者

16. ( )不是数据科学家的关键活动。

  A. 将商业挑战构建成数据分析问题
  B. 对计算机应用项目进行深度盈利分析
  C. 在大数据上设计、实现和部署统计模型和数据挖掘方法
  D. 获取有助于引领可操作建议的洞察力

17. 数据科学家这一职业大体上是指这样的人才:运用( )等技术,从大量数据中提取出对业务有意义的信息,以易懂的形式传达给决策者,并创造出新的数据运用服务的人才。

  ① 艺术抽象 ② 统计分析 ③ 机器学习 ④ 分布式处理
  A. ②③④ B. ①②③ C. ①②④ D. ①③④

18. 数据科学家需要具备很多优秀素质,但( )不属于这个方面。

  A. 沟通能力 B. 创业精神 C. 娱乐心 D. 好奇心

19. 随着大数据分析需求的高涨,未来必将面临数据科学家严重不足的情况。为了解决这一问题,美国一些大学已经开始成立( )专业。

  A. 新知识 B. 逻辑学 C. 星相学 D. 分析学

20. 美国西北大学这样认为:虽然只要具备一些 Hadoop 和 Cassandra 的基本知识就很容易找到工作,但拥有( )新的人才却是十分缺乏的。

  A. 深入知识 B. 逻辑学 C. 星相学 D. 分析学

【实验与思考】 了解数据科学,熟悉数据科学家

1. 实验目的

(1) 了解新兴学科——数据科学的基础知识和主要内容。
(2) 熟悉计算思维和数据工程师的社会责任。
(3) 熟悉数据科学家的技能要求、素质要求、知识结构和培养途径。

2. 工具/准备工作

在开始本实验之前,请认真阅读课程的相关内容。
需要准备一台带有浏览器,能够访问因特网的计算机。

3. 实验内容与步骤

(1) 请结合查阅相关文献资料,为"数据科学"给出一个权威性的定义。

答:_____

_____

_____

这个定义的来源是:_____

(2) 请结合查阅相关文献资料,结合你的认识,为"数据科学家"给出一个定义。

答:_____

_____

_____

(3) 请结合查阅相关文献资料,简述数据科学家需要具备的技能。

答:_____

_____

_____

(4) 请结合查阅相关文献资料,简述数据科学家需要具备的素质。

答:_____

_____

_____

(5) 数据科学技能自我评估

请记录:你认为自己更接近于下列哪种职业角色:

☐ 商业经理   ☐ 开发人员   ☐ 创意人员   ☐ 研究人员

参考表13-1,根据表13-3列举的25项数据科学技能,客观地给自己做一个评估,使用这样的量表:不知道、略知、新手、熟练、非常熟练和专家。请在表13-3的对应栏目中合适的项下打"√"。

表13-3 数据科学中25项技能自我评估

技能领域	技能详情	评估结果				
		专家	非常熟练	熟练	新手	略知	不知道
商业	1. 产品设计和开发						
	2. 项目管理						
	3. 商业开发						
	4. 预算						
	5. 管理和兼容性						

续表

技能领域	技能详情	评估结果					
		专家	非常熟练	熟练	新手	略知	不知道
技术	6. 处理非结构化数据						
	7. 管理结构化数据						
	8. 自然语言处理（NLP）和文本挖掘						
	9. 机器学习						
	10. 大数据和分布式数据						
数学&建模	11. 最优化						
	12. 数学						
	13. 图模型						
	14. 算法和仿真						
	15. 贝叶斯统计						
编程	16. 系统管理和设计						
	17. 数据库管理						
	18. 云管理						
	19. 后端编程						
	20. 前端编程						
统计	21. 数据管理						
	22. 数据挖掘和可视化工具						
	23. 统计学和统计建模						
	24. 科学/科学方法						
	25. 沟通						

说明：不知道(0)、略知(20)、新手(40)、熟悉(60)、非常熟悉(80)、专家(100)。你的评估总分是：_____分。

4. 实验总结

5. 实验评价（教师）

第14章

大数据的未来

【导读案例】

拥有原创数据的优势

Cookpad(菜板)是日本最大的食谱分享网站(图14-1),其中的食谱总数超过40万道,从西式到中式,从前菜到汤、主菜、甜点,连情人节巧克力、日本菜都有。Cookpad的月用户超过1500万人。而合作的连锁超市在日本全国拥有33家连锁超市客户,为零售连锁业提供忠诚度计划。这两家企业于2011年12月发表了合作计划。

图14-1 Cookpad(菜板)中文版主页

两家公司对光临其合作伙伴——全国7家超市连锁的"购物卡"会员,与经常使用Cookpad的注册会员进行关联,运用搜索和购买记录数据来开展营销活动。具体方法是,顾客用购物卡ID在Cookpad上登录时,可以查看到其在超市中购买的食材,Cookpad根据食材向顾客推荐合适的菜谱。对于超市来说,通过获取菜谱的搜索数据,也可以得到相应的好处,如了解顾客购买食材的目的,结合个人喜好来发放优惠券、改善商品的陈列等。两家公司的合作不仅共享数据,还给了我们更多的启示。从Cookpad身上值得学习的一点,就是其拥有其他公司所没有的原创数据这一优势。

第14章 大数据的未来

一直以来,Cookpad都在分析用户搜索菜谱时所输入的海量搜索日志,根据分析结果向食品厂商等企业提供"吃与看"服务。搜索日志可以看成是消费者对食材潜在需求的宝贵市场数据,也就是说,Cookpad在将自己所拥有的核心数据出售给其他公司时,已经在实践对数据的运用战略。

使用"吃与看"服务的客户,当输入一些食材,如"火锅"时,就可以得到一些分析结果,如经常与哪些食材(白菜、卷心菜、鳕鱼、猪肉、鸡肉等)一起搜索,在几月份被搜索的次数最多,首都圈和关西地区在搜索趋势上有无差异等。根据这些数据,食品厂商就可以开发新产品,流通零售业者则可以参考消费者的习惯来组织卖场。

例如,某食品厂商的咖喱块商品企划部门每月对与"咖喱"一起搜索的食材进行分析,发现了最经常被搜索的食材是"肉末"。根据这一结果,他们将咖喱块与肉末组合的菜谱印在了商品的宣传单上。

Cookpad运营着日本最大的美食菜谱网站,充分掌握了消费者对于食材的潜在需求,在这一点上,其他公司是无法追赶的。无论是与超市运营商的合作,还是其所提供的"吃与看"服务,都将只有Cookpad才具备的原创数据的优势发挥到了最大限度。该公司的这一战略对其他行业也具有很大的参考价值。

阅读上文,请思考、分析并简单记录:

(1) Cookpad是什么类型的网站,它的行业优势是什么?而其合作者是什么类型的网站,它的行业优势是什么?

答:_____

_____

_____

(2) Cookpad(菜板)与连锁超市是如何在大数据应用上开展合作的?

答:_____

_____

_____

(3) 什么是"忠诚度计划"?请简述之。

答:_____

_____

_____

(4) 请简单描述你所知道的上一周发生的国际、国内或者身边的大事。

答:_____

_____

_____

14.1 连接开放数据

曾提出万维网方案、被誉为万维网(WWW)之父的英国计算机科学家蒂姆·伯纳斯·李爵士说,当初他创建世界上第一个网络浏览器以及服务器的时候,动力在于一种挫折感。那时他跟一群优秀的科学家一起工作,可是不同的人用不同的机器,他们所使用的文件格式也不完全一样。要想在这样的数据之上有所创建,就需要不断地转换格式,唯有如此才能挖掘出数据底层的无限潜力。蒂姆说,当时他给自己的老板写了份备忘,介绍互联网的构想,可是,蒂姆的老板给他的答复是"想法还很模糊,但是很让人兴奋"。

尽管今日的互联网无限风光,但是蒂姆依然对于不能高效地在网络上获取数据耿耿于怀。尽管我们都知道网络上有海量的数据,但是不懂得怎么去利用。

14.1.1 LOD 运动

Raw DATA Now!(马上给我原始数据!)

在2009年2月美国加利福尼亚州长滩市举行的科技娱乐设计(Technology Entertainment Design,TED)大会上,蒂姆面对会场中众多的听众喊出了上面的这句话。蒂姆提出的将数据公开并连接起来,以对社会产生巨大价值为目的进行共享的主张,被称为连接开放数据(Linked Open Data,LOD,图14-2)。LOD倡导将国家及地方政府等公职机构所拥有的统计数据、地理信息数据、生命科学等科学数据开放出来(Open Data),并相互连接(Link),以为社会整体带来巨大价值为目的进行共享。LOD与倡导积极公开政府信息及公民参与行政的"政府公开"运动紧密相连,正不断在世界各国政府中推广开来。

- 利用Web技术将开放数据(Open Data)进行公开和连接(Link)的机制
- 将Web空间作为巨大的数据库,可供查询和使用

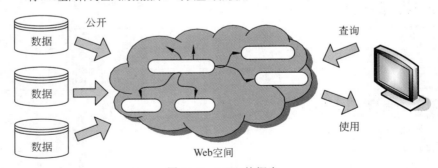

图14-2　LOD的概念

针对政府机构抱着数据不放而拒绝公开的状况,蒂姆·伯纳斯·李强烈呼吁:"请把未经任何加工的原始数据交给我们。我们想要的正是这些数据。希望公开原始数据。"随即,他在演讲中继续谈道:"从工作到娱乐,数据存在于我们生活的各个角落。然而,数据产生地的数量并不重要,更重要的是将数据连接起来。通过将数据相互连接,就可以获得在传统文档网络中无法获得的力量。这其中会产生出巨大的力量。如果你们认为这个构想很不错,那么现在正是开始行动的时候了。"

所谓"传统文档网络中所无法获得的",意思是说,传统的 Web 是以人类参与为前提的,而通过计算机进行自动化信息处理还相对落后。例如,HTML 中所描述的信息,人类是容易理解的,但对于计算机来说,处理起来就比较费力。LOD 的前提是,利用 Web 的现有架构,采用计算机容易处理的机器可读格式来进行信息的共享。蒂姆·伯纳斯-李的设想是,"如果任何数据都可以在 Web 上公开,人们便可以使用这些数据实现过去所未曾想象过的壮举"。

在 2010 年举办的 TED 大会中,蒂姆·伯纳斯-李以"'Raw DATA Now!'的呼吁已经传达给全世界的人"为题,讲述关于互联网的故事(图 14-3)。例如,英国政府成员保罗·克拉克在政府官方博客中写道:"我们有自行车事故发生地点的原始统计数据。"随后,仅仅过了两天,英国报纸《泰晤士报》(创办于 1785 年的世界上最古老的报纸)就在其在线版"时代在线"上结合这些原始数据和地图数据相开发了相应的服务,并公开发布。

图 14-3　万维网之父蒂姆·伯纳斯-李在 TED 大会演讲

2010 年 1 月,海地共和国发生里氏 7 级大地震之际,Raw DATA Now! 的精神也得以发扬。利用世界最大的商用卫星图像供应商 GeoEye 公司公开的高分辨率卫星图像,全世界的志愿者用 Open Street Map(OSM——一个可以自由使用、带有编辑功能的协作型世界地图制作项目,可以理解为维基百科的地图版)制作了标明难民营路线的详细地图。

蒂姆指出,互联网上的数据都是地下的,我们要把它们带到地上,让整个世界通过相互连接的数据而变得更有意义,蒂姆的做法如下。

- 以类似于 HTML 的格式来标示数据
- 获取有价值的数据
- 揭示数据间的关系

蒂姆说,我们需要获得这样的数据,因为这样会有助于催生新的科学发现,"相互连接的数据越多,数据的价值也越大。"我们可以让学生去分析这样的数据,理解政府运作的新机理。而要治疗癌症、老年痴呆症、金融危机以及气候变暖的问题,都需要实现数据共享,而不是关起门来各搞各的。应当撕开社交型网站间的商业屏障,开放政府的数据。

14.1.2　对政府公开的影响

促进人们公开所拥有的数据,并将它们连接起来,从而对社会整体产生巨大价值的

LOD运动,渐渐开始对政府公开产生影响。所谓政府公开,就是利用互联网的交互性促进政府信息的积极公开以及公民对行政的参与。

奥巴马的美国联邦政府在2009年1月发表的总统备忘录中,提出"透明公开的政府",以透明度、公民参与、政府间合作及官民合作为基本的三个原则,要求各政府机关建立透明、开放、和谐的政府形象。在这三个原则中,透明度的具体实现就是建立了一个向公民提供国情、环境、经济状况等联邦政府机关所拥有的各种数据的网站Data.gov。

Data.gov基于"政府数据是公民资产"这一思路,将联邦政府机关拥有的原始数据以目录形式公开提供。2009年5月刚开始时只有区区47组数据,而到2012年5月,其公开的数据量就达到约39万组。

从所提供的数据数量上可以看出,Data.gov的特征在于其公开了跨政府部门的多种多样的数据。例如,交通部公开了对主要航空公司国内航线到达准点率的统计数据"航空公司准点率和晚点原因",其中包括起飞机场、到达机场、计划起飞时间、实际起飞时间、计划到达时间、实际到达时间、航班名称、进入跑道时间、飞行时间等详细数据。

此外,美国国防部也公开了陆军、海军、空军等各军队的人员构成数据,如人种(白人、黑人、亚洲人、美国印第安人、夏威夷原住民等)、性别等,自公开以来在下载总数排行榜上排名第6位,是最受欢迎的数据之一。公开的数据还包括美国联邦政府以宣言形式约定要执行的措施的进展情况,例如,根据"联邦政府到2015年计划将运行中的数据中心数量削减40%"这一约定,数据中心的关闭情况等数据也进行了公开。

普通公民和组织都可以下载这些公开的数据,并自由地进行加工、分析。因此,Data.gov中并不只有数据,还公开了一些民间开发的应用程序。

美国政府将其拥有的数据中能够公开的部分积极进行公开,其平台Data.gov不仅服务于国内,还有很多来自国外的访问。根据2011年11月的统计,来自邻国加拿大的访问量达2 155次居首位,日本以微弱的差距排名第2(2 027次),第3位是印度(1 987次),接下来分别是英国、德国、俄罗斯和法国(图14-4)。可以看出,日本对这些数据也表现出了浓厚的兴趣。

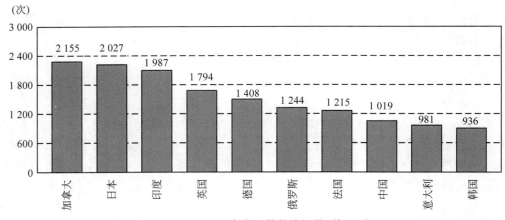

图14-4 Data.gov来自国外的访问量(前10位)

英国政府也从 2010 年 1 月起开始在 Data.gov.uk 上公开政府所拥有的数据。Data.gov.uk 是由 LOD 的发起人蒂姆·伯纳斯-李亲自监督的项目,公民可以对犯罪、交通、教育等政府拥有的数据(不包括个人数据)进行访问。该项目一开始就公开了 2500 组大量的数据,到 2012 年 5 月时,其数量超过了 8400 组,项目开始后的两年间增加了 3 倍多。

与此同时,对这些数据进行运用的应用程序也正在开发。例如,可查询 1995 年起至今的住宅价格记录的 Our Property,通过智能手机在地图上显示最近药房的 UK Pharmacy,报告道路上的坑洞和危险的 Fin That Hole 等,现在已经公开了约 200 个整合的应用程序。

14.1.3 利用开放数据的创业型公司

The Climate Corporation 公司的业务是向农民销售综合气候保险。所谓综合气候保险,就是农民为了预防恶劣气候所造成的农作物减产而购买的一种保险。该公司通过美国农业部公开的过去 60 年的农作物收获量数据,与数据量达到 14TB 的以 2 平方英里(约合 $5.2km^2$)为单位进行统计的土壤数据,以及政府在全国 100 万个地点安装的多普勒雷达所扫描的气候信息相结合,对玉米、大豆、冬小麦的收获量进行预测。

所有这些数据都是可以免费获取的,因此是否能够从这些数据中催生出有魅力的商品和服务才是关键。该公司的两位创始人都来自谷歌,其中一位曾负责过分布式计算。此外,该公司的 60 名员工中,有 12 名拥有环境科学和应用数据方面的博士学位,聚集了一大批能够用数据来解决现实问题的人才。此外,该公司还自称"世界上屈指可数的 MapReduce 驾驭者",他们利用亚马逊的云计算服务来处理政府公开的庞大数据。

有用的数据、具备高超技术的人才,再加上能够廉价完成庞大数据处理的计算环境,该公司将这些条件结合起来,对土壤、水体、气温等条件对农作物收成产生的影响进行分析,从而催生出了气候保险这一商品。该公司的 CEO 大卫·弗里德伯格在面对《纽约时报》关于今后业务扩大方面的提问时,给出了这样的回答:"只要能够长期获取高质量的数据,无论是加拿大还是巴西,在任何地方都能够提供我们的服务。"

14.2 大数据资产的崛起

企业自身收集的大量数据称为"大数据资产",将数据转化为优势的企业将有能力降低成本、提升价格、区分优劣、吸引更多顾客并最终留住更多顾客。这主要包含两层意思。

第一,对初创公司来说,现在有大量的机会能够使企业通过创建应用来实现这种竞争优势,且这种方法一经创建能立即被使用。企业无须自行创建这些可能性,它们能通过应用程序获取可能性。

第二,将数据和依靠数据办事的能力作为核心资产的企业(不管是初创还是大型公司),会拥有极大的竞争优势。

14.2.1 数据市场的兴起

在国家、地方政府等公职机关不断努力强化开放数据的同时,民间组织为了促进数据的顺利流通,也设立了数据的交易场所——数据市场(图14-5)。所谓数据市场,就是将人口统计、环境、金融、零售、天气、体育等数据集中到一起,使其能够进行交易的机制。换句话说,就是数据的一站式商店。

图14-5　数据市场

数据市场的基本功能包括收费、认证、数据格式管理、服务管理等,在所涉猎的数据对象、数据丰富程度、收费模式、数据模型、查询语言、数据工具等方面则各有不同。

14.2.2　不同的商业模式

各家运营数据市场的公司并没有确立一个明确的商业模式,不过这些公司都设计了各自不同的收益模型。例如,Factual和Infochimps都试图建立依靠数据集本身来获得收益的商业模式,所提供的数据除了从合作伙伴企业征集外,自己也会通过网页抓取来收集。

另一方面,微软的Windows Azure Marketplace和亚马逊的Public Data Sets on AWS则不期望通过数据使用费本身来获得收益。由于这两家公司都是在各自运营的云计算平台上提供数据的,因此在云端工作的应用程序可以很容易地集成数据市场中的数据,从而提升应用价值,并通过收取云计算平台的使用费来获得收益。它们所提供的数据是由合作伙伴企业提供的。

从数据市场的性质上看,其数据量必然随着时间的推移而不断增长。因此,作为支撑的基础架构必须拥有足够的可扩放性。当数据调用集中时,需要足够承受大量访问的可用性。微软和亚马逊通过运用云计算来平稳运营数据市场的服务,展现了自身云计算平台的坚固性。

未来的发展趋势,应该是将LOD与数据市场的思路进行融合,从而确保数据市场之间的兼容性。

14.2.3　将原创数据变为增值数据

无论是与其他公司结成联盟,还是利用数据聚合商,如果自己的公司拥有原创数据,接下来就可以通过与其他公司的数据进行整合来催生出新的附加价值,从而升华成为增值数据。这样能够产生相乘的放大效果,这也是大数据运用的真正价值之一。

选择什么公司的数据与自己公司的原创数据整合,这需要想象力。在自己公司内部认为已经没什么用的数据,对于其他公司来说很可能就是求之不得的宝贝。例如,耐克提供了一款面向 iPhone 的慢跑应用 Nike+GPS(图 14-6)。它可以通过使用全球定位系统(例如北斗导航、GPS)在地图上记录跑步的路线,将这些数据匿名化并进行统计,就可以找出跑步者最喜欢的路线。在体育用品店看来,这样的数据在讨论门店选址计划上是非常有效的。此外,在考虑具备淋浴、储物柜功能的收费休息区以及自动售货机的设置地点、售货品种时,这样的数据也是非常有用的。

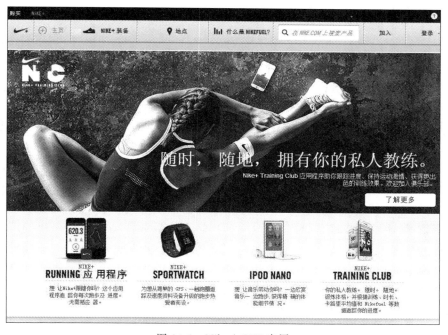

图 14-6　Nike+GPS 应用

对于拥有原创数据的企业和数据聚合商来说,不应该将目光局限在自己的行业中,而应该以更加开阔的视野来制定数据运用的战略。

14.2.4　大数据催生新的应用程序

我们已经见证了一系列大数据新应用程序的诞生,而这些仅仅只是冰山一角。现在,很多应用程序都聚集在业务问题上,但是将来会出现更多的打破整个大环境和产业现状的应用程序。以加利福尼亚州圣克鲁斯市的警局为例,他们通过分析历史犯罪记录预测犯罪即将发生的地点。然后,他们派警员到有可能发生犯罪的地方。事实证明,这有利于降低犯罪率。也就是说,只要在一天中适当的时间或者一周中适当的一天(这取决于历史数据分析)将警员安插在适当的地方,就能减少犯罪。一家名为 Predpol 的公司为圣克鲁斯市警察局提供协助——该公司通过分析处理犯罪活动这种类型的大数据,以使其能在这种特定用途上发挥效用。

大数据催生一系列新应用程序,这也意味着大数据不只为大公司所用,还将影响各种规模的公司,同时还会影响到我们的个人生活——从如何生活、如何相爱到如何学习。大数据再也不是有着大量数据分析师和数据工程师的大企业的专利。

分析大数据的基础架构已经具备(至少对企业来说),这些基础架构中的大部分都能在"云"中找到。起先实施起来是很容易的,有大量的公共数据可以利用,如此一来,企业家们将会创建大量的大数据应用程序。企业家和投资者面临的挑战就是找到有意义的数据组合,包括公开的和私人的数据,然后将其在具体的应用中结合起来——这些应用将在未来几年内为很多人带来真正的好处。

14.2.5 在大数据"空白"中提取最大价值

大数据为创业和投资开辟了一些新的领域。你不需要是统计学家、工程师或数据分析师,就可以轻松获取数据,然后凭借分析和洞察力开发可行的产品。这是一个充满机遇的主要领域。就像脸书让照片分享变得更容易一样,新产品不仅能使分析变得更简单,还能将分析结果与人分享,并从这种协作中学到一些东西。

将众多内部数据聚合到一个地方,或者将公共数据和个人数据源相结合,也能开辟出产品开发和投资的新机遇。新数据组合能带来更优的信用评级、更好的城市规划,公司将有能力比竞争对手更快速、敏捷地发现市场变化并做出反应。大数据也将会有新的信息和数据服务业务。虽然如今网上有大量数据——从学校的成绩指标、天气信息到美国人口普查,数据应有尽有,但是很多这些数据的原始数据依然很难获取。

收集数据、将数据标准化,并且要以一种能轻易获取数据的方式呈现数据可不容易。信息服务的范围已经到了不得不细分的时刻,因为处理这些数据太难了。新数据服务也会因为我们生成的新数据而涌现。因为智能手机配备有全球定位系统、动力感应和内置联网功能,它们就成为了生成低成本具体位置数据的完美选择。研发者也已经开始创建应用程序来检测路面异常情况,比如基于震动来检测路面坑洞。这需要大数据应用程序中最基本的应用程序——如智能手机采用的这一类低成本传感器来收集新数据。

要从这样的空白机遇里提炼出最大的价值,不仅需要金融市场理解大数据业务,还需要其订阅大数据业务。在大数据、云计算、移动应用以及社会因素等因素的影响下,不难想象,信息技术在未来20年的发展一定比过去更精彩。

14.3 大数据的发展趋势

大数据的
发展趋势

大数据是继云计算、移动互联网之后信息技术领域的又一大热门话题。根据预测,大数据将继续以每年40%的速度持续增加(图14-7),而大数据所带来的市场规模也将以每年翻一番的速度增长。有关大数据的话题也逐渐从讨论大数据相关的概念,转移到研究从业务和应用出发,如何让大数据真正实现其所蕴含的价值。大数据无疑给众多的IT企业带来了新的成长机会,同时也带来了前所未有的挑战。

随着数据量的持续增大,学术界和工业界都在关注着大数据的发展,探索新的大数据技术、开发新的工具和服务,努力将"信息过载"转换成"信息优势"。大数据将跟移动计算和云计算一起成为信息领域企业所"必须有"的竞争力。如何应对大数据所带来的挑战,如何抓住机会,真正实现大数据的价值,将是未来信息领域持续关注的课题,并同时会带

第 14 章　大数据的未来

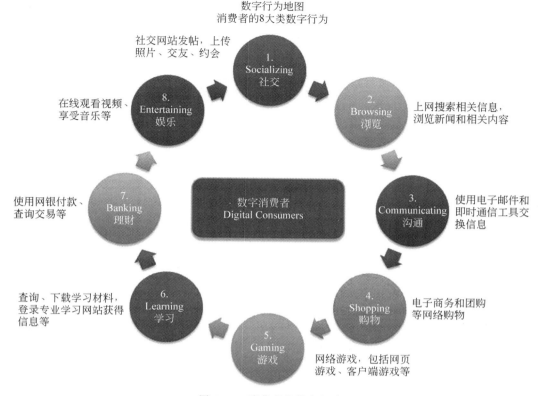

图 14-7　消费者的数字行为

来信息领域里诸多方面的突破性发展。

　　趋势一：物联网。是把所有物品通过信息传感设备与互联网连接起来，进行信息交换，即物物相息，以实现智能化识别和管理。物联网是新一代信息技术的重要组成部分，也是"信息化"时代的重要发展阶段。物联网的核心和基础仍然是互联网，是在互联网基础上的延伸和扩展的网络；其用户端延伸和扩展到了任何物品与物品之间，进行信息交换和通信，也就是物物相息。

　　趋势二：智慧城市。是运用信息和通信技术手段感测、分析、整合城市运行核心系统的各项关键信息，对包括民生、环保、公共安全、城市服务、工商业活动在内的各种需求做出智能响应。智慧城市的实质是利用先进的信息技术实现城市智慧式管理和运行，进而为城市中的人创造更美好的生活，促进城市的和谐、可持续成长。这个趋势的成败取决于数据量跟数据是否足够，这有赖于政府部门与民营企业的合作。此外，发展中的 5G 网络是全世界通用的规格，如果产品被一个智慧城市采用，将可以应用在全世界的智慧城市。

　　趋势三：增强现实与虚拟现实。虚拟现实技术是一种创建和体验虚拟世界的计算机仿真系统，它利用计算机生成一种模拟环境；增强现实技术是一种多源信息融合的、交互式的三维动态视景和实体行为的系统仿真，使用户沉浸到该环境中。

　　趋势四：区块链技术。区块链是分布式数据存储、点对点传输、共识机制、加密算法等计算机技术的新型应用模式。所谓共识机制,是区块链系统中实现不同节点之间建立信任、获取权益的数学算法。

区块链技术是指一种全民参与记账的方式。所有的系统背后都有一个数据库,你可以把数据库看成就是一个大账本。区块链有很多不同应用方式,最常见的应用是虚拟币交易。

趋势五:语音识别技术。人们预计,未来10年内,语音识别技术将进入工业、家电、通信、汽车电子、医疗、家庭服务、消费电子产品等各个领域。很多专家都认为语音识别技术是信息技术领域重要的科技发展技术之一。

语音识别技术涉及的领域包括:信号处理、模式识别、概率论和信息论、发声机理和听觉机理、人工智能等。这项产业有个很大的优点,就是发展技术的公司都打算把这项技术商品化。像谷歌、亚马逊以及苹果公司的语音识别技术都可通过授权使用在其他业者的硬件服务上。

趋势六:人工智能(AI)。AI是研究、开发用于模拟、延伸和扩展人的智能的理论、方法、技术及应用系统的一门新的技术科学。AI需要被教育,汇入很多信息才能进化,进而产生一些意想不到的结果。AI的影响幅度很大,对经济发展会产生剧烈影响,很多知识产业跟白领工作也可能被机器人取代。

趋势七:数字汇流。从1995年左右就陆续有人在讨论所谓"数字汇流",在不同的使用情境之下,我们还是会需要不一样的数字装置——光是屏幕大小就有好多种选项,音响效果、摄影机,都需要不同的配套。所有的装置会存取同一个远端资料库,让人们的数字生活可以完全同步,随时、无缝地切换使用情境。

除了设备的汇流,我们更应关心的是数字汇流,是一个网络商业模式的汇流,或者更明确地说,数字汇流就是"内容"与"电子商务"的汇流。

大数据成为时代发展一个必然的产物,而且大数据正在加速渗透到我们的日常生活中,在衣食住行各个层面均有体现。大数据时代,一切可量化、可分析。在大数据未来的发展趋势,一定是以多种技术为依托且相互结合,才能释放大数据的"洪荒之力"。

14.4 大数据技术展望

如今,人们寻求获得更多的数据有着充分的理由,因为数据分析推动了数字创新。然而,将这些庞大的数据集转化为可操作的洞察力,仍然是一个难题。而那些获得应对强大数据挑战的解决方案的组织将能够更好地从数字创新的成果中获得经济利益。

14.4.1 数据管理仍然很难

大数据分析有着相当明确的重要思想:找到隐藏在大量数据中的信息模式,训练机器学习模型,以发现这些模式,并将这些模型实施到生产中,以自动对其进行操作。需要清理数据,并在必要时进行重复。

然而,将这些数据投入生产的现实要比看上去困难得多。对于初学者来说,收集来自不同孤岛的数据很困难,需要提取、转换和加载以及数据库技能。清理和标记机器学习培训的数据也需要花费大量的时间和费用,特别是在使用深度学习技术时。此外,以安全可靠的方式将这样的系统大规模投入生产需要另外一套技能。

有些人将数据称之为"新石油",也称为"新货币"。无论怎样比喻,大家都认为数据具有价值,如果对此不重视,将会带来更大的风险。

欧盟通过颁布 GDPR 法规阐明了数据治理不善的财务后果。美国公司也必须遵守由美国联邦、各州等创建的 80 个不同的数据制授权法规。

数据泄露正在引发问题。根据 Harris Poll 公司进行的一项在线调查,2018 年有近 6000 万美国人受到身份盗窃的影响。大多数组织已经意识到无序发展的大数据时代即将结束。而很多国家和地区的政府对数据滥用或隐私泄露行为不再容忍。

出于这些原因,数据管理仍然是一个巨大的挑战,数据工程师将继续成为大数据团队中最受欢迎的角色之一。

14.4.2 数据孤岛继续激增

在最初 Hadoop 的开发热潮中,人们认为可以将所有数据(包括分析和事务工作负载)整合到一个平台上。但由于各种原因,这个想法从未真正实现过。其面临的最大挑战是不同的数据类型具有不同的存储要求,关系数据库、图形数据库、时间序列数据库、HDF(用于存储和分发科学数据的一种自我描述、多对象文件格式)和对象存储都有各自的优缺点。如果开发人员将所有数据塞进一个适合所有数据的数据湖中,他们就无法最大限度地发挥其优势。

在某些情况下,将大量数据集中到一个地方确实有意义。例如,云数据存储库为企业提供了灵活且经济高效的存储,而 Hadoop 仍然是非结构化数据存储和分析的经济高效的存储。但对于大多数公司而言,这些只是必须管理的额外的重要孤岛,但它们不是唯一的。在缺乏强大集权的情况下,数据仓库将会继续激增。

14.4.3 媒体分析的突破

组织处理新数据越快,业务发展就会越好。这是实时分析或流式分析背后的推动力。但组织一直面临的挑战是要真正做到这一点非常困难,而且成本也很高。但随着组织的分析团队的成熟和技术的进步,这种情况正在发生变化。NewSQL 数据库、内存数据网格和专用流分析平台围绕通用功能进行融合,这需要对输入数据进行超快处理,通常使用机器学习模型来自动化决策。将流媒体分析与 Spark 等开源流式框架中的 SQL 功能相结合,组织就可以获得真正的进步。

14.4.4 技术发展带来技能转变

人力资源通常是大数据项目中的最大成本,因为工作人员最终构建并运行大数据项目,并使其发挥作用。无论使用何种技术,找到具有合适技能的人员对于将数据转化为洞察力至关重要。

而随着技术的进步,技能组合也是如此。未来,人们会看到企业对于神经网络专业人才的巨大需求。在数据科学家(而不是人工智能专家)的技能中,Python 仍然在语言中占主导地位,尽管对于 R、SAS、MATLAB、Scala、Java 和 C 等语言来说,还有很多工作要做。

随着数据治理计划的启动,对数据管理人员的需求将会增加。能够使用核心工具(数据库、Spark、Airflow 等)的数据工程师将继续看到他们的机会增长。人们还可以看到企业对机器学习工程师的需求加速增长。

然而,由于自动化数据科学平台的进步和发展,组织的一些工作可以通过数据分析师或"公民数据科学家"来完成。因为众所周知,数据和业务的知识和技能可能会让组织在大数据的道路上走得更远,而不是统计和编程。

机器学习会得到蓬勃发展,将在大数据中发挥着巨大作用,其全球市场的复合年增长率为 44%,这是由不同类型数据的可用性和该领域的技术进步推动的。英特尔副总裁兼总经理魏磊说道:"机器学习日趋复杂。而且,除了自动驾驶汽车、欺诈设备检测或零售趋势分析之外,我们还没有看到它的全部潜力。"伯纳德·马尔则说:"让我着迷的是将大数据与机器学习,尤其是自然语言处理相结合,计算机自行进行分析,以发现新的疾病模式,然后在数据中找到它们。"

14.4.5 "快速数据"和"可操作数据"

一些专家认为,大数据已经过时,"快速数据"将很快取代它。与大数据(通常依靠 Hadoop 和 NoSQL 数据库,以批处理模式分析信息)不同,快速数据允许实时流处理信息。由于流处理,数据可以在 1ms 内迅速分析和预测任何事件。这无疑更有价值,更加便于在数据到达时立即做出业务决策,并采取行动。

"可操作数据"是大数据和商业价值之间缺失的一环。正如前面提到的,没有分析,数量庞大且结构繁复的大数据本身毫无价值。专家说,99.5%的数据从未被分析过,因此未能提供有价值的见解。然而,通过分析平台分析特定数据,机构可以使信息准确和标准化,从而使得这些见解有助于机构做出更明智的商业决策,并改善自身的运营。

14.4.6 预测分析将数据转化为预测

2010 年,《科学》杂志上刊登的一篇文章指出,虽然人们的出行模式有很大不同,但大多数是可以预测的。这意味着我们能够根据个体之前的行为轨迹预测未来行踪的可能性,即 93%的人类行为可预测。

大数据技术的战略意义并不在于掌握庞大数据信息,而在于对这些有意义的数据进行专业化处理。换而言之,如果把大数据比作一种产业,那么这种产业实现盈利的关键是提高对数据的"加工能力",通过"加工"实现数据的"增值",而预测便是大数据最大的用途之一。

大数据预测分析是一种假设性的数据分析,旨在基于历史数据和分析技术,如机器学习和统计建模,对未来的结果进行预测。在先进的预测分析工具和模型的帮助下,任何机构现在都可以使用过去和当前的数据来预测未来几毫秒、几天或几年的趋势和行为。

锡安(Zion)2017 年发布的一份报告显示,预测分析已经获得了各大机构的支持,其复合年增长率约为 21%。作为一门学科,预测分析已存在了几十年,随着从人员和传感器采集的数据量以及经济高效的处理能力的增长来看,预测分析的重要性也在不断增长。

预测分析世界会议的创始人埃里克·西格尔说,我们能对数据做的最有价值的事情就是"从中学习如何预测"。

例如,20 世纪 90 年代中期,一位名叫丹·斯坦伯格的商业科学家帮助大通银行预测数百万份按揭的风险。大通银行采纳了斯坦伯格由数据驱动的预测分析技术,借助斯坦伯格研发的系统来评估、处理大量的银行按揭。这一技术除了应用于定向给用户发送建议贷款的邮件之外,更是精确预测了按揭申请人的未来还款行为,由此极大降低了放贷风险,并增加了盈利。不难看出,这些机构均使用了预测分析这一技术来探索未来,并在此过程中定义合理的业务决策和流程。

又如,只要分析 70 个你在脸书中点赞过的内容,分析公司对你的了解程度将超过你的朋友;分析 150 个点赞,它将超过你的父母;分析 300 个点赞,它将比你的配偶更了解你。可以肯定的是,"大数据"影响的绝不仅仅是技术。任何数字技术都不仅仅改变了社会,改变了行业,也影响了人与人、人与物之间的连接。也许我们对"大数据"的感受之所以真切,是因为在某个意义上来看,人类本身也是数据。能够在此时思考一下这样的问题,也许不早,也不至于太晚。

【作　　业】

1. 被誉为"万维网之父"的计算机科学家蒂姆·伯纳斯-李爵士说,当初他创建世界上第一个网络浏览器以及服务器的时候,动力在于一种(　　)。

　　A. 挫折感　　　　B. 荣誉感　　　　C. 冲动　　　　D. 爆发力

2. 在 2009 年 2 月美国加利福尼亚州长滩市举行的 TED 大会上,蒂姆面对听众喊出了"马上给我(　　)数据!"提出将数据公开并连接,以对社会产生巨大价值为目的进行共享。

　　A. 关键　　　　B. 综合　　　　C. 精确　　　　D. 原始

3. 蒂姆指出:"数据存在于生活各个角落。然而,数据产生地的数量并不重要,重要的是将数据(　　)起来。通过将数据相互连接,就可以获得在传统文档网络中所无法获得的力量。"

　　A. 聚集　　　　B. 约束　　　　C. 连接　　　　D. 膨胀

4. 蒂姆指出,要让整个世界通过相互连接的数据而变得更有意义,他的做法是(　　)。

　　① 以类似于 HTML 的格式来标示数据　　② 获取有价值的数据
　　③ 优化算法,提高数据准确性　　　　　　④ 揭示数据间的关系

　　A. ①③④　　　　B. ①②④　　　　C. ①②③　　　　D. ①②③

5. 促进人们公开所拥有的数据,并将它们连接起来,从而对社会整体产生巨大价值的(　　),已经对政府公开产生影响。

　　A. LOD 运动　　　B. 云存储　　　C. 精准连接　　　D. 连接复制

6. The Climate Corporation 公司的业务是向农民销售综合气候保险。(　　),该公司将这些条件结合起来,对土壤、水体、气温等条件对农作物收成产生的影响进行分析,从

而催生出了这一保险商品。
　　① 有用的数据
　　② 充足的资金
　　③ 具备高超技术的人才
　　④ 能够廉价完成庞大数据处理的计算环境
　　A. ①②④　　　　B. ②③④　　　　C. ①②③　　　　D. ①③④

7. 企业自身收集的大量数据称为"（　　）"，将数据转化为优势的企业将有能力降低成本、提升价格、区分优劣、吸引更多顾客并最终留住更多顾客。
　　A. 计算资源　　　B. 大数据资产　　C. 信息数据库　　D. 数据资源库

8. 在国家、地方政府等公职机关不断努力强化开放数据的同时，（　　）为了促进数据的顺利流通，也设立了数据的交易场所——数据市场。
　　A. 监管场所　　　B. 金融机构　　　C. 民间组织　　　D. 政府机构

9. 所谓（　　），就是将人口统计、环境、金融、零售、天气、体育等数据集中到一起，使其能够进行交易的机制。换句话说，就是数据的一站式商店。
　　A. 监管机构　　　B. 数据市场　　　C. 数据仓库　　　D. 交易机构

10. 各家运营数据市场的公司并没有确立一个明确的（　　），不过这些公司都设计了各自不同的（　　）。
　　A. 商业模式，收益模型　　　　　　B. 收益模型，商业模式
　　C. 商业模型，收益模式　　　　　　D. 收益模式，商业模型

11. 无论如何，如果自己的公司拥有（　　），可以与其他数据进行整合，来催生出新的附加价值，从而产生相乘的放大效果，这也是大数据运用的真正价值之一。
　　A. 原型数据　　　B. 数据仓库　　　C. 原创数据　　　D. 增值数据

12. 对于拥有原创数据的企业和数据聚合商来说，（　　）将目光局限在自己的行业中，以更加开阔的视野来制定数据运用的战略。
　　A. 或许　　　　　B. 不应该　　　　C. 应该　　　　　D. 需要

13. 随着数据量的持续增大，学术界和工业界都在关注着大数据的发展，探索新的大数据技术、开发新的工具和服务，努力实现"（　　）"。
　　A. 数据挖掘　　　B. 数据仓库　　　C. 信息过载　　　D. 信息优势

14. 大数据发展的趋势之一（　　），是把所有物品通过信息传感设备与互联网连接起来，进行信息交换，即物物相息，以实现智能化识别和管理。
　　A. 物联网　　　　B. 区块链　　　　C. 智慧城市　　　D. VR与AR

15. 大数据发展的趋势之一（　　），是运用信息和通信技术手段感测、分析、整合城市运行核心系统的各项关键信息，对包括民生、环保、公共安全、城市服务、工商业活动在内的各种需求做出智能响应。
　　A. 物联网　　　　B. 区块链　　　　C. 智慧城市　　　D. VR与AR

16. 大数据发展的趋势之一（　　），是一种创建和体验虚拟世界的计算机仿真系统，或者是一种多源信息融合的、交互式的三维动态视景和实体行为的系统仿真，使用户沉浸到该环境中。

  A. 物联网   B. 区块链   C. 智慧城市   D. VR与AR

17. 大数据发展的趋势之一( )，是分布式数据存储、点对点传输、共识机制、加密算法等计算机技术的新型应用模式。

  A. 物联网   B. 区块链   C. 智慧城市   D. VR与AR

18. 大数据发展的趋势之一( )技术，将进入工业、家电、通信、汽车电子、医疗、家庭服务、消费电子产品等各个领域。很多专家都认为它是信息技术领域重要的科技发展技术之一。

  A. 语音识别 B. 人工智能 C. 虚拟现实 D. 增强现实

19. 大数据发展的趋势之一( )，是指它需要被教育，汇入很多信息才能进化，进而产生一些意想不到的结果。它影响幅度很大，对经济发展会产生剧烈影响，很多知识产业跟白领工作也可能被其取代。

  A. 语音识别 B. 人工智能 C. 虚拟现实 D. 数字汇流

20. 大数据发展的趋势之一( )，是指在不同的使用情境之下，人们会需要不一样的数字装置，需要不同的配套。所有的装置会存取同一个远端资料库，让人们的数字生活可以完全同步，随时、无缝地切换使用情境。

  A. 语音识别 B. 人工智能 C. 虚拟现实 D. 数字汇流

【课程学习与实验总结】

  至此，我们顺利完成了本课程的教学任务以及本书有关"大数据导论"的学习任务。为巩固通过学习和实验所了解和掌握的相关知识和技术，请就所做的全部学习和实验做一个系统的总结。由于篇幅有限，如果书中预留的空白不够，请另外附纸张粘贴在边上。

1. 学习和实验的基本内容

(1) 本学期完成的"大数据导论"学习与实验主要有（请根据实际完成情况填写）：

第1章：主要内容是：_____

第2章：主要内容是：_____

第3章：主要内容是：_____

第4章：主要内容是：_____

第5章：主要内容是：_____

第 6 章：主要内容是：_____
_____

第 7 章：主要内容是：_____
_____

第 8 章：主要内容是：_____
_____

第 9 章：主要内容是：_____
_____

第 10 章：主要内容是：_____
_____

第 11 章：主要内容是：_____
_____

第 12 章：主要内容是：_____
_____

第 13 章：主要内容是：_____
_____

第 14 章：主要内容是：_____
_____

(2) 请回顾并简述：通过学习与实验，你初步了解了哪些有关大数据技术与应用的重要概念(至少 3 项)？

① 名称：_____

简述：_____
_____

② 名称：_____

简述：_____
_____

③ 名称：_____
简述：_____

④ 名称：_____
简述：_____

⑤ 名称：_____
简述：_____

2. 学习和实验的基本评价

(1) 在全部学习和实验内容中，你印象最深，或者相比较而言你认为最有价值的是：
① _____
你的理由是：_____

② _____
你的理由是：_____

(2) 在所有学习和实验中，你认为应该得到加强的是：
① _____
你的理由是：_____

② _____
你的理由是：_____

(3) 对于本课程和本书的学习和实验内容，你认为应该改进的其他意见和建议是：
_____

3. 课程学习能力测评

请根据你在本课程中的学习情况,客观地对自己在大数据知识方面做一个能力测评。请在表14-1 的"测评结果"栏中合适的项下打"√"。

表 14-1　课程学习能力测评

关键能力	评价指标	测评结果					备注
		很好	较好	一般	勉强	较差	
课程内容	1. 了解本课程的知识体系、理论基础及其发展						
	2. 熟悉大数据的定义、技术与应用的基本概念						
	3. 熟悉大数据的三个思维变革						
	4. 熟悉数据科学的专业基础						
	5. 熟悉数据工作者的基本要求						
行业应用	6. 熟悉大数据的典型导读案例						
	7. 了解大数据应用的主要行业						
应用场景	8. 熟悉大数据可视化						
	9. 熟悉大数据的商业规则						
	10. 熟悉大数据医疗与健康应用						
	11. 熟悉大数据激发创造力						
技术能力	12. 熟悉大数据预测分析技术						
	13. 熟悉大数据与人工智能结合						
	14. 熟悉大数据存储技术						
	15. 熟悉大数据处理技术						
	16. 熟悉大数据的云计算基础						
	17. 熟悉大数据安全与法律						
	18. 了解大数据的未来与发展						
创新发展	19. 掌握通过网络提高专业能力、丰富专业知识的学习方法						
	20. 能根据现有的知识与技能创新地提出有价值的观点						

说明:"很好"5分,"较好"4分,余类推。全表满分为100分,你的测评总分为:＿＿＿＿＿分。

4. 大数据导论实验总结

_____
_____
_____
_____
_____
_____
_____
_____
_____

5. 实验总结评价（教师）

_____
_____

作业参考答案

第 1 章

1. B	2. D	3. A	4. B	5. A	6. B
7. D	8. A	9. A	10. C	11. B	12. C
13. D	14. A	15. D	16. A	17. C	18. B
19. D	20. C				

第 2 章

1. C	2. A	3. C	4. A	5. B	6. C
7. C	8. B	9. B	10. C	11. A	12. B
13. D	14. C	15. B	16. A	17. C	18. D
19. A	20. A				

第 3 章

1. D	2. A	3. B	4. C	5. B	6. C
7. D	8. A	9. D	10. C	11. C	12. B
13. A	14. D	15. C	16. B	17. A	18. C
19. D	20. B				

第 4 章

1. C	2. A	3. C	4. D	5. A	6. C
7. D	8. B	9. A	10. A	11. B	12. C
13. B	14. C	15. D	16. A	17. C	18. C
19. D	20. A				

第 5 章

1. D	2. B	3. A	4. B	5. A	6. B
7. C	8. D	9. B	10. D	11. C	12. D
13. B	14. A	15. B	16. A	17. C	18. B

19. A 20. D

第 6 章

1. D	2. C	3. A	4. B	5. A	6. B
7. B	8. A	9. D	10. D	11. A	12. B
13. C	14. C	15. B	16. C	17. D	18. B
19. A	20. C				

第 7 章

1. B	2. D	3. C	4. A	5. B	6. A
7. D	8. C	9. A	10. B	11. C	12. B
13. D	14. A	15. B	16. A	17. D	18. C
19. B	20. A				

第 8 章

1. D	2. A	3. C	4. B	5. A	6. D
7. C	8. B	9. D	10. A	11. C	12. B
13. D	14. C	15. A	16. B	17. C	18. D
19. C	20. A				

第 9 章

1. C	2. B	3. B	4. D	5. D	6. A
7. B	8 A	9. A	10. C	11. C	12. D
13. C	14. B	15. D	16. A	17. A	18. C
19. D	20. A	21. C	22. B	23. C	24. A
25. D	26. B	27. D	28. C	29. A	30. A

第 10 章

1. B	2. A	3. C	4. D	5. C	6. A
7. B	8. C	9. D	10. A	11. B	12. C
13. A	14. C	15. B	16. D	17. A	18. D
19. B	20. A				

第 11 章

1. A	2. C	3. B	4. D	5. A	6. C
7. B	8. D	9. C	10. B	11. D	12. A
13. C	14. B	15. D	16. A	17. B	18. A
19. C	20. C				

第 12 章

1. B 2. C 3. D 4. A 5. B 6. D
7. C 8. A 9. D 10. B 11. A 12. D
13. B 14. C 15. A 16. D 17. C 18. A
19. C 20. A

第 13 章

1. B 2. B 3. C 4. A 5. C 6. D
7. A 8. C 9. A 10. D 11. B 12. C
13. D 14. A 15. C 16. B 17. A 18. C
19. D 20. A

第 14 章

1. A 2. D 3. C 4. B 5. A 6. D
7. B 8. C 9. B 10. A 11. C 12. B
13. D 14. A 15. C 16. D 17. B 18. A
19. B 20. D

参 考 文 献

[1] 周苏. 大数据可视化[M]. 北京：清华大学出版社，2016.
[2] 周苏. 大数据可视化技术[M]. 北京：清华大学出版社，2016.
[3] 吴明晖，周苏. 大数据分析[M]. 北京：清华大学出版社，2020.
[4] 柳俊，周苏. 大数据存储：从 SQL 到 NoSQL[M]. 北京：清华大学出版社，2021.
[5] 张丽娜，周苏. 大数据存储与管理[M]. 北京：中国铁道出版社，2021.
[6] 周苏. 人工智能通识教程[M]. 北京：清华大学出版社，2020.
[7] 汪婵婵，周苏. Python 程序设计[M]. 北京：中国铁道出版社，2020.
[8] 周苏. Java 程序设计[M]. 北京：中国铁道出版社，2019.
[9] 周苏. 创新思维与 TRIZ 创新方法[M]. 2版. 北京：清华大学出版社，2018.
[10] 周苏. 人机交互技术[M]. 2版. 北京：清华大学出版社，2022.
[11] 芬雷布. 大数据云图：如何在大数据时代寻找下一个大机遇[M]. 盛杨燕，译. 杭州：浙江人民出版社，2014.
[12] 周苏. 大数据·技术与应用[M]. 北京：机械工业出版社，2016.
[13] Simon P. 大数据应用：商业案例实践[M]. 漆晨曦，译. 北京：人民邮电出版社，2014.
[14] 城田真琴. 大数据的冲击[M]. 周自恒，译. 北京：人民邮电出版社，2013.
[15] 西格尔. 大数据预测：告诉你谁会点击、购买、死去或撒谎[M]. 周昕，译. 北京：中信出版社，2014.
[16] 洛尔. 大数据主义[M]. 胡小锐，译. 北京：中信出版集团，2015.
[17] Franks B. 驾驭大数据[M]. 黄海，译. 北京：人民邮电出版社，2013.

图书资源支持

感谢您一直以来对清华版图书的支持和爱护。为了配合本书的使用,本书提供配套的资源,有需求的读者请扫描下方的"书圈"微信公众号二维码,在图书专区下载,也可以拨打电话或发送电子邮件咨询。

如果您在使用本书的过程中遇到了什么问题,或者有相关图书出版计划,也请您发邮件告诉我们,以便我们更好地为您服务。

我们的联系方式:

地　　址:北京市海淀区双清路学研大厦A座714

邮　　编:100084

电　　话:010-83470236　010-83470237

客服邮箱:2301891038@qq.com

QQ:2301891038(请写明您的单位和姓名)

资源下载:关注公众号"书圈"下载配套资源。

书圈

获取最新书目

观看课程直播